Linux核心技术从小白到大牛

黄林峰　翟文学　编著

机械工业出版社
CHINA MACHINE PRESS

Linux 继承了 UNIX 以网络为核心的设计思想，是一个性能稳定的多用户、多线程操作系统，目前已经广泛应用于服务器、桌面、嵌入式等领域。随着互联网的发展，Linux 得到了全世界软件爱好者和组织的支持，并不断地完善和发展。

本书内容全面、图文并茂、讲解清晰、易学易用、注重实操，不仅涵盖了 Linux 的安装、命令、文件、目录、系统、磁盘、用户，以及 Shell 编程等基础操作，还收录了管理软件包、设置和维护 Linux 系统、网络安全技术，以及部署网站等核心技术。同时，针对不同层次的读者增加了“小白逆袭”和“大牛成长之路”以及“技术大牛访谈”等辅助学习板块，让读者在学习的过程中获得更多贴近实际应用的技巧和方法。书中包含了丰富的实战案例，可以帮助读者快速掌握 Linux 各命令的作用和用法。

本书既可以作为大中专院校和培训机构相关专业的培训教程，也可以作为 Linux 开源爱好者和 Linux 用户的技术指南。

图书在版编目（CIP）数据

Linux 核心技术从小白到大牛 / 黄林峰，翟文学编著．— 北京：机械工业出版社，2021.5

ISBN 978-7-111-67835-9

Ⅰ. ①L… Ⅱ. ①黄…②翟… Ⅲ. ①Linux 操作系统-程序设计 Ⅳ. ①TP316.85

中国版本图书馆 CIP 数据核字（2021）第 055279 号

机械工业出版社（北京市百万庄大街 22 号　邮政编码 100037）
策划编辑：丁　伦　责任编辑：丁　伦
责任校对：徐红语　责任印制：李　昂
北京汇林印务有限公司印刷
2021 年 5 月第 1 版第 1 次印刷
185mm×260mm · 16.25 印张 · 402 千字
0001—1500 册
标准书号：ISBN 978-7-111-67835-9
定价：109.00 元

电话服务	网络服务
客服电话：010-88361066	机　工　官　网：www.cmpbook.com
010-88379833	机　工　官　博：weibo.com/cmp1952
010-68326294	金　　书　　网：www.golden-book.com
封底无防伪标均为盗版	机工教育服务网：www.cmpedu.com

前　言

自 Linux 诞生至今，已有上百种不同的发行版本。本书使用的 Linux 版本是当前主流的 CentOS 8，与以往版本相比，CentOS 8 有了更好的稳定性和可伸缩性。书中使用的虚拟机软件是 VMware Workstation，这是一款功能强大的虚拟机软件，可以在单一的桌面上同时运行不同的操作系统，这对于 Linux 的学习提供了很大的帮助。通过 VMware Workstation，可以在多台虚拟机之间来回切换，方便进行网络部署和服务器搭建。

本书涵盖的内容非常丰富，从 Linux 基础的操作命令到网络管理和网站部署都有所涉及。书中包含了丰富的实战案例，可以帮助读者快速掌握 Linux 各命令的作用和用法。本书内容由浅入深，循序渐进地对 Linux 进行了全面介绍。本书共 12 章，基本结构和主要内容如下。

- 第 1 章正式认识 Linux 系统：从为什么要学习 Linux 系统开始，带领读者了解 Linux 的特点、应用领域、发展趋势以及版本选择。
- 第 2 章 Linux 系统安装：从安装系统前的准备到配置虚拟环境，再到安装 CentOS，一步一步带领读者认识 Linux 系统的安装过程和使用方法。
- 第 3 章快速掌握 Linux 基础操作：带领读者快速掌握 Linux 中的各类基础命令，也为之后系统学习 Linux 做准备。通过本章的学习，读者可以掌握正确开关机的方法，并能简单查看系统资源。
- 第 4 章 Linux 文件与目录管理：介绍了如何管理文件和目录：通过本章的学习，读者可以了解和文件相关的操作命令以及权限的设置。本章介绍的命令可以让读者学会如何查找、创建和删除系统中的文件或目录。
- 第 5 章文件系统与磁盘管理：带领读者认识文件系统、磁盘划分、分区管理和文件系统的管理。通过本章的学习，可以让读者对 Linux 系统应用有更深入的认识。
- 第 6 章用户管理：带领读者认识 Linux 中的用户管理功能。本章主要介绍如何管理用户和用户组以及用户身份的切换，并学习如何查看和用户有关的文件。
- 第 7 章认识 Shell：从 vi 和 vim 编辑器开始，介绍如何编写简单的 Shell 脚本，以及更复杂的正则表达式的规则用法和管道的应用。

- 第 8 章软件包管理：在学习 Linux 的基础操作后，本章主要介绍如何安装、卸载、更新软件，以及进程、任务的查询和管理。
- 第 9 章 Linux 系统设置与维护：通过本章的介绍，读者可以对系统网络和时间等进行设置，可以使用 systemctl 管理系统中的服务，认识日志文件，并学会如何备份和恢复重要的数据。
- 第 10 章网络和路由管理：本章对网络知识进行了介绍，让读者对 Linux 系统的网络管理有一个清晰的认知，学会如何使用 NetworkManager 设置网络，并进行主机之间的通信。
- 第 11 章 Linux 网络安全技术：让读者认识到网络安全的重要性，学习如何进行系统维护，并通过防火墙的设置和网络加密操作阻挡外来攻击。通过 SSH 的学习，可以让读者实现在不同主机之间进行系统管理。
- 第 12 章网站部署：通过本章的学习，可以让读者学会如何编写一个简单的网页文件，以及如何以不同的方式访问虚拟主机网站。

本书是一本注重实践操作的 Linux 书籍，适合以下读者学习。

- Linux 初、中级用户。
- 大中专院校及社会培训机构学生。
- Linux 开发人员。
- 开源软件爱好者。

本书由淄博职业学院的黄林峰、翟文学二人共同编写，翟文学还进行了案例测试和材料整理等相关工作。感谢每一位无私奉献的开源作者和开源社区。由于编者水平和精力有限，本书不足之处在所难免，敬请广大读者批评指正。

编　者

目　录

第 1 章 正式认识 Linux 系统

我们马上要踏上学习 Linux 系统的征途了！不过在迈出第一步之前，不妨先想一想为什么工作中会用 Linux 系统？Linux 系统有什么优势和劣势？应该选择哪个版本的 Linux 系统？在本章，我们会正式认识 Linux 系统，在开启大牛成长之路上迈好第一步。

1.1 为什么要学习 Linux 系统

为什么要学习 Linux 系统？最直接的原因当然是 Linux 系统广泛的应用，以及工作中的实际需要。在最近十几年全球超级计算机 TOP 500 强操作系统排行榜中，Linux 的占比长期处于垄断地位，甚至呈现继续上升达到 100% 的趋势。而在各企业的服务器应用领域，Linux 系统的市场份额也越来越接近这个比例，这足以说明 Linux 的出色表现和广泛应用。2020 年超级计算机排行榜第 4 名的神威·太湖之光用的就是 Linux 操作系统（我国自主研发），如图 1-1 所示。

图 1-1 神威·太湖之光

1.1.1 Linux 系统的特点

Linux 是一套免费使用和自由传播的类 UNIX 操作系统，是一款基于 POSIX 和 UNIX 的多用户、多任务、支持多线程和多 CPU 的操作系统。用户可以通过网络或其他途径免费获得，并可以任意修改其源代码，这是其他操作系统做不到的。正是由于这一点，来自全世界的大量程序员根据自己的兴趣和灵感对 Linux 进行了修改和编写，这让 Linux 吸收了无数程序员的精华，不断壮大，其主要特点可以概括为以下几点。

- 开放性：遵循开放系统互连（OSI）国际标准。
- 多用户：操作系统资源可以被不同的用户使用，用户对各自的资源（如文件、设备）有特定的权限，互不影响。
- 多任务：计算机同时执行多个程序，并且各个程序的运行互相独立。
- 良好的用户界面：Linux 提供了用户界面和系统调用两种界面。Linux 还为用户提供了图形用户界面，利用鼠标、菜单、窗口、滚动条等，为用户呈现出直观、易操作、交互性强的友好图形化界面。其中，Linux Fedora 发行版的操作界面如图 1-2 所示。

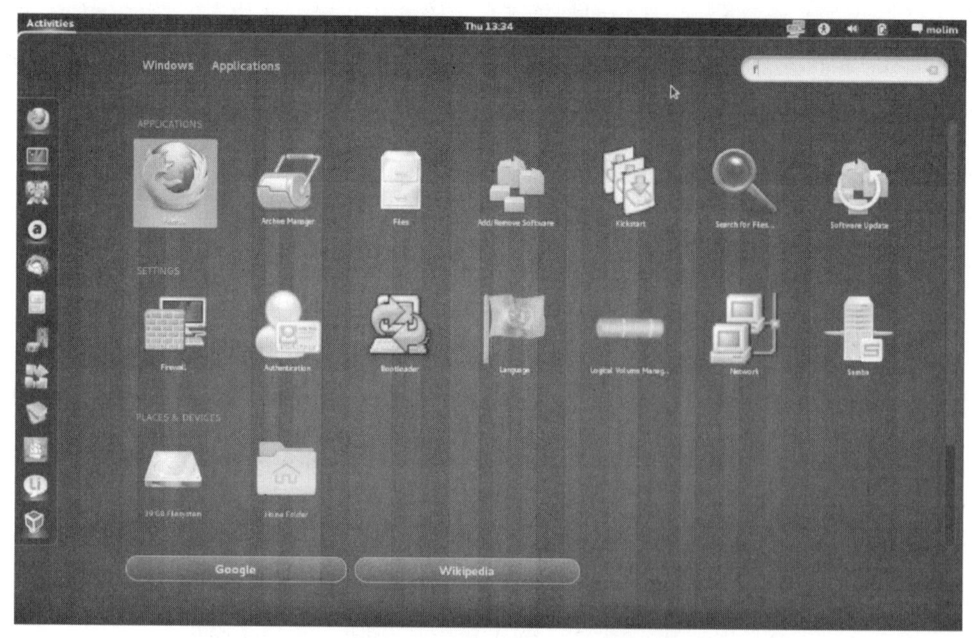

图 1-2　Linux Fedora 发行版操作界面

- 设备独立性：操作系统把所有外部设备统一当作文件来看待，只要安装驱动程序，用户就可以像使用文件一样操控、使用这些设备。Linux 是具有设备独立性的操作系统，内核具有高度适应能力。
- 丰富的网络功能：完善的内置网络是 Linux 的一大特点，为计算机提供了丰富的网络功能。
- 可靠的安全系统：Linux 采取了许多安全技术措施，包括对读写的控制、带保护的子系统、审计跟踪、核心授权等，为网络多用户环境中的用户提供了必要的安全保障。
- 良好的可移植性及灵活性：Linux 系统有良好的可移植性，支持大部分的 CPU 平台，便于裁剪和定制。用户可以把 Linux 装在 U 盘、光盘等存储介质中随时调用，也可以在嵌入式领域对其进行广泛应用。

小白逆袭：免安装即可使用 Linux

如果希望不进行安装就能体验 Linux 系统，则可以在网上下载一个 Live DVD 版的 Linux 镜像，刻成光盘放入光驱或者用虚拟机软件直接载入镜像文件，设置 CMOS/BIOS 为光盘启动，系统就会自动载入光盘文件，启动进入 Linux 系统。

1.1.2　Linux 系统的应用领域

目前各种 Linux 发行版应用于从嵌入式设备到超级计算机等很多场合，尤其在 IT 服务器领域中 Linux 已经确立了主导地位，服务器一般采用 LAMP（Linux + Apache + MySQL + PHP）或 LNMP（Linux + Nginx + MySQL + PHP）组合。目前 Linux 的主要应用领域可以分为以下三大类。

1. 企业级服务器的应用

Linux 系统可以为企业架构 WWW 服务器、数据库服务器、负载均衡服务器、邮件服务器、DNS 服务器、代理服务器、路由器等，具有运营成本低、系统稳定性高、可靠性强等优势，且无软件版权问题。例如联想 RS260 中小型企业服务器，如图 1-3 所示。

图 1-3　联想 RS260 中小型企业服务器

2. 嵌入式 Linux 系统应用领域

由于 Linux 系统具有开放源代码、功能强大、稳定性高、灵活性强，以及广泛支持大量的微处理体系结构、硬件设备、图形支持和通信协议的特点，在嵌入式应用领域里，从网络设备（路由器、交换机、防火墙、负载均衡器）到专用的控制系统（自动售货机、手机、PDA、各种家用电器），Linux 操作系统都有着广阔的应用市场。

3. 个人桌面 Linux 应用领域

Linux 还广泛应用于个人计算机领域，完全可以满足日常办公需要。例如惠普（HP）战 99 台式工作站商用办公设计计算机主机，如图 1-4 所示。

图 1-4　惠普（HP）战 99 台式工作站商用办公设计计算机主机

Linux 不仅应用于家庭与企业场景中，由于其开源特性，逐渐受到越来越多政府部门的重视和推广，很多政府服务平台、电子政务系统等都是基于 Linux 服务器建立的。随着我国科技创新的不断进步，越来越重视技术的独立性，必然会前所未有地重视 Linux 系统的应用，相信 Linux 系统的应用领域会快速扩展。

1.1.3 Linux 系统的发展趋势

Linux 系统是一款非常优秀的软件产品，它具有非常好的稳定性，满足了不同行业的发展。对于初学 Linux 的读者来说，了解 Linux 的发展趋势可以更快地认清 Linux 行业的发展状况。

1. Linux 在服务器领域的发展

随着开源软件在世界范围内影响力日益增强，Linux 服务器操作系统在整个服务器操作系统市场格局中占据了越来越多的市场份额，已经形成了大规模市场应用的局面，并且保持着快速的增长率。尤其在政府、金融、农业、交通、电信等国家关键领域。此外，考虑到 Linux 的快速成长性以及国家相关政策的扶持力度，Linux 服务器产品一定能够冲击更大的服务器市场。

据权威部门统计，目前 Linux 在服务器领域已经占据约 75% 的市场份额，其在服务器市场的迅速崛起，已经引起全球 IT 产业的高度关注，并以强劲的势头成为服务器操作系统领域中的中坚力量。

2. Linux 在桌面领域的发展

近年来，特别是在国内市场，Linux 桌面操作系统的发展趋势非常迅猛。如国内的中标麒麟 Linux、红旗 Linux、深度 Linux 等系统软件厂商都推出了 Linux 桌面操作系统，目前已经在政府、企业、OEM 等领域得到了广泛应用。另外，SUSE、Ubuntu 也相继推出了基于 Linux 的桌面系统，特别是 Ubuntu Linux，已经积累了大量社区用户。但是，从系统的整体功能和性能来看，Linux 桌面系统与 Windows 系列相比还有一定的差距，主要表现在系统易用性、系统管理、软硬件兼容性、软件的丰富程度等方面。

3. Linux 在移动嵌入式领域的发展

低成本、强大的定制功能以及良好的移植性能，使得 Linux 在嵌入式系统方面也得到广泛应用，目前 Linux 已广泛应用于手机、平板计算机、路由器、电视和电子游戏机等领域。在移动设备上广泛使用的 Android 操作系统就是创建在 Linux 内核之上的。目前，Android 已经成为全球主流的智能手机操作系统。

此外，思科在网络防火墙和路由器方面也使用了定制的 Linux，阿里云开发的基于 Linux 的操作系统 YunOS，可用于智能手机、平板计算机和网络电视，常见的数字视频录像机、舞台灯光控制系统等都在逐渐采用定制版本的 Linux 来实现，而这一切均归功于 Linux 与开源的力量。

4. Linux 在云计算和大数据领域的发展

互联网产业的迅猛发展，促使云计算、大数据产业的形成并快速发展，云计算和大数据作为一个基于开源软件的平台，Linux 占据了核心优势。据 Linux 基金会的研究，86% 的企业已经使用 Linux 操作系统进行云计算和大数据平台的构建。目前，Linux 已开始取代 UNIX 成为最受青睐的云计算和大数据平台操作系统。

1.2 版本的选择

Linux 企业官方并不出产完整版 Linux 系统，只是适时地推出 Linux 的内核版本，即系统核心程序，而允许其他公司基于内核完成外围程序的研发，并推出自己的 Linux 产品，所以 Linux 体系有很多的厂商版本可供选择。

1.2.1　Ubuntu 版本

Ubuntu 版本采用的是 GNOME 桌面环境，是一款专为大众设计的现代桌面操作系统，也是部署最广泛的服务器操作系统之一，非常易于使用。Ubuntu 系统具有各种风格的简洁用户界面，可用于包括云计算、物联网、容器、服务器等领域。通过完整的硬件和一整套应用程序，大多数初学者将此视为踏上 Linux 阶梯的第一步。

如果希望尝试 Windows 之外的系统，又不想过度依赖命令行，那么 Ubuntu 是一个很好的选择，Ubuntu 的桌面如图 1-5 所示。

- 专业知识需求：一颗星。
- 桌面环境：Unity、GNOME。
- 官方网站：https：//www. ubuntu. com。

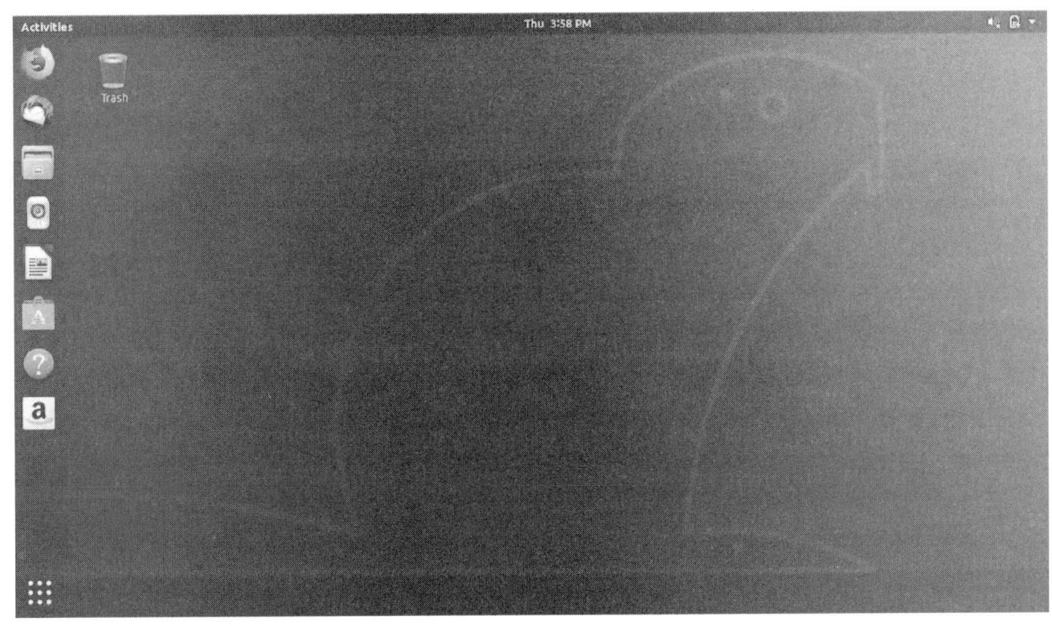

图 1-5　Ubuntu 桌面

1.2.2　Linux Mint 版本

Linux Mint 提供了经典桌面配置的现代版本，对于 Linux 新手用户来说是一个很好的入门选项，如图 1-6 所示。这个发行版本易于安装，并且配备了从 macOS 或 Windows 系统切换过来的必要软件。此外，Linux Mint 发行版还能更好地支持专有媒体格式，使用户可以开箱即用地播放视频、DVD 和 MP3 音乐文件。

- 专业知识需求：一颗星。
- 桌面环境：Cinnamon、Mate、KDE。
- 官方网站：https：//www. linuxmint. com/。

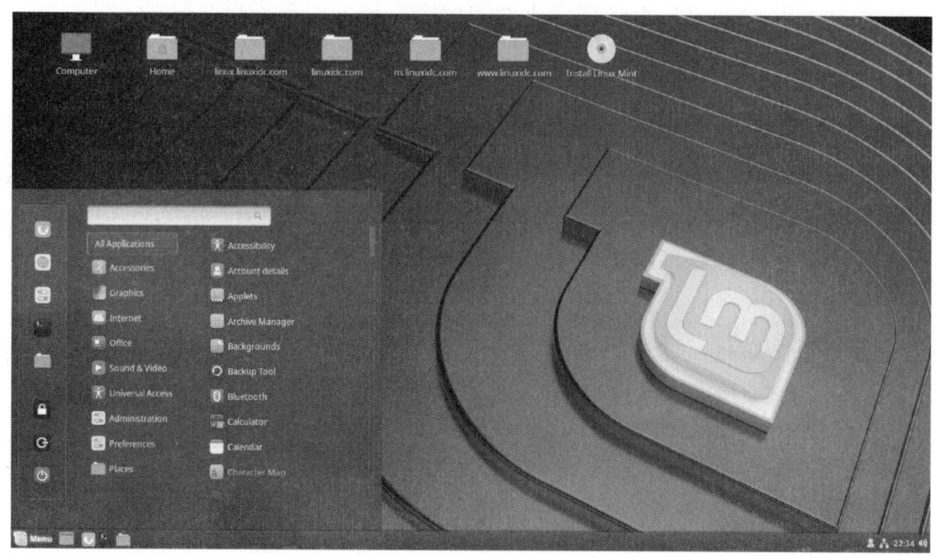

图 1-6　Linux Mint 桌面

1.2.3　CentOS 版本

CentOS 是一个主流的、基于 Red Hat 的社区发行版，并且与 openSUSE 共享相同的受众群体，其桌面如图 1-7 所示。

由于使用与 Fedora 相同的安装程序，CentOS 的整个安装过程非常简单，另外还有丰富的应用程序可供选择。

- 专业知识需求：两颗星。
- 桌面环境：Gnome、KDE 以及其他。
- 官方网站：https：//www. centos. org/。

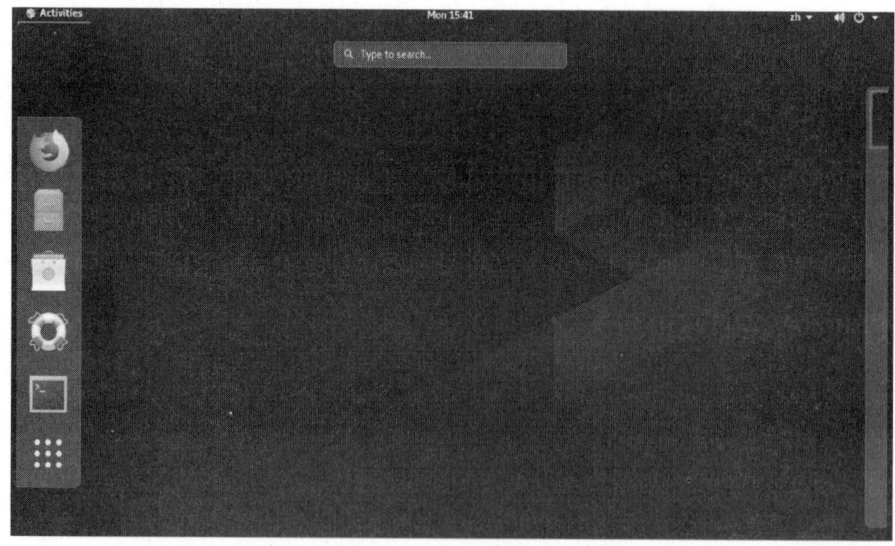

图 1-7　CentOS 桌面

由于近年来硬件虚拟化技术的发展，虚拟化系统已经可以简单地制作出相似的硬件资源。本书使用 CentOS 8 讲解 Linux 中的各种命令。

1.2.4　Debian 版本

Debian 是最古老的 Linux 发行版之一，也是很多其他发行版的基础，如知名的 Ubuntu 和易用的 Linux Mint，其桌面如图 1-8 所示。

Debian 是一个社区发行版，只附带免费的软件和驱动程序。除此之外，Debian 还提供了数千种应用程序，且拥有适合大量硬件设备的驱动。因其定期测试、更新和坚如磐石的稳定性而享有盛誉，这种稳定性使开发人员可以放心地展开工作。但请记住，Debian 只推荐给有 Linux 工作经验的开发人员。

- 专业知识需求：三颗星。
- 桌面环境：Gnome、KDE、XFCE 以及其他。
- 官方网站：https：//www. debian. org/。

图 1-8　Debian 桌面

1.3　如何高效学习 Linux

如何能够快速学好 Linux，相信这是很多 Linux 初学者和爱好者最关注的问题。对于 Linux 以及其他的编程语言学习来说，掌握好学习方法和思路是非常重要的，可以起到事半功倍的效果。

1.3.1 如何使用本书

学习任何一门语言，掌握扎实的基本功都是非常重要的，不仅可以提高效率，同时具有开拓思路的效果。

对于 Linux 基础学习来说，可能很多人觉得枯燥无味，可以通过理解性的记忆来学习 Linux 的一些常用代码及语法，然后再通过操练实战案例的方法进行辅助。在进行实际操作的过程中，一定要亲自动手去完成，不要借助工具，只有自己动手实践才能够更快地掌握。

1.3.2 如何解决学习中遇到的问题

在学习 Linux 过程中，难免会遇到各种问题和困难，这时我们可以在网络上搜索相关的问题答案或资源，也可以查阅相关的书籍，还可以询问一些技术水平高的前辈，来帮助我们解决问题。

1.4 要点巩固

学习本章内容可以让读者对 Linux 系统有一个全新的认识，从而明确学习 Linux 的目的。下面将对本章的内容进行总结，具体如下。

1）Linux 系统的特点：开放性、多用户、多任务、良好的用户界面、设备独立性、丰富的网络功能、可靠的安全系统、良好的可移植性及灵活性。

2）Linux 系统的应用领域：企业级服务器、嵌入式 Linux 系统应用以及个人桌面 Linux 应用等。

3）Linux 主要的版本：CentOS、Ubuntu、Linux Mint 和 Debian 等。

1.5 技术大牛访谈——培养高效学习 Linux 的思维

任何一本图书都不能完全讲述 Linux 的所有知识，一般介绍的都是些比较常用或者具有代表性的内容，但工作中难免会遇到一些全新的技能及知识，这就需要进行更深入的学习，推荐查阅 Linux 帮助文档，能够很好地解决问题。

如果想深入学习 Linux，查阅英文技术文档也十分必要，往往新的技术都是采用英文文档方式发布的，且更全面。因此，对 Linux 开发者来说，多看一些 Linux 英文技术文档，对于掌握前沿技术和加深知识是十分必要的。

第 2 章 Linux 系统安装

Linux 作为免费的开源代码已经被互联网领域完全接受，并且以其功能强大、安全性高、性能稳定等优点，也已经被普遍应用于服务器端操作系统。但其最大的缺点是入门难度高，由于 Linux 的工作方式与我们所熟知的 Windows 系统完全不同，使得很多人无法走入 Linux 系统。

然而，在今后的互联网领域，Linux 的用户数量一定会不断增多，所以要想在互联网领域有所发展，对 Linux 系统要有一定的了解，这样才不会被时代所淘汰。

可能会有读者苦恼于不知道使用哪一个发行版，其实所有的发行版不管是 RedHat、CentOS 还是 Ubuntu，其内核都是来自 Linux 内核官网（www. kernel. org），不同发行版本之间的差别在于软件管理的不同，所以不管使用哪个发行版，只要理解其原理，都可以顺利使用。近年来，CentOS 版本发展迅猛，本书后面介绍的 Linux 内容将使用 CentOS 8 版本。

2. 1　安装 Linux 前的准备

首先要明确一点，Linux 系统与 Windows 系统是不同的，在操作 Linux 系统时一定不要想以控制 Windows 的操作方式来控制 Linux。安装 Linux 系统的硬件要求如下。

1. 机器配置

Linux 设计之初衷就是用较低的系统配置提供高效率的系统服务，因此安装 Linux 并没有严格的系统配置要求，只要 Pentium 以上的 CPU、64MB 以上的内存、1GB 左右的硬盘空间即可。想要流畅地运行 Linux 的图形界面，建议内存要在 128MB 以上。如果使用光盘方式安装，还要先将 BIOS 中的启动顺序变成光驱为第一启动项。

2. 其他硬件支持

Linux 目前支持大部分的处理器（CPU）。如果使用的是 Linux 较早的版本，可能只支持很少的显卡和声卡类型，而较新的版本，如 Ubuntu Linux 10. 04，就不需要担心这些问题。

3. 下载 Linux 发行版

在安装 Linux 系统之前，读者可以去 CentOS 的官方网站上下载合适的发行版本，下载网址为 https：//www. centos. org/download/。CentOS 的下载页面如图 2-1 所示。这里主要有两种版本，分别是 CentOS Linux 和 CentOS Stream。CentOS Linux 是标准配置安装，是一个稳定的发行版，一般情况下推荐使用该版本。CentOS Stream 是一个滚动发布的 Linux 发行版，可以用来体验 RedHat 系 Linux 的最新特性。

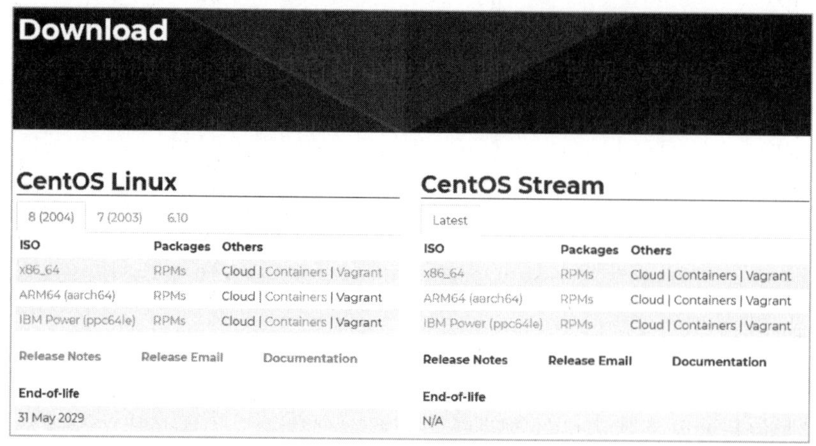

图 2-1　CentOS 下载页面

在下载页面的 CentOS Linux 中可以选择想要安装的 Linux 版本，建议安装 64 位 Linux 系统。旧版本下载地址为 https：//wiki. centos. org/Download。接下来需要将下载的 Linux 镜像文件刻录成光盘或 U 盘，也可以在 Windows 上使用虚拟机软件来安装 Linux 系统。

在安装 Linux 系统的过程中，必须要有的两个分区分别是根分区（/）和 swap 分区（交换分区），当然还有一些其他的分区可以独立出来，比如说/boot 分区、/var 分区等。

2.2　Linux 专业词汇理解

在学习安装 Linux 系统之前，有一些专业的词汇需要大家理解。这里先介绍几个主要的概念，便于大家可以顺利地完成后面的安装步骤。

1. 什么是交换分区

交换分区是一个特殊的分区，它的作用相当于 Windows 下的虚拟内存。这个分区的大小一般设置为物理内存的两倍，但不管物理内存有多大，交换分区建议不要超过 8GB，因为大于 8GB 的交换分区并没有太大的实际意义。

2. 什么是 Grub

Grub 是一个系统引导工具，通过它可以加载内核，从而引导系统启动。Grub 可以在多个操作系统共存的情况下选择引导指定的系统。

3. 什么是/boot 分区

/boot 分区用于放置 Linux 启动所用到的文件，如 Kernel 和 initrd 文件。

4. 什么是 DHCP

DHCP（Dynamic Host Configuration Protocol，动态主机配置协议）是一个局域网的网络协议，可以集中管理和分配 IP 地址，使客户端动态地获取 IP 地址。在 TCP/IP 网络中，每台主机都需要有 IP 地址才能与其他主机通信。在一个大规模的网络中，如果由管理员手动对每一台主机进行 IP 地址的配置是不现实的。因此产生了 DHCP 协议，用它来对网络节点上的主机进行 IP 地址配置，既提高了 IP 地址的使用率也提高了工作效率。

2.3　在虚拟环境中安装 Linux 系统

在 Windows 系统环境下学习计算机编程，有时需要用到 Linux 系统，这种情况下可以通过虚拟机来运行 Linux 系统。虚拟机（Virtual Machine）指通过软件模拟的、具有完整硬件系统功能的、运行在一个完全隔离环境中的完整计算机系统。虚拟系统通过生成现有操作系统的全新虚拟镜像，具有真实 Windows 系统完全一样的功能。进入虚拟系统后，所有操作都是在这个全新的独立的虚拟系统中进行。

扫码观看教学视频

在虚拟系统中可以独立安装并运行软件、保存数据，拥有自己的独立桌面，而不会对真正的系统产生任何影响，而且是具有能够在现有系统与虚拟镜像之间灵活切换的一类操作系统。

2.3.1 【实战案例】安装配置 VM 虚拟机

VMware WorkStation 是业界非常稳定且安全的桌面虚拟机软件，可以让用户在一台机器上同时运行两个或更多 Linux、Windows、DOS 系统。每个虚拟操作系统的硬盘分区、数据配置都是独立的，而且多台虚拟机可以构建为一个局域网。

Linux 系统对硬件设备的要求很低，我们没有必要再买一台高配置的计算机，课程实验用虚拟机完全可以搞定，而且 VM 还支持实时快照、虚拟网络、拖拽文件以及 PXE（Preboot Execute Environment，预启动执行环境）网络安装等方便实用的功能。软硬件准备介绍如下。

- 软件：推荐使用 VMware，本例使用的是 VMware 15，如图 2-2 所示。

图 2-2　VMware 15

- 镜像：本例使用的是 CentOS 8 镜像文件，如果没有镜像文件可以在 CentOS 的官方网站中下载。
- 硬件：因为是在宿主机上运行虚拟化软件安装 CentOS，所以对宿主机的配置有一定的要求。宿主机硬件方面要求至少硬盘 500GB、内存 4GB 以上。

在宿主机中安装 VMware WorkStation 虚拟机软件后，下面我们使用它来创建虚拟机。

步骤 1：启动 VMware WorkStation，选择“创建新的虚拟机”选项，如图 2-3 所示。

步骤 2：在打开的“新建虚拟机向导”对话框中选中“自定义（高级）”单选按钮，选择自定义安装方式，然后单击“下一步”按钮，如图 2-4 所示。

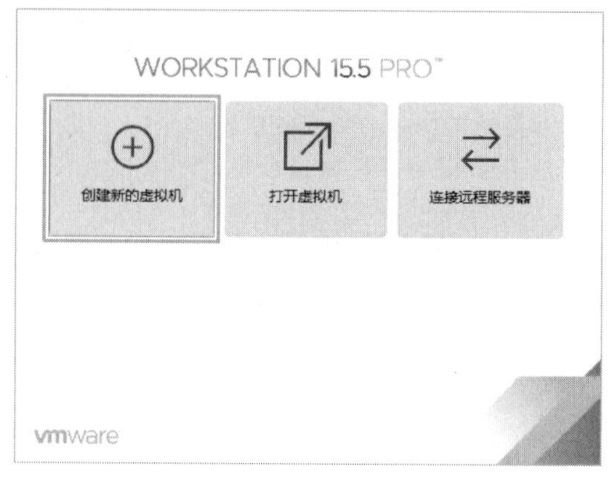

图 2-3　选择“创建新的虚拟机”选项

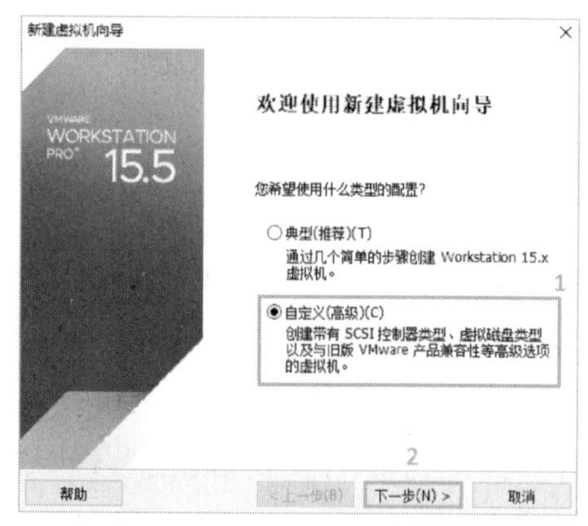

图 2-4　使用安装向导

大牛成长之路：典型安装与自定义安装

选择典型安装方式，VMware 会将主流的配置应用在虚拟机的操作系统上，对于新手来说很友好。选择自定义安装方式，可以针对性地把一些资源加强，把不需要的资源移除，避免资源的浪费。新手选择典型安装方式即可。

步骤 3：接着进行虚拟机兼容性选择，如图 2-5 所示。

步骤 4：选中“稍后安装操作系统”单选按钮，单击“下一步”按钮，如图 2-6 所示。

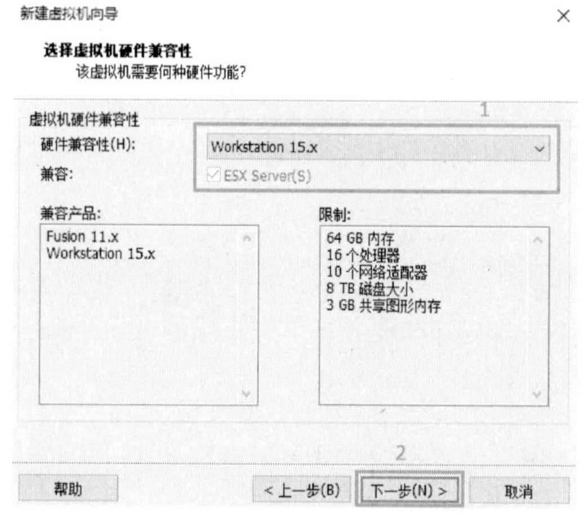

图 2-5　兼容性选择

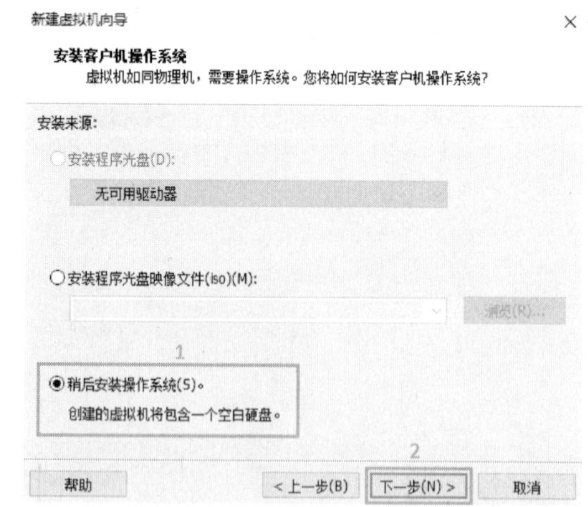

图 2-6　选择“稍后安装操作系统”单选按钮

步骤 5：在选择“客户机操作系统”界面选中 Linux（L）单选按钮，然后在“版本”下拉列表中选择“CentOS 8 64 位”选项，单击“下一步”按钮，如图 2-7 所示。

步骤 6：在打开的界面中设置虚拟机位置并命名（虚拟机名称就是一个名字，在虚拟机多的时候方便自己查找）。VMware 的默认位置在 C 盘下，这里改成其他位置，单击“下一步”按钮，如图 2-8 所示。

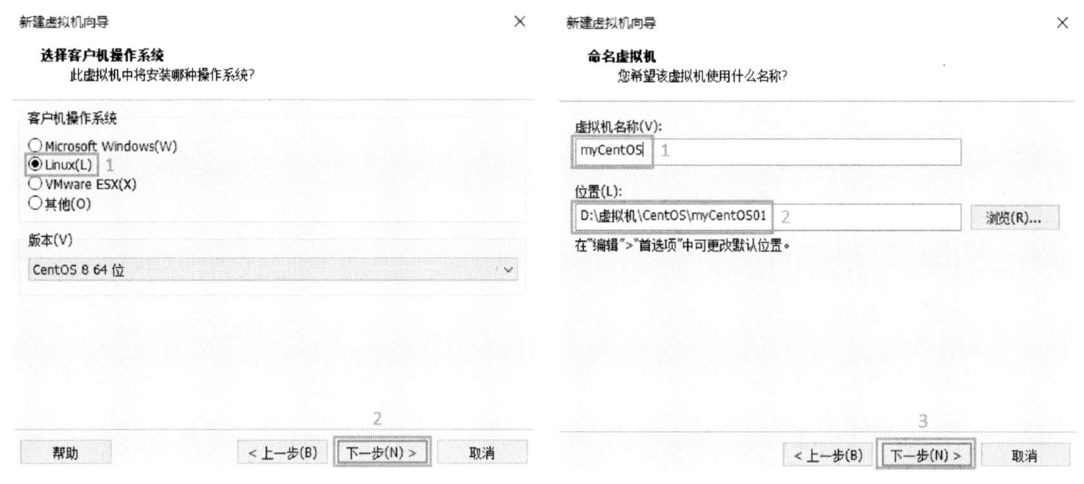

图 2-7　选择操作系统　　　　图 2-8　设置虚拟机的名称和位置

步骤 7：在打开的界面中进行处理器分配。处理器分配要根据自己的实际需求来进行，在使用过程中 CPU 不够的话是可以再增加的。这里选择处理器的内核数量为 2，单击“下一步”按钮，如图 2-9 所示。

步骤 8：内存也需要根据实际需求进行分配。由于宿主机内存是 8GB，可以给虚拟机分配 2GB 的内存。单击“下一步”按钮，如图 2-10 所示。

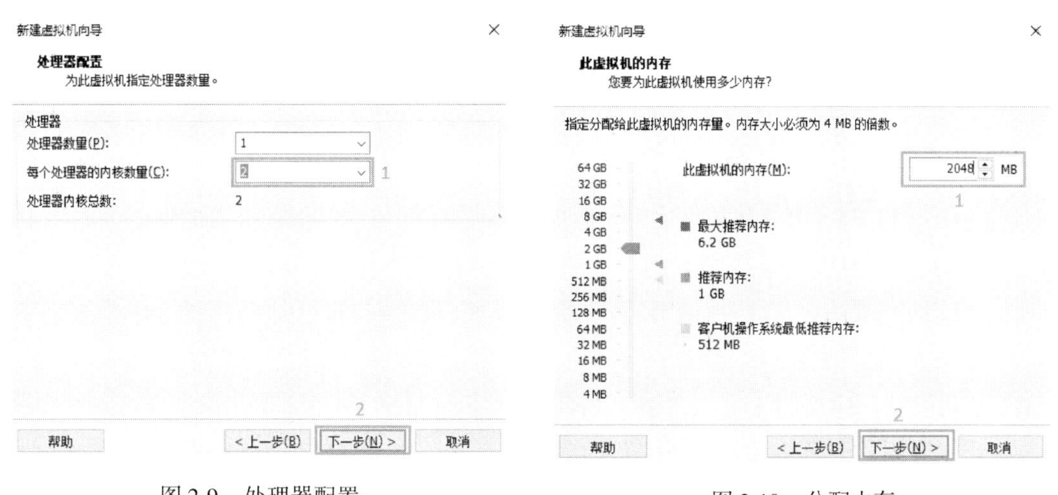

图 2-9　处理器配置　　　　图 2-10　分配内存

步骤 9：在“网络类型”界面中选择“网络连接”为“使用桥接网络”，然后单击“下一步”按钮，如图 2-11 所示。

步骤 10：在“选择 I/O 控制器类型”界面保持控制器类型的推荐选项，单击“下一步”按钮，如图 2-12 所示。

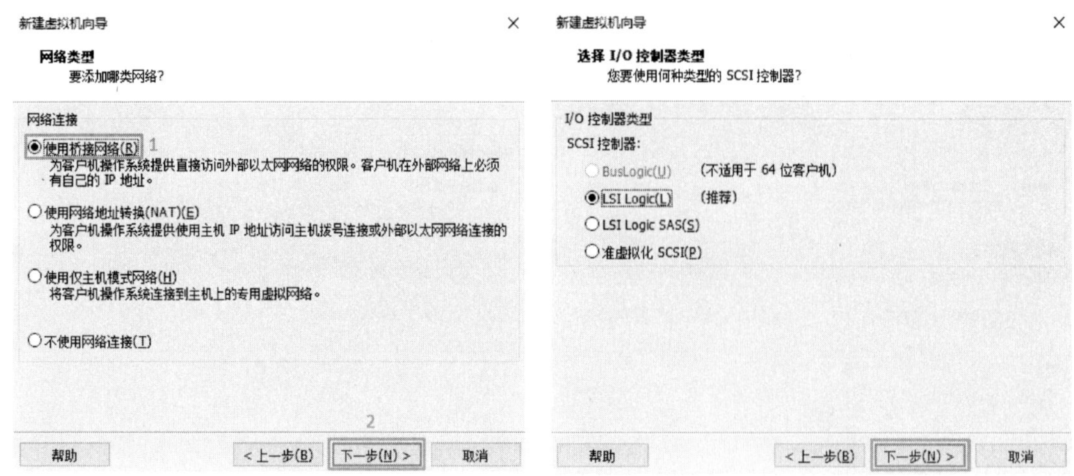

图 2-11　选择网络类型　　　　图 2-12　选择控制器类型

小白逆袭：选择网络连接类型

网络连接类型包括桥接网络、网络地址转换（NAT）、仅主机模式网络和不使用网络连接四种。

- 桥接网络：选择桥接模式的话，虚拟机和宿主机在网络上就是平级关系，相当于连接在同一交换机上。
- 网络地址转换（NAT）：NAT 模式下，虚拟机要联网得先通过宿主机才能和外面进行通信。
- 仅主机模式网络：虚拟机与宿主机直接连起来。

桥接模式和 NAT 模式访问互联网的过程，如图 2-13 所示。

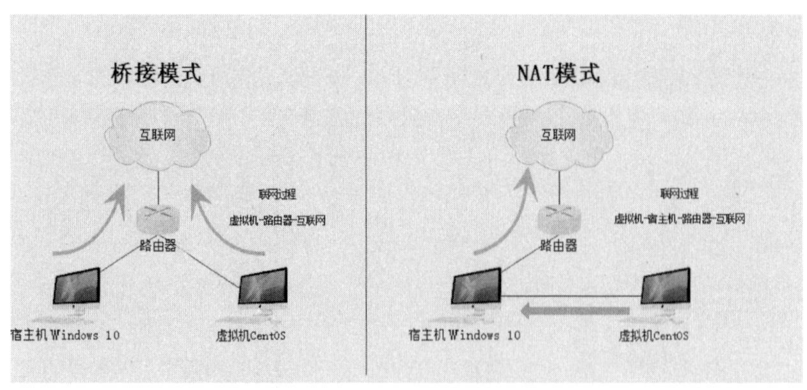

图 2-13　桥接模式与 NAT 模式的区别

步骤 11：在“选择磁盘类型”界面使用默认推荐的 SCSI 磁盘类型，单击“下一步”按钮，如图 2-14 所示。

步骤 12：在“选择磁盘”界面选中默认的“创建新虚拟磁盘”单选按钮，单击“下一步”按钮，如图 2-15 所示。

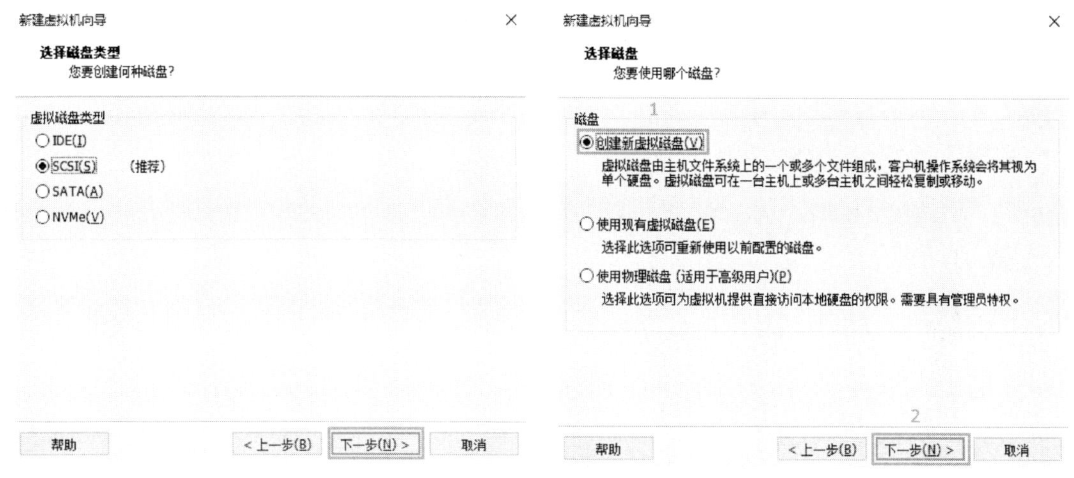

图 2-14　选择磁盘类型　　　　图 2-15　选择创建新的虚拟磁盘

步骤 13：接着进行磁盘容量的设置，磁盘容量暂时分配 100GB 即可，后期可以随时增加。注意不要勾选“立即分配所有磁盘空间”前面的复选框，否则虚拟机会将 100GB 直接分配给 CentOS，这会导致宿主机所剩硬盘容量减少。这里选中“将虚拟磁盘拆分成多个文件”单选按钮，这样可以使虚拟机方便用储存设备复制。单击“下一步”按钮，如图 2-16 所示。

步骤 14：在“指定磁盘文件”界面中保持默认设置，然后单击“下一步”按钮，如图 2-17 所示。

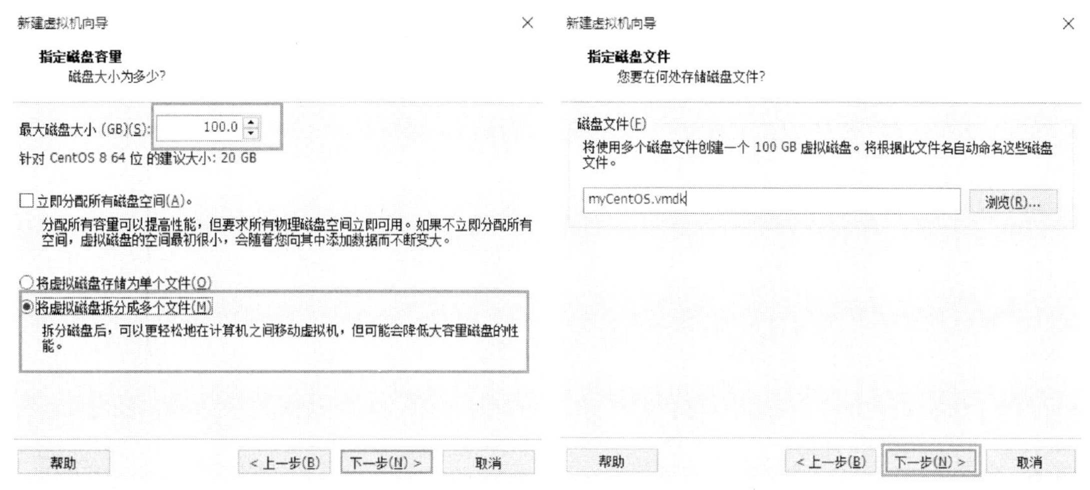

图 2-16　磁盘容量设置　　　　图 2-17　指定磁盘文件的存储位置

步骤 15：在“已准备好创建虚拟机”界面中可以看到虚拟机的相关参数信息，单击“自定义硬件”按钮，如图 2-18 所示。

步骤 16：在打开的“硬件”对话框中，可以选择声卡、打印机等不需要的硬件选项，然后单击“移除”按钮，如图 2-19 所示。自定义硬件之后，单击“关闭”按钮可以返回“新建虚拟机向导”对话框，然后单击“完成”按钮，完成虚拟机的创建。

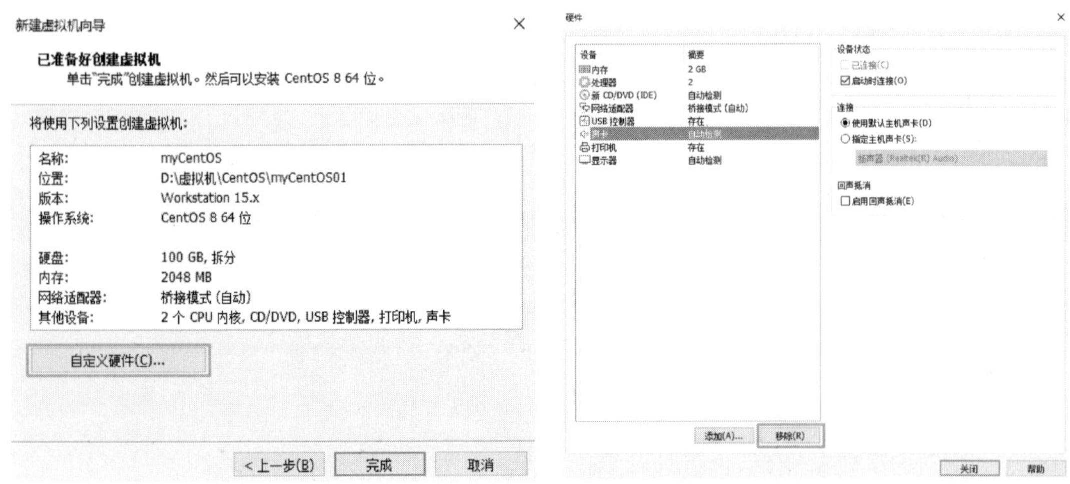

图 2-18　单击“自定义硬件”按钮　　　　图 2-19　自定义硬件

步骤 17：可以在 VMware WorkStation 中看到创建好的虚拟机，如图 2-20 所示。

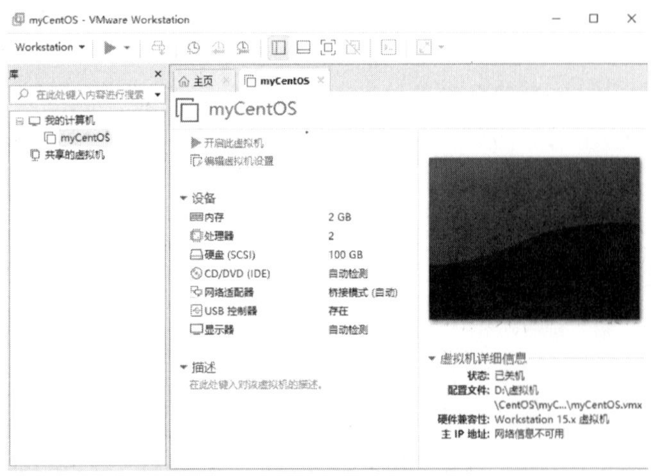

图 2-20　完成虚拟机的创建

2.3.2 【实战案例】在虚拟机中安装 CentOS

与 PC 一样，我们可以在虚拟机上安装多个操作系统。本节以 CentOS 为例，介绍如何在虚拟机中安装 Linux 系统，详细的操作步骤如下。

扫码观看教学视频

步骤 1：右击上一小节创建的虚拟机，在弹出的快捷菜单中选择“设置”命令，如图 2-21 所示。

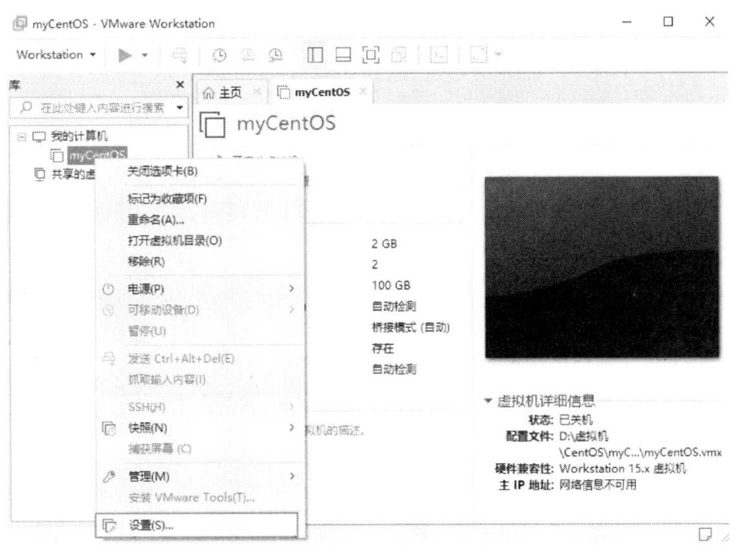

图 2-21　选择“设置”命令

步骤 2：打开“虚拟机设置”对话框，选择 CD/DVD 选项后，选中“使用 ISO 映像文件”单选按钮，然后单击“浏览”按钮，选择下载好的 CentOS 镜像文件。勾选“启动时连接”复选框后，单击“确定”按钮，如图 2-22 所示。

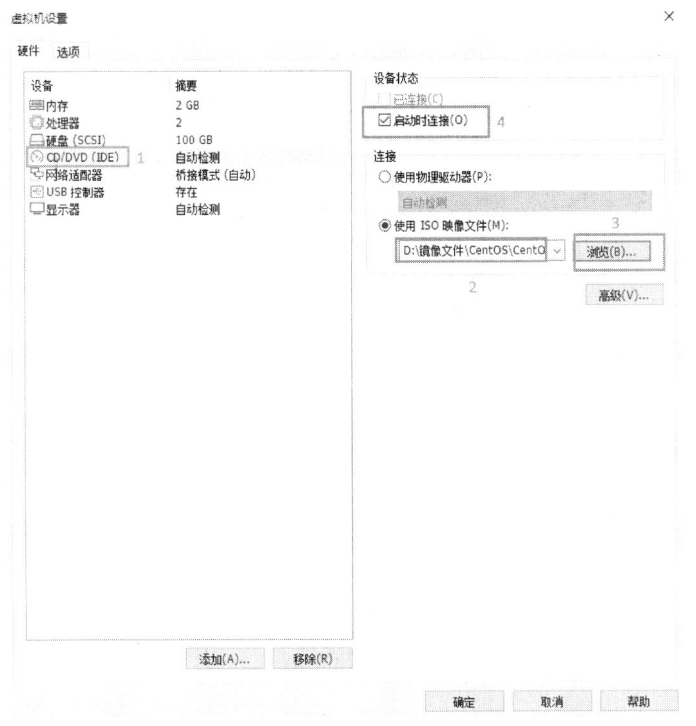

图 2-22　虚拟机硬件设置

步骤 3：单击“开启此虚拟机”按钮，即可开启虚拟机，如图 2-23 所示。

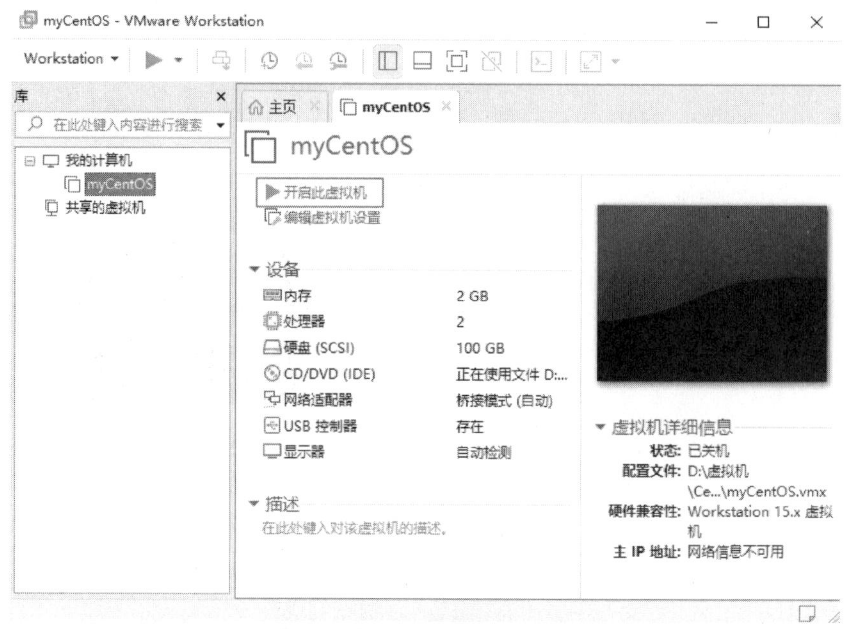

图 2-23　开启虚拟机

步骤 4：开启虚拟机后会出现相应的安装选项界面，如图 2-24 所示。按键盘上的↑键或↓键可以选择安装选项，这里选择第一项 Install CentOS Linux 8. 0. 1905 选项，直接安装 CentOS 8，然后按 Enter 键。

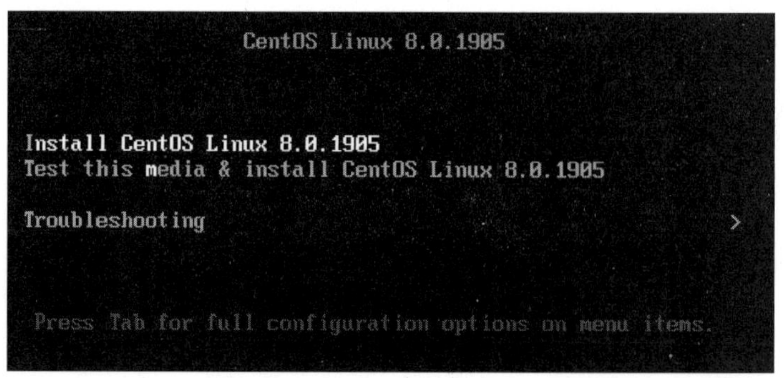

图 2-24　安装选项界面

小白逆袭：安装界面选项介绍

安装界面各选项介绍如下。

- Install CentOS Linux 8. 0. 1905：直接安装 CentOS 8。
- Test this media & install CentOS 8. 0. 1905：测试安装文件并安装 CentOS 8。
- Troubleshooting：修复故障。

步骤 5：选择安装过程中使用的语言，在这里选择英文、美式键盘，单击 Continue 按钮，如图 2-25 所示。

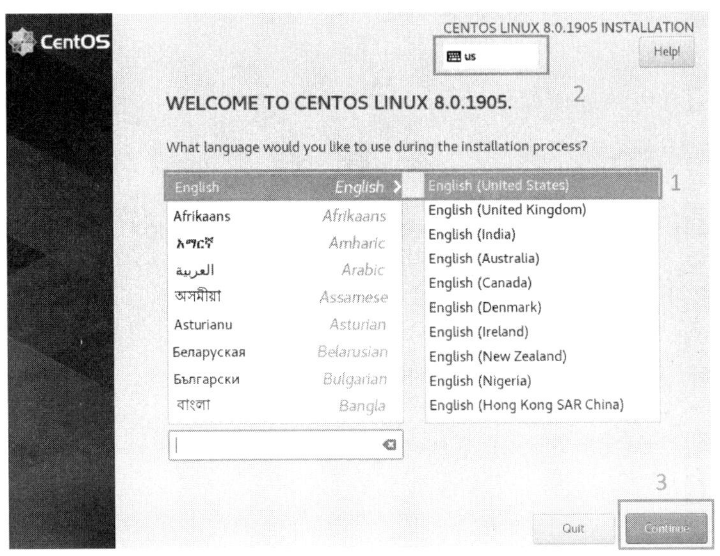

图 2-25　选择安装语言

步骤 6：在 INSTALLATION SUMMARY 界面中选择 Time & Date 选项，进行时间和日期设置，如图 2-26 所示。

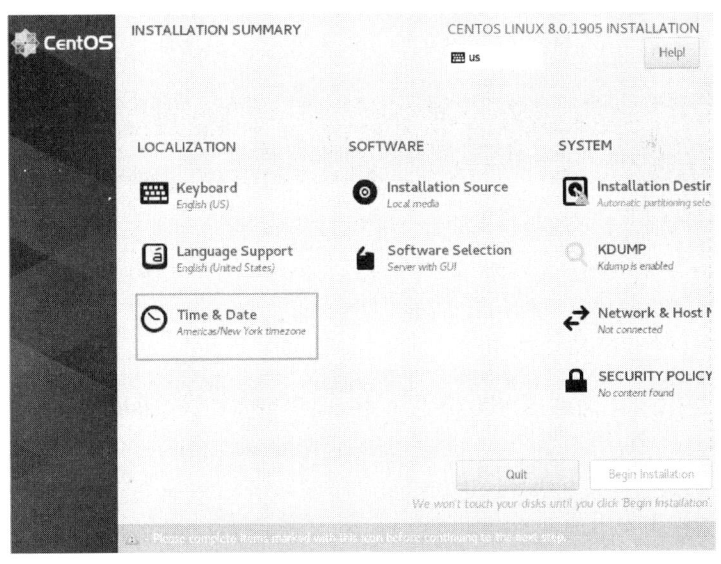

图 2-26　选择 Time & Date 选项

步骤 7：在 DATE & TIME 界面选择时区，首先在 Region 下拉列表中选择 Asia 地区，然后在 City 中选择城市为 Shanghai，然后单击 Done 按钮进行日期和时间的设置。接着选择需要安装的软件，在 INSTALLATION SUMMARY 界面选择 Software Selection 选项，如图 2-27 所示。

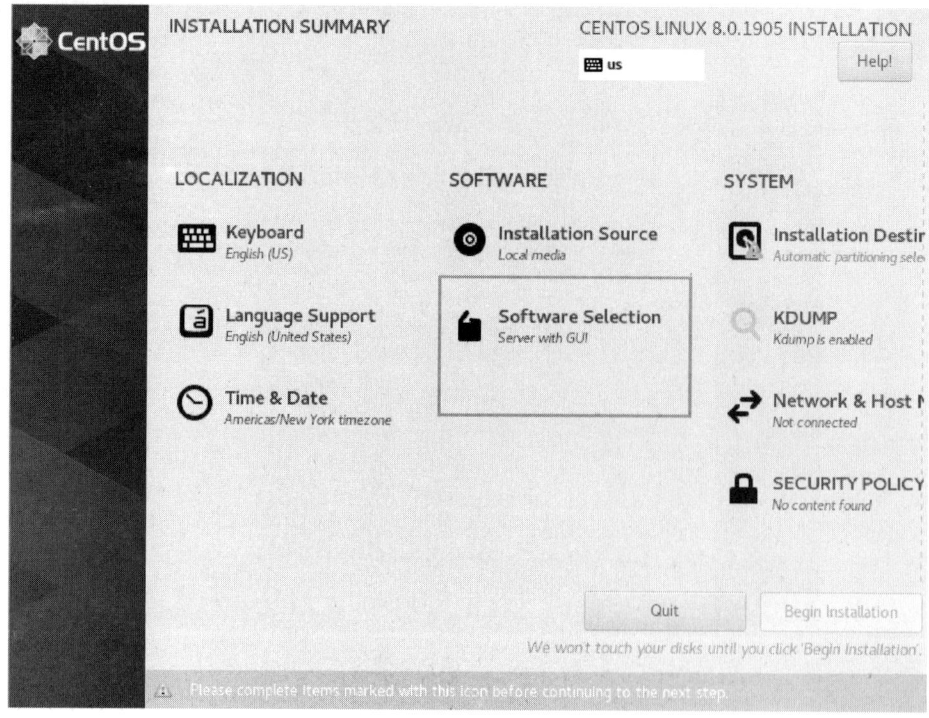

图 2-27　软件选择

步骤 8：在 Base Environment 列表框中选择 Server with GUI 单选按钮，单击 Done 按钮，如图 2-28 所示。

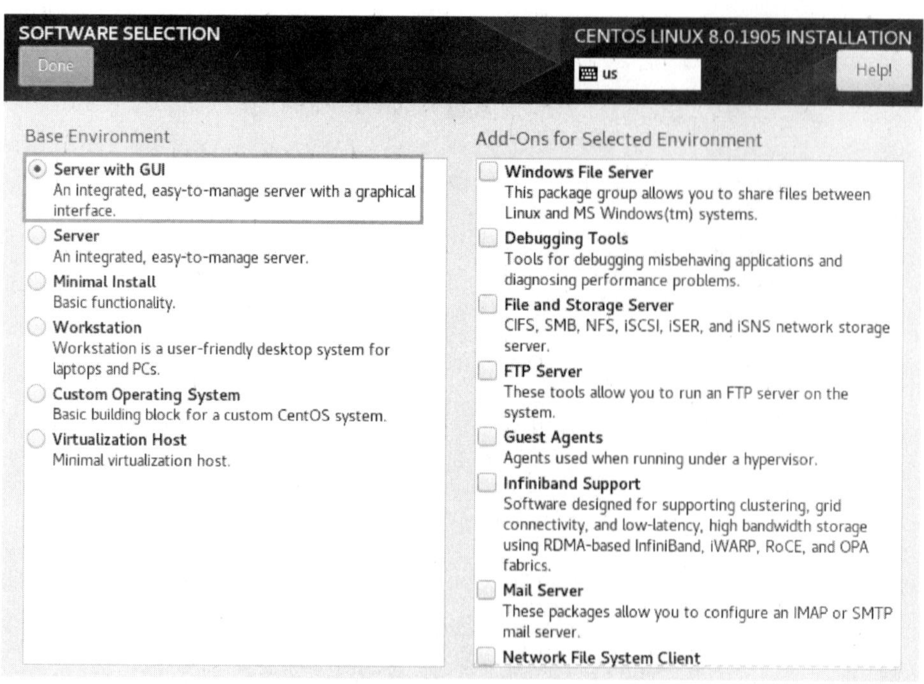

图 2-28　选中 Server with GUI 单选按钮

步骤 9：在 INSTALLATION SUMMARY 界面选择 Installation Destination 选项，设置安装目的地，在这里还可以进行磁盘划分，如图 2-29 所示。

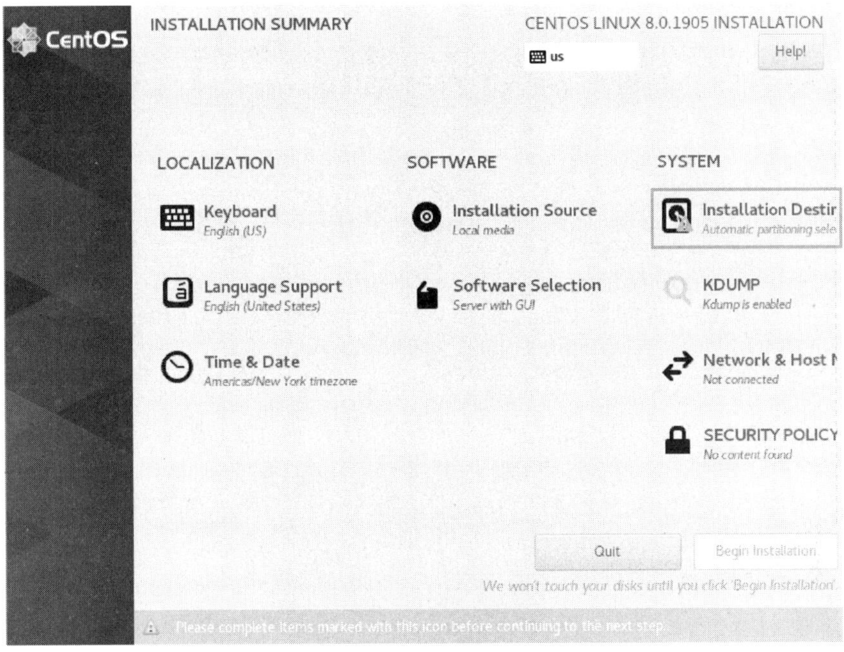

图 2-29　选择安装目的地

步骤 10：在 Storage Configuration 选项区域中选中 Custom 单选按钮（将会配置分区），然后单击 Done 按钮，如图 2-30 所示。

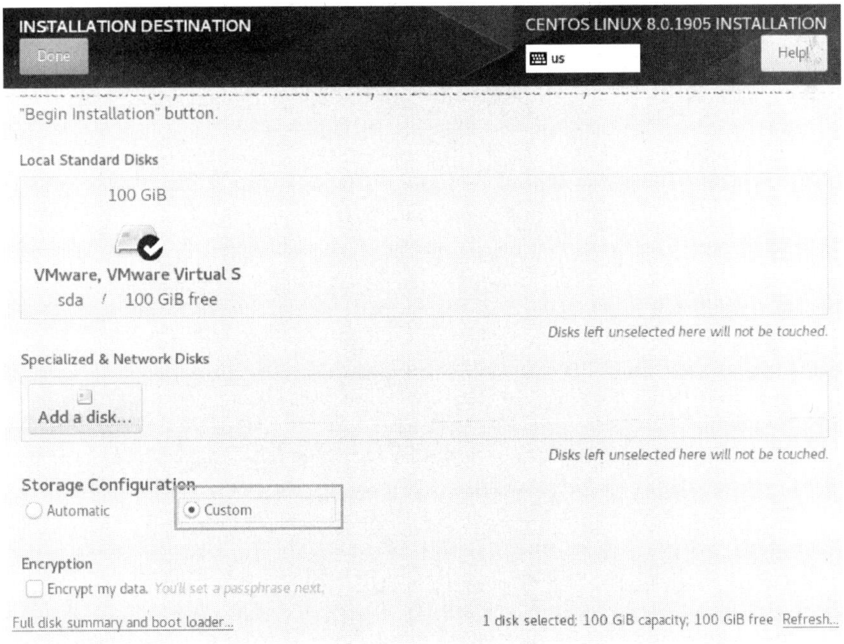

图 2-30　选中 Custom 单选按钮

步骤 11：在 MANUAL PARTITIONING 界面中单击 +（加号）按钮为不同的分区分配空间。在 Mount Point 下拉列表中选择/boot 选项，为 boot 分区分配 500M，最后单击 Add mount point 按钮，如图 2-31 所示。

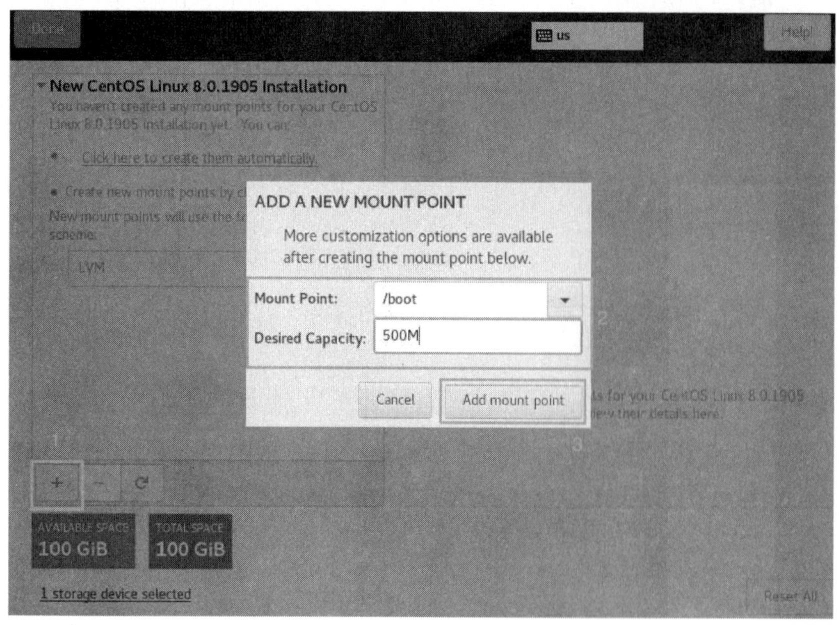

图 2-31　配置分区

步骤 12：以同样的方法为/分区和 swap 分区分配指定的空间后，单击 Done 按钮，如图 2-32 所示。

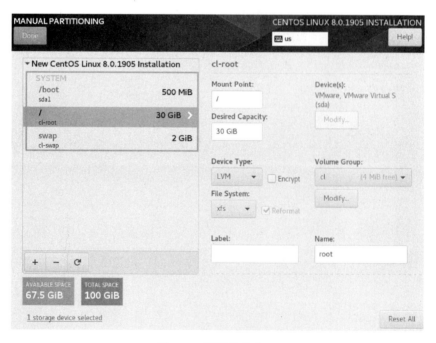

图 2-32　配置其他分区

步骤 13：在弹出的摘要信息中单击 Accept Changes 按钮，接受更改，如图 2-33 所示。

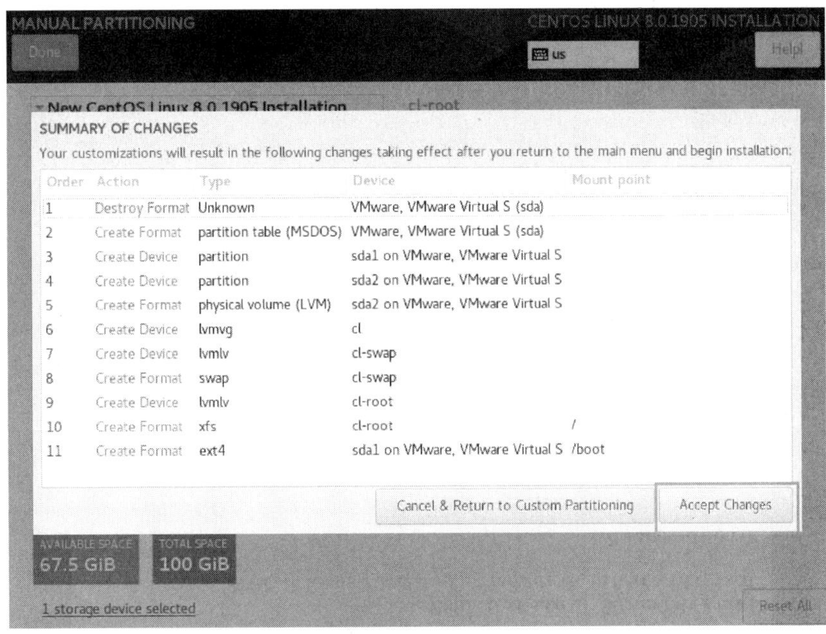

图 2-33　摘要信息

步骤 14：选择 Network & Host Name 选项来设置主机名与网卡信息，如图 2-34 所示。

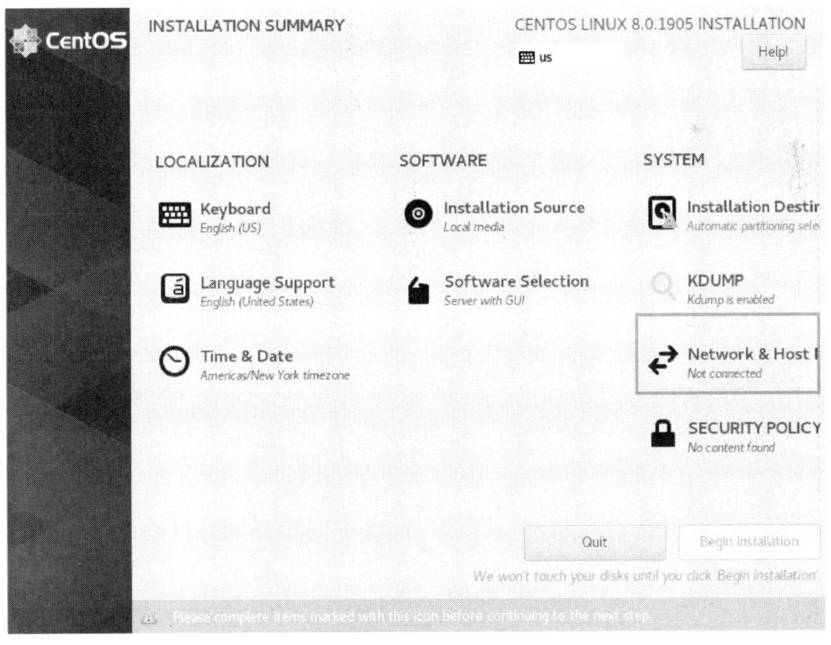

图 2-34　选择 Network & Host Name 选项

步骤 15：在 NETWORK & HOST NAME 界面可以设置主机名，单击 Ethernet 右侧的开关按钮可以开启网卡连接，最后单击 Done 按钮，如图 2-35 所示。也可以单击 Configure 按钮手动配置 IP 地址等信息，这里先不做设置。

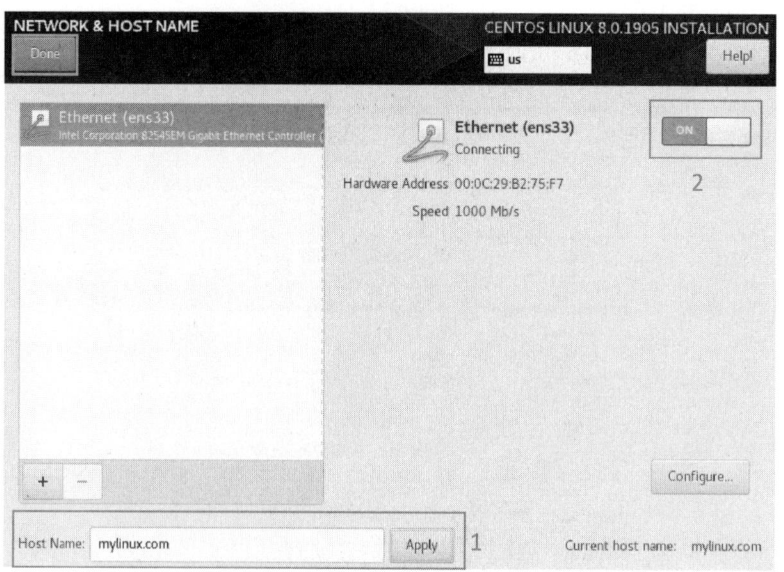

图 2-35　配置网络和主机名

步骤 16：回到 INSTALLATION SUMMARY 界面，单击 Begin Installation 按钮，开始安装 CentOS，如图 2-36 所示。

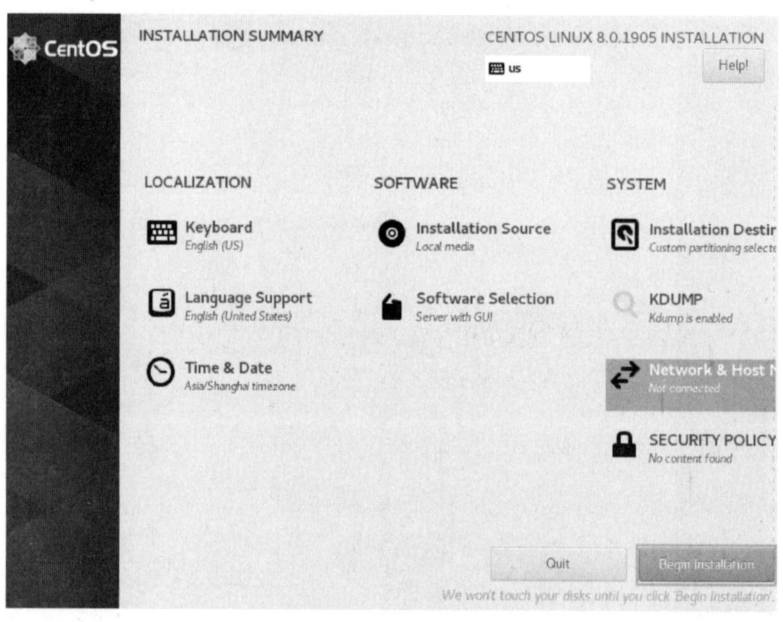

图 2-36　准备安装

步骤 17：在 USER SETTINGS 界面可以为 root 用户设置密码，也可以新增一个用户以便之后用普通用户的身份登录 Linux 系统。这里首先选择 Root Password 选项设置 root 密码，如图 2-37 所示。

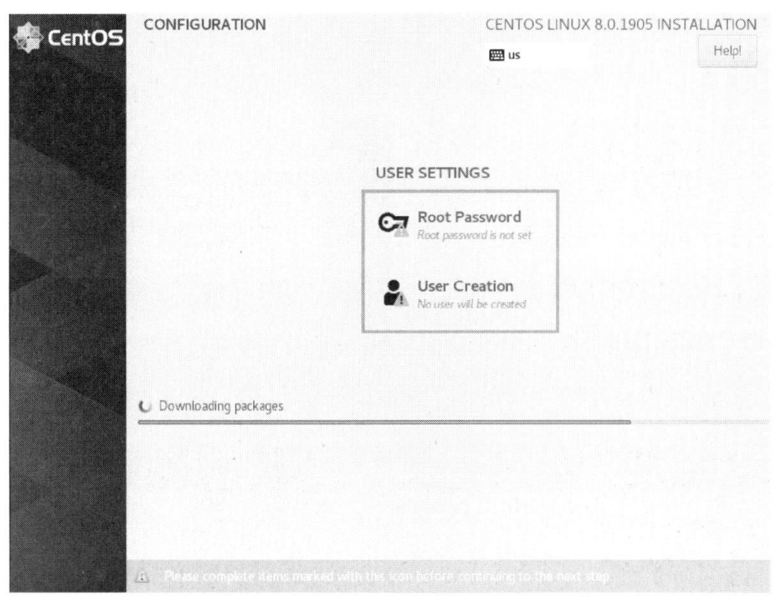

图 2-37　选择 Root Password 选项

步骤 18：设置 root 密码时要保证密码有一定的复杂度，不要太过简单。确保两次密码输入一致后，单击 Done 按钮，如图 2-38 所示。

步骤 19：选择 User Creation 选项，创建新用户。这里创建了一个 user01 新用户，并为这个用户设置了较为复杂的密码，比如 CentOS@ 2019。输入用户名和密码，确保两次密码输入一致，单击 Done 按钮，如图 2-39 所示。

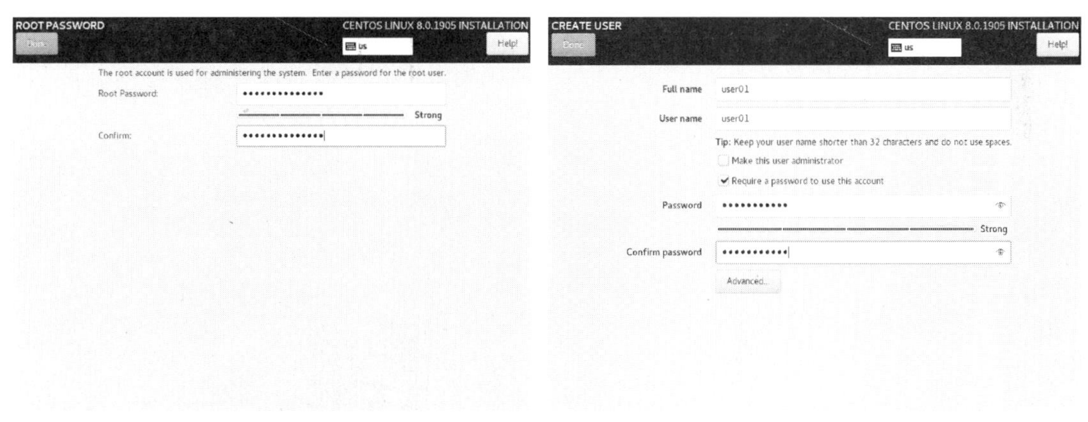

图 2-38　设置 root 密码　　　　图 2-39　创建新用户

步骤 20：等待系统安装完毕，然后单击 Reboot 按钮重启系统就可以了，如图 2-40 所示。

步骤 21：重启后会出现 LICENSING 界面，单击 License Information 文本链接进入许可信息确认界面，如图 2-41 所示。

步骤 22：在 License Information 界面会显示许可信息，勾选 I accept the license agreement 复选框接受许可协议，如图 2-42 所示。

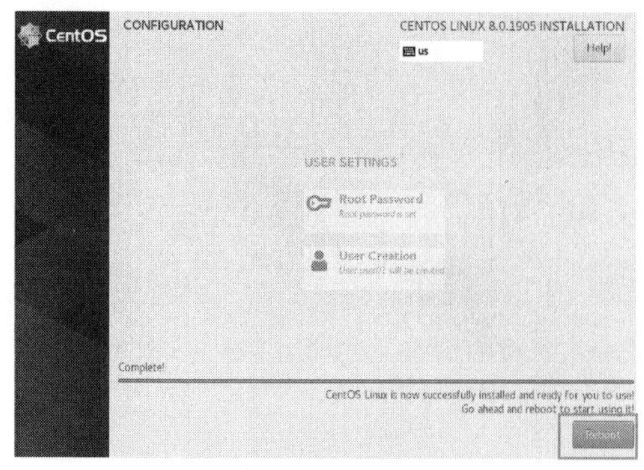

图 2-40　重启系统

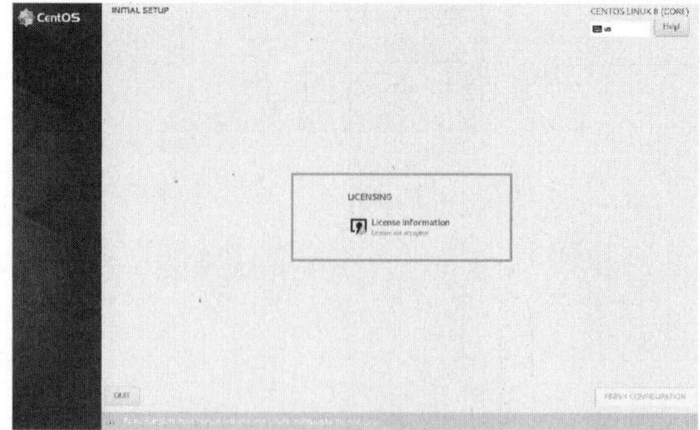

图 2-41　LICENSING 界面

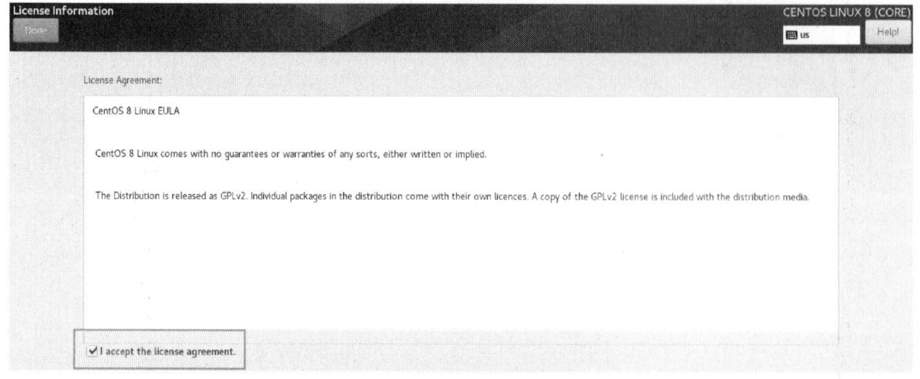

图 2-42　接受许可协议

步骤 23：单击界面右下角的 FINISH CONFIGURATION 按钮完成配置，如图 2-43 所示。

步骤 24：在用户登录界面，我们可以选择使用创建的新用户 user01 登录系统，也可以单击 Not listed 文本链接重新输入用户名和密码登录系统，如图 2-44 所示

图 2-43　完成配置

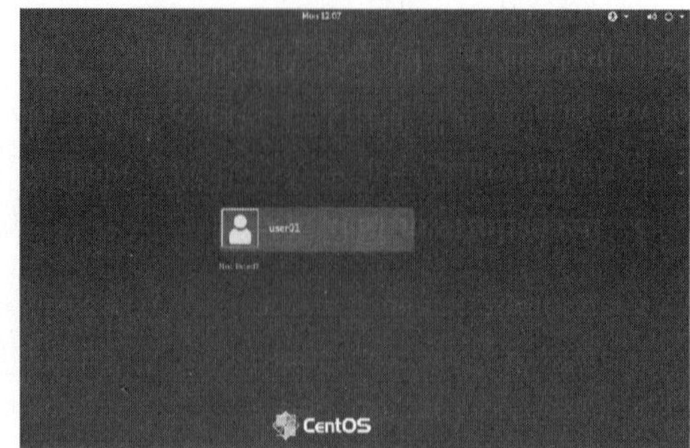

图 2-44　用户登录界面

步骤 25：单击 Not listed 文本链接后，在 Username 中输入用户名 root，单击 Next 按钮，如图 2-45 所示。

步骤 26：在 Password 中输入 root 用户的密码，单击 Sign In 按钮登录 Linux 系统，如图 2-46 所示。

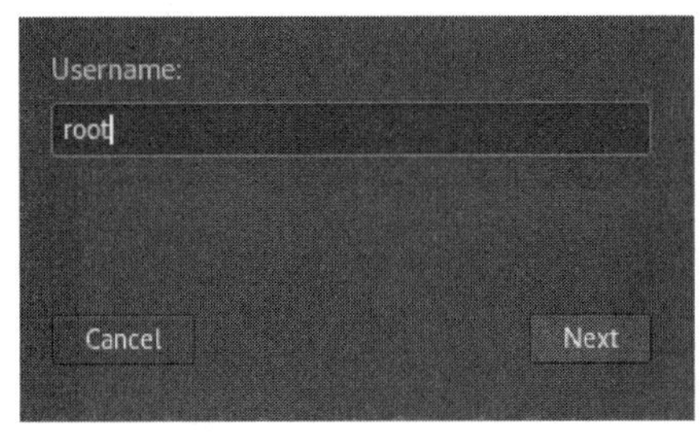

图 2-45　完成配置

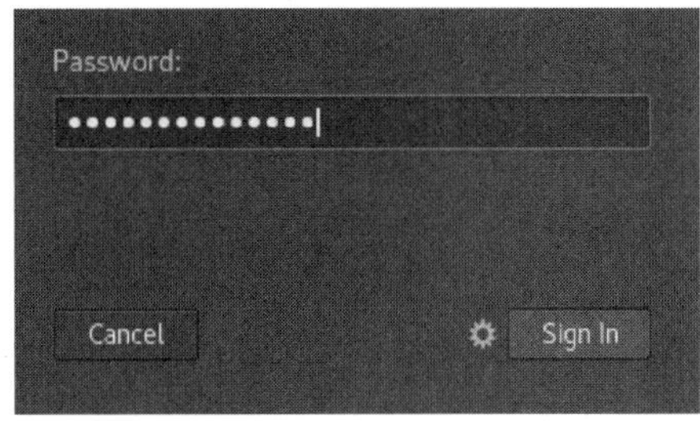

图 2-46　用户登录界面

步骤 27：用户首次登录系统后会出现一些询问操作环境的设置，我们可以选择想要设置的环境，也可以保持默认设置。之后系统会出现 Getting Started 界面，如果有需要，可以单击不同的链接查看这些快速入门的介绍信息，也可以单击右上角的关闭按钮关闭该界面，如图 2-47 所示。

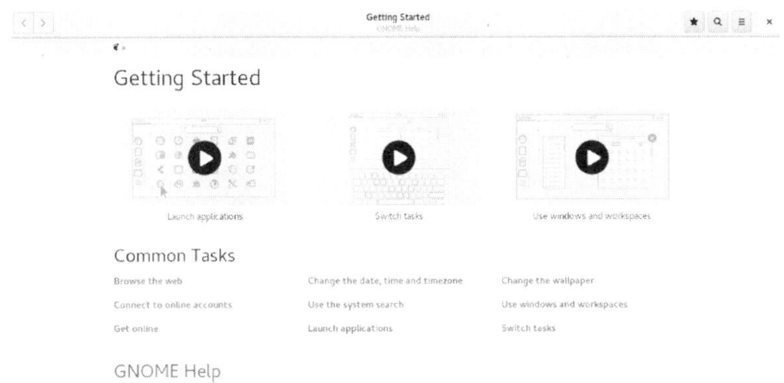

图 2-47　快速入门界面

步骤 28：之后就可以看到 CentOS 的图形用户界面了，如图 2-48 所示。单击界面左上角的 Activities 按钮，会出现不同的应用程序。

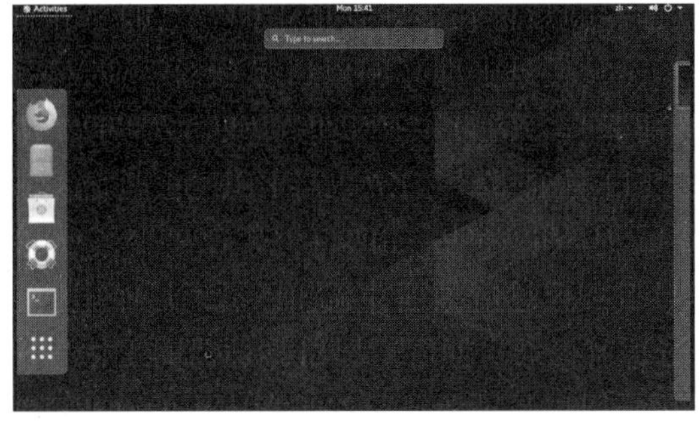

图 2-48　图形用户界面

2.4　要点巩固

安装 Linux 系统前要对硬盘进行规划，即确定好 Linux 安装在哪个分区。因为 Linux 支持的分区格式与 Windows 支持的分区格式不兼容。Linux 支持的分区格式有 Linux Native（根分区）和 Linux Swap（数据交换区），Windows 支持的分区格式有 Windows 9x 支持的 FAT 分区格式和 Windows NT 支持的 NTFS 分区格式。也就是说，如果你还要继续使用 Windows 9x 或 Windows NT 的话（相信大多数人会是这么做的），Linux 就必须安装在单独的分区中。在安装 Linux 系统过程中，注意事项如下。

- Linux 应安装在硬盘分区的最后一个扩展分区。例如：原来分区为 C、D、E、F，一定要将 Linux 系统安装在 F 盘。如果将 Linux 系统安装在了 D 盘，进入 Windows 后，原来的 E 盘成了 D 盘、F 盘成了 E 盘。虽然各盘的软件都能运行，但是桌面和开始选项中的快捷键却都已无效。更麻烦的是注册表内还是原先 E 盘和 F 盘的信息。
- Linux 的 Swap 分区必须保证有 60MB。Native 分区的大小由要安装的 Linux 组件多少决定，但最少要保证 240MB。由于现在 Linux 的应用软件比较少，Native 分区也不必留得太大。建议 Native 分区不要超过 550MB。
- 由于安装过程中会询问一些有关硬件的信息，因此要提前搜集好 PC 硬件方面的信息。硬件信息主要有显示器、显卡、鼠标、键盘等。特别是显示器的信息，将直接决定安装 Linux 后使用图形界面程序的效果。
- Linux 系统安装比 Windows 系统麻烦得多。首先，安装时不支持使用鼠标，用户必须频繁使用键盘上的相关按键进行选择。另外，如果对满屏的英文没有十分把握，手边最好放本字典。
- Linux 系统区分大小写。在安装或使用 Linux 的过程中，输入命令时，请注意区分英文字母的大小写。

2.5 技术大牛访谈——不同 Linux 版本的应用领域

对用户来讲，了解 Linux 不同版本的应用领域可以让我们区分每个版本的特性和目标人群，这样才可以有针对性地进行学习。

1. 桌面领域应用

桌面应用是传统 Linux 领域最薄弱的环节，被 Windows 所压制。近些年来随着 Ubuntu、Fedora 等优秀桌面环境的兴起，同时各大硬件厂商对其支持的加大，Linux 在个人桌面领域的占有率在逐渐提高。典型代表有 Ubuntu、Fedora、SUSE Linux。

2. 服务器领域

在服务器领域的应用是 Linux 的重要分支，其免费、稳定、高效等特点在这里得到了很好体现，早期因为维护、运行等原因同样受到了很大的限制，但近年来 Linux 服务器市场得到了飞速地提升，尤其在一些高端应用领域尤为广泛。典型代表有 Red Hat 公司的 AS 系列、完全开源的 Debian 系列和 SUSE Enterprise 11 系列等。

3. 嵌入式领域

运行稳定、对网络的良好支持性、低成本，且可以根据需要进行软件裁剪，内核最小可以达到几百 KB 等特点，使 Linux 近年来在嵌入式领域的应用得到非常大的发展，主要应用领域包括机顶盒、数字电视、网络电话、程控交换机、手机、PDA 等，这些领域得到了摩托罗拉、三星、NEC 等公司的大力推广。

第3章 快速掌握 Linux 基础操作

Linux 在操作使用时通过“输入命令”→“Shell 解释”→“内核处理”的流程进行数据处理。即通过命令行输入命令，Shell 将用户输入的命令翻译成 Linux 内核能够理解的语言，借助 Linux 内核来操作计算机硬件。Linux 内核一般包含五大部分，分别为进程管理、存储管理、文件管理、设备管理和网络管理，是一组程序模块，具有访问硬件设备和所有主存空间的权限，是仅有的能够执行特权指令的程序，主要功能有资源抽象、资源分配、资源共享等，是 Linux 的核心所在。

3.1 Linux 命令行模式与窗口管理器

现在，大多数计算机用户只熟悉图形用户界面（GUI），并且认为命令行界面（CLI）是一种古老且难懂的界面。其实不然，一个良好的命令行界面可是让我们更加充分、高效地利用计算机。可以说，图形用户界面让简单的任务更容易完成，而命令行界面则使完成复杂任务成为可能，而且效率更高。

3.1.1 命令行模式

虽然图形用户界面操作简单直观，但命令行的人机交互模式仍然沿用至今，并且是 Linux 系统配置和管理的首选方式。因此，掌握一定的命令行知识，是学习 Linux 过程中必不可少且至关重要的步骤。

Linux 系统具有快速、批量化、自动化、智能化管理系统及处理业务等优势，和初学者曾经使用的 Windows 系统大不相同（Windows 系统是使用鼠标操作的可视化管理），Linux 是一个主要通过命令行来进行管理的操作系统，即通过键盘输入命令来管理系统的相关操作。使用 Linux 命令行管理工具不但可以实现批量、自动化管理，还可以实现智能化、可视化管理。

事实上，很多人选择 Linux（而不是其他的系统，比如说 Windows 10）是因为其“可以使完成复杂任务成为可能”的强大命令行界面。例如，要在 Windows 系统下移动一个文件，需要怎么操作呢？首先要右键单击该文件，在弹出的快捷菜单中选择“剪切”命令，然后双击进入目标文件夹中，再次单击鼠标右键，在弹出的快捷菜单中选择“粘贴”命令。

而在 Linux 的命令行界面下，要把文件 a.txt 移动到 test 目录下，只需在终端输入以下命令即可。

```
mv  a.txt  /test
```

3.1.2 窗口管理器

窗口管理器是桌面的一个程序，主要负责窗口的风格设置，不会满足桌面环境的需求，没有集成大量的窗口类软件。用户可以在 GNOME 桌面中安装 macOS X 风格的窗口管理器，或者其他窗口管理器，但这些窗口管理器在启动时禁用了 GNOME 默认的窗口管理器，因此软件还是 GNOME 桌面，只是风格变了而已。窗口管理器的工作是协调应用程序窗口的运行方式，并在操作系统的后台自动运行以管理外观和位置运行应用程序。

常见的窗口管理器包括 AfterStep、Blackbox、Compiz、evilwm、FVWM、IceWMIon、Openbox（lxde 桌面默认窗口管理器）、KWin（KDE 桌面默认窗口管理器）、Metacity（GNOME 桌面默认窗口管理器）、MWM、Sawfish、twm、Window Maker（wmaker）和 Xfwm（xface 桌面的窗口管理器）等。还有平铺式的窗口管理器，如 Awesome、Larswm、Stumpwm 和 XWEM 等。这些窗口管理器的容量基本都是很小的，有的才几百 KB。用户可以在 Linux 上使用多种 Window Manager 应用，下面列出几种常见窗口管理器以供选择。

1. i3 窗口管理器

i3 是一个免费、开源、完全可配置的 Windows 管理器应用程序，面向高级 Linux 用户和开发人员。它允许比其替代方案更灵活的布局，是最受欢迎的手动窗口平铺管理器应用程序之一，如图 3-1 所示。因为它具有丰富的功能，包括纯文本设置，可以自定义键盘快捷方式和配置，无须重新启动底层系统。i3 软件包由正在使用的发行版提供，只需使用包管理器安装它。在不同的 Linux 发行版中安装 i3 软件包的命令如下。

```
$ sudo yum install i3     // CentOS 或 RHEL 中的安装命令
$ sudo dnf install i3     // Fedora 中的安装命令
$ sudo apt install i3     // Debian 或 Ubuntu 中的安装命令
```

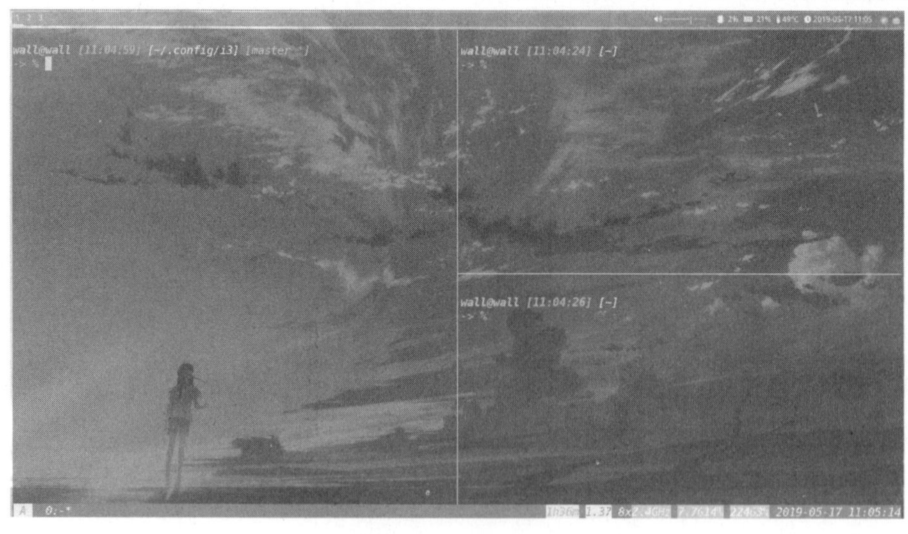

图 3-1　i3 窗口管理器

2. bspwm 窗口管理器

bspwm 是一个免费的、轻量级的、开源的 Linux 平铺窗口管理器。bspwm 基于二进制空间分区，将窗口表示为完全二叉树的叶子，并使用单独的实用程序 sxhkd 处理密钥绑定，从而实现更平滑的性能并支持其他输入设备。bspwm 的功能包括支持多个窗口、部分支持 EWMH、自动设置应用磁贴位置的自动模式，以及通过消息等配置和控制。

bspwm 软件包由使用的发行版提供，在不同的 Linux 发行版中安装 bspwm 软件包的命令如下。

```
$ sudo yum install bspwm      // CentOS 或 RHEL 中的安装命令
$ sudo dnf install bspwm      // Fedora 中的安装命令
$ sudo apt install bspwm      // Debian 或 Ubuntu 中的安装命令
```

3. herbstluftwm 窗口管理器

herbstluftwm 是一个免费、开源、可配置手动平铺的窗口管理器，如图 3-2 所示。herbstluftwm 窗口管理器使用基于将帧分割成子帧的布局来工作，子帧可以进一步分割并用窗口填充。herbstluftwm 的主要功能包括标签（即工作空间或虚拟桌面），启动时运行配置脚本，每个显示器只有一个标签等。

herbstluftwm 软件包由使用的发行版提供，下面是在不同的 Linux 发行版中安装 herbstluftwm 软件包的命令。

```
$ sudo yum install herbstluftwm      // CentOS 或 RHEL 中的安装命令
$ sudo dnf install herbstluftwm      // Fedora 中的安装命令
$ sudo apt install herbstluftwm      // Debian 或 Ubuntu 中的安装命令
```

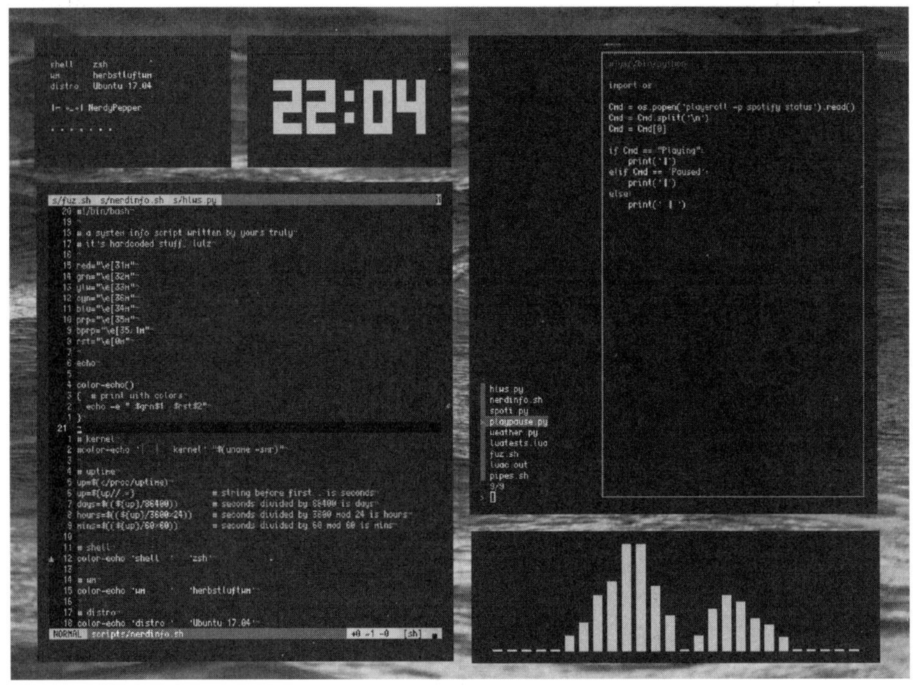

图 3-2　herbstluftwm 窗口管理器

4. awesome 窗口管理器

awesome 是一个免费、开源的平铺式窗口管理器，具有运行快捷和扩展性强的特性，主要面向开发人员、高级用户以及其他想要控制其图形环境的用户，如图 3-3 所示。其功能包括详细记录的源代码和 API、对 D-Bus 的支持、对 Lua 扩展的支持、没有浮动或平铺层等。

awesome 软件包由正在使用的发行版提供，下面是在不同的 Linux 发行版中安装该软件包的命令。

```
$ sudo yum install awesome      // CentOS 或 RHEL 中的安装命令
$ sudo dnf install awesome      // Fedora 中的安装命令
$ sudo apt install awesome      // Debian 或 Ubuntu 中的安装命令
```

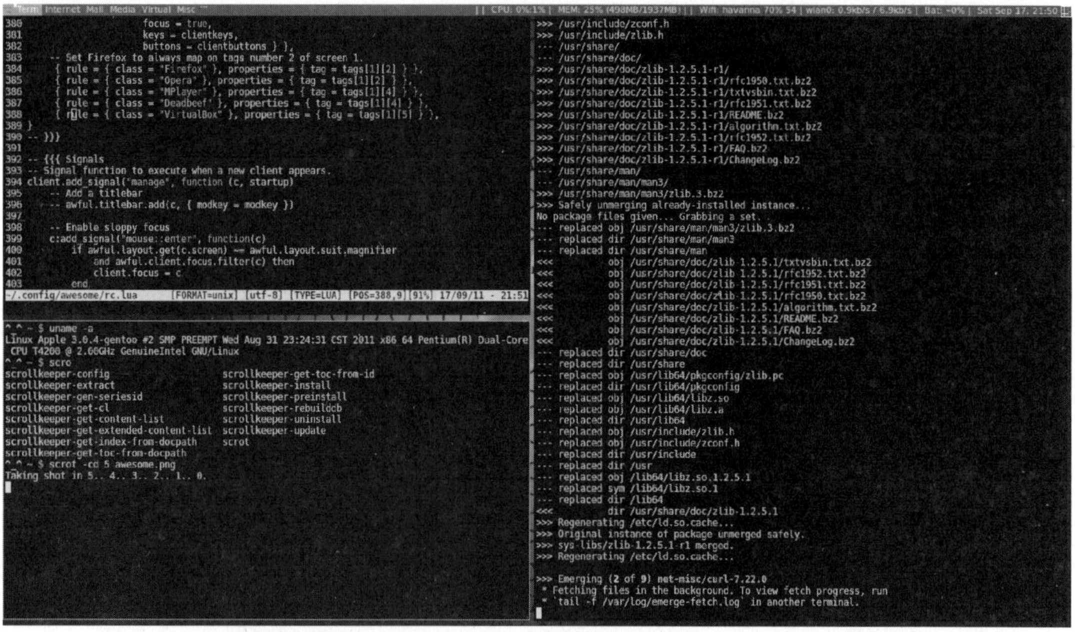

图 3-3　awesome 窗口管理器

5. XMonad 窗口管理器

XMonad 是一个免费、开源的动态平铺 X11 窗口管理器，用于自动执行 Windows 搜索和对齐功能。它可以使用自己的扩展库进行扩展，为状态栏和窗口装饰提供选项。XMonad 不仅体积小，资源占用也少，用户可以配置各种细节，释放出系统的最大性能，是易于配置的窗口管理器，如图 3-4 所示。

xmonad 软件包由正在使用的发行版提供，下面是在不同的 Linux 发行版中安装该软件包的命令。

```
$ sudo yum install xmonad      // CentOS 或 RHEL 中的安装命令
$ sudo dnf install xmonad      // Fedora 中的安装命令
$ sudo apt install xmonad      // Debian 或 Ubuntu 中的安装命令
```

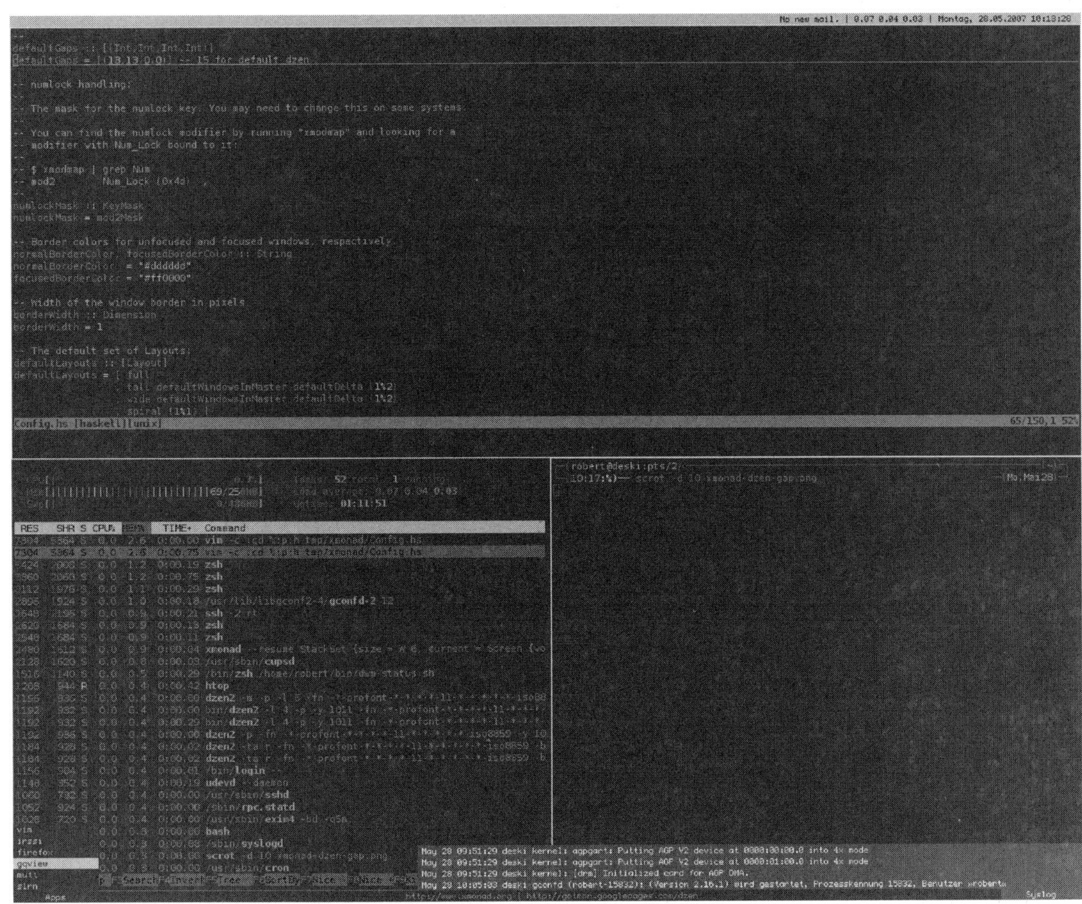

图 3-4　XMonad 窗口管理器

3.2　Linux 基础命令

在 Linux 系统中，可以使用的命令非常多，我们可以使用这些命令实现文件的管理、防火墙的设置以及服务器的部署等功能。下面将对一些经常使用的 Linux 基础命令进行介绍。

3.2.1　命令提示符

命令提示符不是命令的一部分，它只是起到提示作用。登录 Linux 系统后，在图形界面下启动终端可以看到命令提示符。在命令行界面的光标闪烁前显示的提示字符，就是命令提示符。登录系统后，单击左上角的 Activities 按钮，然后单击终端图标就可以启动终端程序了，如图 3-5 所示。

启动终端后，我们可以看到命令提示符［root@ mylinux ~］#，显示格式为［用户名@主机名 当前所在目录］身份符，其中 root 表示当前登录系统的用户名，mylinux 表示主机名，~表示当前用户的家目录，#表示当前用户为系统管理员，如图 3-6 所示。如果是普通用户登录系统，身份符就是 $ 。另外，家目录是每个用户专属的私人目录，用户登录到系统后，默认所在的位置就是其家目录。普通用户的家目录默认都在/home 目录下以用户名命名的文件夹，系统管理员 root 的家目录比较特殊，在/root 目录下。

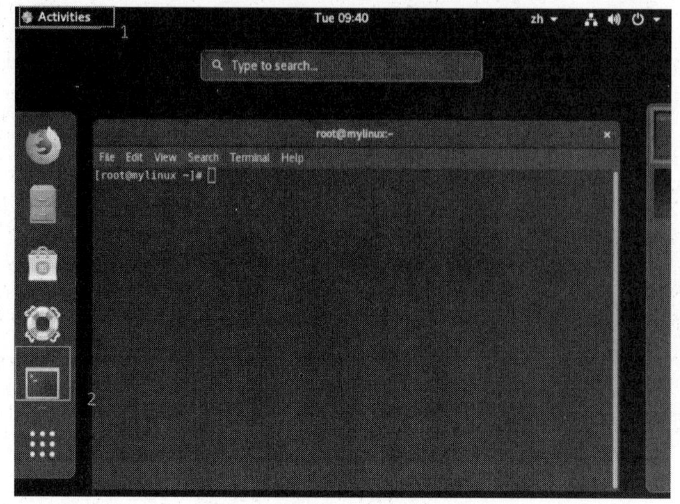

图 3-5　启动终端

图 3-6　终端界面

虽然我们安装并登录了 GUI 图形界面，但是在 Linux 操作中大多还是习惯于以命令形式管理控制系统，鼠标操作仅起到辅助作用。

大牛成长之路：中文输入法设置

在终端中输入 yum install ibus-libpinyin 命令会自动进行输入法的安装，完成安装后输入 reboot 命令重启系统。然后在“设置”-“Region & Language”中添加中文输入法即可。另外，在该界面中也可以根据自己的使用习惯设置中英文切换的快捷键。

图形化工具与 Linux 命令行界面相比会消耗更多的系统资源，因此一些经验丰富的系统管理员甚至不会安装 Linux 图形界面，而是直接通过命令行模式管理系统，如图 3-7 所示。

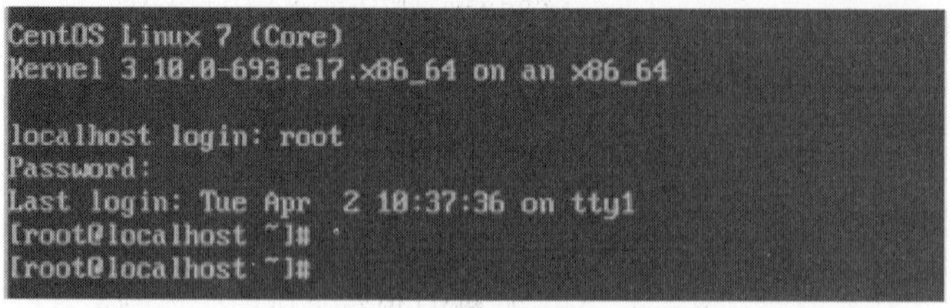

```
CentOS Linux 7 (Core)
Kernel 3.10.0-693.el7.x86_64 on an x86_64

localhost login: root
Password:
Last login: Tue Apr  2 10:37:36 on tty1
[root@localhost ~]#
[root@localhost ~]#
```

图 3-7　命令行模式

3.2.2　【实战案例】基础操作命令应用

在学习 Linux 系统的管理操作之前，我们可以先来了解一些常用的基础命令。有了这些命令作为基础，将会帮助我们在后续的 Linux 学习中轻松掌握更多命令的用法。

本节主要介绍一些 Linux 系统的常用命令，在输入命令的时候，注意命令和指定的选项参数之间要有一个空格。下面介绍的这些命令都是 Linux 入门需要了解的内容。

扫码观看教学视频

1. pwd 命令

执行 pwd 命令可以显示用户当前所在的工作目录，并且该目录以绝对路径名称显示。

语法：

```
pwd [选项]
```

选项说明：

- --help：在线帮助。
- --version：显示版本信息。

例 3-1　查看当前所在目录

在终端输入 pwd 命令，可以看到当前用户所在的工作目录。从执行结果中可以看到当前登录到系统的用户为 root，所在的工作目录为/root，具体如下。

```
[root@ mylinux ~]#pwd
/root
```

2. cd 命令

cd 命令可以切换用户的工作目录。cd 是 Linux 中比较常用的一个命令，可以快速地切换到不同的目录下。如果要切换到根目录下，可以执行 cd /命令

语法：

```
cd [目录名称]
```

例 3-2　切换工作目录

使用 cd 命令从当前的 ~ 工作目录（/root）切换到/tmp 目录下，可以执行 cd /tmp 命令。在命令提示符中可以看到当前工作目录由 ~ 变成了 tmp，这说明用户已经成功切换到了/tmp 目录中，具体如下。

```
[root@ mylinux ~]# cd /tmp
[root@ mylinux tmp]#
```

用户除了可以在 cd 命令后指定目录名称，还可以指定一些特殊符号以实现不同目录的切换操作。

特殊符号说明：

- cd ~：切换到当前用户的家目录。
- cd ~username：切换到其他用户的家目录，username 是用户名称。

- cd -：返回到上一次所在的目录。
- cd..：切换到上级目录。

例 3-3　返回上次所在的目录

使用这些特殊符号切换目录时，可以先使用 cd 命令切换到/tmp 目录中，然后执行 cd - 表示返回用户上次所在的目录即用户的家目录，也就是/root，具体如下。

```
[root@mylinux ~]# cd /tmp
[root@mylinux tmp]# cd -
/root
```

3. ls 命令

ls 命令可以显示指定目录下的内容，包括目录中的子目录和文件等信息。用户所处的目录不同，执行 ls 显示的内容也会有所不同。

语法：

```
ls [选项]
```

选项说明：

- -l：显示子目录和文件的详细信息，包括权限、大小、日期等信息。
- -a：显示该目录下的所有子目录和文件，包括以．（点）开头的隐藏文件。
- -d：显示目录信息。

例 3-4　显示文件信息

直接执行 ls 命令会显示该目录下的子目录和文件名称，不会显示详细信息。指定-l 选项可以显示更多信息，除了显示名称之外，还有权限、所属用户、大小等，具体如下。

```
[root@mylinux ~]# ls          //直接执行 ls 命令
anaconda-ks.cfg  Documents  initial-setup-ks.cfg  Pictures  Templates
Desktop          Downloads  Music                 Public    Videos
[root@mylinux ~]# ls -l       //指定-l 选项显示详细信息
total 8
-rw-------. 1 root root 1663 Sep  7 11:55 anaconda-ks.cfg
drwxr-xr-x. 2 root root    6 Sep  7 12:08 Desktop
drwxr-xr-x. 2 root root    6 Sep  7 12:08 Documents
drwxr-xr-x. 2 root root    6 Sep  7 12:08 Downloads
-rw-r--r--. 1 root root 1818 Sep  7 12:02 initial-setup-ks.cfg
drwxr-xr-x. 2 root root    6 Sep  7 12:08 Music
drwxr-xr-x. 2 root root  147 Sep  8 09:37 Pictures
drwxr-xr-x. 2 root root    6 Sep  7 12:08 Public
drwxr-xr-x. 2 root root    6 Sep  7 12:08 Templates
drwxr-xr-x. 2 root root    6 Sep  7 12:08 Videos
```

4. date 命令

date 命令可以显示和设置系统的时间或日期。直接执行 date 命令可以显示系统当前的日期和时间，也可以指定一些参数以不同的格式显示和设置时间或日期。

语法：

```
date [选项] [+格式]
```

选项和格式说明：

- -u：显示目前的格林威治时间。
- %H：24 小时格式显示时间（00～23）。
- %I：12 小时格式显示时间（00～12）。
- %Y：显示年份。
- %m：显示月份（01～12）。
- %d：显示每月中的第几天。
- %M：显示分钟（00～59）。
- %S：显示秒（00～59）。
- %j：显示一年中的第几天。

例 3-5　显示日期和时间

直接执行 date 命令，则按照默认格式显示系统的当前时间。+%Y-%m-%d %H:%M:%S 表示以“年-月-日 时：分：秒”的格式显示当前系统的日期和时间，具体如下。

```
[root@mylinux ~]# date        //直接指定 date 命令
Tue Sep  8 11:55:30 CST 2020
[root@mylinux ~]# date "+%Y-%m-%d %H:%M:%S"      //指定格式显示日期和时间
2020-09-08 11:56:44
```

5. who 命令

who 命令可以显示当前登录系统的用户终端信息，包括用户的名称、使用的终端设备、登录到系统的时间等信息。

语法：

```
who [选项]
```

选项说明：

- -q：只显示登录到系统的用户名称和总人数。
- --help：显示帮助信息。

例 3-6　查看用户登录信息

直接执行 who 命令会显示当前登录到系统的用户信息，由于当前只有 root 这一个用户登录了系统，所以执行此命令只能看到 root 用户的登录信息，具体如下。

```
[root@mylinux ~]# who
root     tty2         2020-09-08 09:25 (tty2)  //显示了用户名、终端设备和登录时间
```

6. w 命令

w 命令可以显示当前登入系统的用户信息。执行这个命令我们可以得知当前都有哪些用户登录了系统，以及这些用户正在执行的程序。也可以指定某个用户，仅显示与这个用户相关的信息。

语法：

```
w [选项] [用户名称]
```

选项说明：

- -f：开启或关闭显示用户从何处登入系统。
- -h：不显示各栏位的标题信息列。
- -s：使用简洁格式列表，不显示用户登入时间，终端机阶段作业和程序所耗费的 CPU 时间。
- -u：忽略执行程序的名称，以及该程序耗费 CPU 时间的信息。

例 3-7　查看详细的登录信息

直接执行 w 命令会显示 USER（登录用户）、TTY（终端设备）、FROM（从哪里登录）等信息。执行 w -h 命令不会显示标题信息，只显示登录用户的信息，具体如下。

```
[root@mylinux ~]# w
15:31:56 up  6:06,  1 user,  load average: 0.37, 0.12, 0.03
USER     TTY      FROM             LOGIN@   IDLE   JCPU   PCPU WHAT
root     tty2     tty2             09:25    6:06m 3:13  0.01s /usr/libexec/gs
[root@mylinux ~]# w -h
root     tty2     tty2             09:25    6:06m 3:13  0.01s /usr/libexec/gs
```

7. ifconfig 命令

ifconfig 命令可以显示网卡配置信息，我们通常会使用此命令查看系统当前的网卡名称、IP 地址、MAC 地址等网络信息。

语法：

```
ifconfig [网络设备]
```

例 3-8　查看网卡配置信息

比如使用 ifconfig 命令指定系统中的网卡名称 ens33，可以查询该网卡的 IP 地址，inet 参数后面指定的就是该网卡的 IP 地址，netmask 是网络掩码，具体如下。

```
[root@mylinux ~]# ifconfig ens33      //指定网卡名称
ens33: flags=4163<UP,BROADCAST,RUNNING,MULTICAST>mtu 1500
inet 192.168.181.128  netmask 255.255.255.0  broadcast 192.168.181.255
        inet6 fe80::9352:a50:7a2d:b1c4prefixlen 64  scopeid 0x20<link>
        ether 00:0c:29:b2:75:f7txqueuelen 1000  (Ethernet)
        RX packets 19798  bytes 20697728 (19.7 MiB)
        RX errors 0  dropped 0  overruns 0  frame 0
        TX packets 4704  bytes 301774 (294.7KiB)
        TX errors 0  dropped 0 overruns 0  carrier 0  collisions 0
```

8. netstat 命令

netstat 命令可以显示网络状态，包括 TCP 和 UDP 套接字信息、路由表以及接口状态等信息。

语法：

```
netstat [选项]
```

选项说明：

- -a：显示详细信息。
- -r：显示路由表。
- -t：显示与 TCP 相关的连接信息。
- -u：显示与 TCP 相关的连接信息。
- -i：显示网络信息。

例 3-9　显示路由表信息

执行 netstat -r 命令可以了解系统目前的路由信息，具体如下。

```
[root@mylinux ~]# netstat -r      //显示路由表信息
Kernel IP routing table
Destination     Gateway         Genmask         Flags  MSS Window   irtt Iface
default         _gateway        0.0.0.0         UG     0 0          0 ens33
192.168.122.0   0.0.0.0         255.255.255.0   U      0 0          0virbr0
192.168.181.0   0.0.0.0         255.255.255.0   U      0 0          0 ens33
```

9. ps 命令

ps 命令可以显示系统当前的进程状态。Linux 系统中有很多正在运行的进程，学会合理地管理这些进程可以提升系统的性能，也会帮助我们更加了解 Linux 系统。

语法：

```
ps [选项]
```

选项说明：

- -a：显示同一个终端下的所有进程信息。
- -u：显示指定用户的进程信息。
- -x：显示没有控制终端的进程。

例 3-10　查看进程信息

使用 ps 命令指定-aux 选项可以显示所有包含其他用户的进程信息，具体如下。

```
[root@mylinux ~]# ps -aux
USER        PID %CPU %MEM    VSZ   RSS TTY      STAT START   TIME COMMAND
root          1  0.0  0.7 178944 13744 ?        Ss   09:25   0:02 /usr/lib/systemd/s
root          2  0.0  0.0      0     0 ?        S    09:25   0:00 [kthreadd]
root          3  0.0  0.0      0     0 ?        I<   09:25   0:00 [rcu_gp]
root          4  0.0  0.0      0     0 ?        I<   09:25   0:00 [rcu_par_gp]
root          8  0.0  0.0      0     0 ?        I<   09:25   0:00 [mm_percpu_wq]
root          9  0.0  0.0      0     0 ?        S    09:25   0:00 [ksoftirqd/0]
root         10  0.0  0.0      0     0 ?        I    09:25   0:02 [rcu_sched]
```

10. man 命令

man 命令可以查看系统中的各种帮助手册。当我们不了解一个命令的用法时，可以通过使用 man 命令指定需要查询的命令名称，查询到系统中关于这个命令的描述以及详细的用法说明。

语法：

```
man [命令]
```

例 3-11　查看命令用法

例如查询 ls 命令的用法，可以直接在终端执行 man ls 命令，在打开的帮助手册中显示了 ls 命令的描述信息和选项信息，包括该命令的解释、使用格式等，具体如下。

```
[root@mylinux ~]# man ls
LS(1)                          User Commands                          LS(1)
NAME
      ls - list directory contents
SYNOPSIS
      ls [OPTION]... [FILE]...
DESCRIPTION
      List information about the FILEs (the current directory by default).  Sort
      entries alphabetically if none of -cftuvSUX nor --sort is specified.
      Mandatory arguments to long options are mandatory for short options too.
      -a, --all
             do not ignore entries starting with.
      -A, --almost-all
             do not list implied. and..
```

11. clear 命令

clear 命令可以清空当前屏幕中显示的内容，从第一行开始显示命令。

语法：

```
clear
```

当终端执行了太多的命令操作时，我们可以使用 clear 命令清理当前终端显示的内容，重新开始输入命令来执行操作。

12. history 命令

history 命令可以显示历史记录，即显示执行过的命令。当我们想查看执行过的命令记录时，可以执行此命令。

语法：

```
history
```

例 3-12　查看历史记录

如果我们想查看最近执行过的命令，可以使用 history 命令指定数字，比如 history 4 表示查看最近执行过的 4 条命令，具体如下。

```
[root@mylinux ~]# history 4
  44  ifconfig
```

```
45  ip addr
46  cd ~
47  history 4
```

在使用 Linux 命令执行一些操作时，学会搭配一些快捷用法可以提升效率。

小白逆袭：快捷操作

- 上、下键：回翻历史命令，Linux 最多纪录曾经输入过最近的 1000 条命令。
- Ctrl + C 组合键：可以中断正在执行的程序。比如用户想终止在终端正在运行的命令操作，可以使用这个组合键。
- Tab 键：单击 Tab 键可以补齐未输入完整的命令和文件名。双击 Tab 键可以显示所有以公共部分开头的命令或可用文件名。

另外，单击 Tab 键后，若光标与显示结果间有一个空格，则说明已经唯一确定到一个文件了，若光标与显示结果间没有空格，则说明仅显示到多个文件名字的共有部分，可双击后显示所有结果。

例 3-13　返回错误信息

如果我们在输入命令的时候，一不小心输入了错误的命令怎么办？不用担心，bash 会根据我们输入的错误内容返回提示信息，bash 就是我们使用的 Shell 的名字。比如在输入 date 命令时错误地输入了 dat，此时命令行的提示信息如下。

```
[root@ mylinux  ~]# dat
bash:dat: command not found..
Failed to search for file: Cannot update read-only repo
```

由于我们输入了错误的信息，所以 bash 会返回“找不到命令”的提示信息。一般来说，出现这种提示的原因有以下几点。

1）由于系统中没有安装该命令的软件包，所以会提示这种信息。解决方法就是执行安装命令安装该命令的软件包。

2）该命令所在的目录目前的用户没有将它加入命令的查找路径中。

3）命令输入错误。

3.3　关机命令

在 Linux 中，每个程序都是在后台执行的，因此，在看不到的屏幕背后其实有很多人同时在主机上工作，如果此时关机，其他人的数据可能就此中断。另外，在计算机中，所有的数据都要被读入内存后，才能被 CPU 处理。在 Linux 系统中，为了加快数据读取速度，在默认情况下，某些已经加载到内存中的数据不会直接写回硬盘，而是先暂存在内存中。如果此时关机，数据没有被写入硬盘，就会造成数据更新不正常。我们已经知道了如何启动 Linux 系统，那么应该如何正确地关闭 Linux 系统呢？下面将会介绍一些正确关机的方法。

1. sync 命令

执行 sync 命令可以将内存中数据同步写入磁盘。普通用户执行此命令只会写入自己的数据，系统管理员 root 执行此命令会将整个系统中的数据写入磁盘。sync 命令可以在系统关机或重启之前多执行几次。

```
[root@mylinux ~]# sync
```

2. shutdown 命令

shutdown 命令可以安全地关闭或重启 Linux 系统，并在系统关闭之前给系统上的所有登录用户提示一条警告信息。该命令只能由系统管理员 root 使用。

语法：

```
shutdown[选项][时间][消息]
```

选项说明：

- -r：重启系统（常用）。
- -k：不会真正执行关机操作，而是向当前系统中的用户发送一条警告信息。
- -h：将系统中的服务停止后，会立即执行关机操作。
- -c：取消当前已经执行的关机操作。

我们也可以在 shutdown 命令后面指定时间，设定关机的时间，默认是 1 分钟后执行关机操作。shutdown 命令可以达成以下的工作。

- 可以自由选择关机模式，即关机、重新启动或进入单人操作模式。
- 可以配置关机时间，既可以配置立刻关机，也可以配置某一个特定的时间才关机。
- 可以自定义关机信息，在关机之前，可以将自己配置的信息传送给在线的用户。
- 可以仅发出警告信息，在需要进行一些测试，而不想让其他使用者被干扰，或者明白地告诉使用者某段时间要注意的事项，这时就可以使用 shutdown 命令，但不是真的要关机。
- 可以选择是否要执行 fsck 命令检查文件系统。

例 3-14　立即关机

执行 shutdown 命令可以实现立即关机的操作，now 相当于指定关机的时间为 0，具体如下。

```
[root@mylinux ~]# shutdown -h now
```

例 3-15　5 分钟后关机

如果想要在指定的时间后执行关机操作，可以使用 shutdown -h 命令在后面指定具体的时间，比如让系统 5 分钟后关机，可以执行 shutdown -h 5 命令，命令如下。

```
[root@mylinux ~]# shutdown -h 5
```

例 3-16　只发送警告信息

指定-k 选项可以向用户发送警告信息，并不会关机，命令如下。

```
[root@mylinux ~]# shutdown -k now 'The system will shut down later'
```

3. poweroff 命令

poweroff 命令可以立即执行关闭系统的操作，默认情况下只有系统管理员 root 才可以执行此操作。

例 3-17　使用 poweroff 命令关机

使用 poweroff 命令执行关机的具体命令如下。

```
[root@mylinux ~]# poweroff
```

4. reboot 命令

reboot 命令可以重新启动系统，也是一个常用的命令。该命令只有 root 用户可以使用。

例 3-18　重启系统

使用 reboot 命令重启系统的具体命令如下。

```
[root@mylinux ~]# reboot
```

3.4　要点巩固

对于初学者来说，在完成 Linux 系统的安装后快速地掌握一些 Linux 的基本命令操作，可以帮助我们更好地进入 Linux 的世界。本章主要学习了一些 Linux 的基础操作命令，具体如下。

1）对工作目录操作的命令：pwd、cd、ls。

2）查看用户信息的命令：who、w。

3）查看或设置系统时间的命令：date。

4）查看系统网络和进程的命令：ifconfig、netstat、ps。

5）命令小能手：man、clear、history。

6）关机命令：sync、shutdown、poweroff、reboot。

3.5　技术大牛访谈——养成良好的操作习惯很重要

开始 Linux 的学习之后，请不要用 Windows 的工作方式来思考问题，因为它们之间确实有很大的不同，比如它们之间的内存管理机制、进程运行机制等都有很大不同。因此我们可以尝试抛开 Windows 的思维方式，用全新的理念去挖掘 Linux 身上特有的潜质，对初学者是至关重要的。

1. 一定要习惯命令行操作方式

Linux 是由命令行组成的操作系统，精髓在命令行，无论图形界面发展到什么水平，命令行方式的操作永远是不会变的。Linux 命令有许多强大的功能：从简单的磁盘操作、文件存取，到进行复杂的多媒体图像和流媒体文件的制作，都离不开命令行。虽然 Linux 也有桌面系统，但是 X-window 也只是运行在命令行模式下的一个应用程序。

因此，可以说命令是学习 Linux 系统的基础，在很大程度上学习 Linux 就是学习命令，很多 Linux 高手其实都是操作命令很熟练的人。

也许对于刚刚从 Windows 系统进入 Linux 学习的初学者来说，立刻进入枯燥的命令学习实在太难，但是一旦学会就爱不释手。因为它的功能实在太强大了。

2. 理论结合实践

有很多初学者都会遇到这么一个问题，自己对系统的每个命令都很熟悉，但是在系统出现故障的时候，就无从下手了，甚至不知道在什么时候用什么命令去检查系统，这是很多 Linux 新手最无奈的事情。说到底，就是学习的理论知识没有很好地与系统实际操作相结合。

很多 Linux 知识，例如每个命令的参数含义，在书本上说得很清楚，看起来也很容易理解，但是一旦组合起来使用，却并不那么容易，没有多次的动手练习，其中的技巧是无法完全掌握的。

人类大脑不像计算机的硬盘，除非硬盘坏掉或者被格式化，否则储存的资料将永远记忆在硬盘中，并且时刻可以调用。而在人类记忆的曲线中，必须不断地重复练习才会将一件事情记牢。学习 Linux 也一样，如果无法坚持学习的话，就会学了后面的，忘记了前面的。还有些 Linux 初学者也学了很多 Linux 知识，但是由于长期不用，导致学过的东西在很短的时间内又忘记了，久而久之，失去了学习的信心。

可见，要培养自己的实战技能，只有勤于动手，肯于实践，这才是学好 Linux 的根本。

3. 学会使用 Linux 联机帮助

各个 Linux 发行版本的技术支持时间都较短，这对于 Linux 初学者来说往往是不够的，其实在安装了完整的 Linux 系统后已经包含了一个强大的帮助功能，只是可能你还没有发现或者掌握它的使用技巧。例如，对于 tar 命令的使用不熟悉时，可以在命令行输入 man tar 命令，就会得到 tar 的详细说明和用法。

主流的 Linux 发行版都自带了非常详细的帮助文档，包括使用说明和 FAQ，从系统的安装到系统的维护，再到系统安全，针对不同层次用户的详尽文档。仔细阅读文档后，一半以上的问题都可在这里得到解决。

4. 学会独立思考、独立解决问题

遇到问题，我们首先想到的应该是如何独立去解决问题。解决问题的方式有很多，比如查阅书籍资料、网络搜索引擎搜索和浏览技术论坛等，通过这几种方式，大部分的问题都能得到解决。

独立思考并解决问题，不但锻炼了自己独立解决问题的能力，在技术上也能得到快速提高。如果通过以上方式实在解决不了的话，可以向人询问，得到答案后要思考为何这么做，然后做笔记记录解决过程。最忌讳的方式是只要遇到问题，就去问人，虽然这样可能会很快解决问题，但是长久下去遇到问题就会依赖别人，技术上也不会进步。

5. 学习专业英语

如果想深入学习 Linux，一定要尝试去看英文文档。因为，技术性的东西写得最好、最全面的文档都是英语，最先发布的高新技术也都是用英语写的。即便是非英语国家的人发布技术文档，也都首先翻译成英语再在国际学术杂志和网络上发表。安装一个新的软件时先看 Readme 文档，再看 Install 文档，然后看 FAQ 文档，最后才动手安装，这样遇到问题就知道原因了。因此，学习一些专业英语是很有必要的。

第 4 章
Linux 文件与目录管理

Linux 系统中的文件存储结构非常有特点，经常让刚开始接触 Linux 的人一头雾水。Linux 文件系统的顶层是由根目录构成的，在这个根目录下面可以有其他目录和文件，每一个目录中又包含了其他子目录和文件，如此反复，从而构成了 Linux 庞大而又复杂的文件系统。学会管理这些文件和目录是 Linux 初学者的必备技能。

4.1 文件与目录

在 Linux 系统中所有的东西都是文件，这与 Windows 系统中的思维方式不同。同样是查找文件，在 Windows 系统中，我们需要依次进入这个文件所在的磁盘分区（比如 E 盘），然后从中查找具体的文件路径，比如 E:\Linux_study。但是 Linux 系统中不存在 C 盘、D 盘等盘符的概念，查找文件需要从根目录开始，然后依次进入文件所在的目录，比如/home/user01/。

Linux 中目录的概念相当于 Windows 中的文件夹，目录中既可以存放文件也可以存放子目录，文件中存储的是真正的信息。文件和目录的名称是区分大小写的，比如 File1 和 file1 就是两个不同的文件名。完整的目录或者文件路径是由目录名构成的，每一个目录名之间使用/来分隔，比如上面提到的/home/user01/这个路径。

Linux 系统中有两个特殊的目录，一个是用户当前所在的工作目录，可以用一个点（.）来表示，还有一个是当前目录的上一层目录，用两个点（..）表示。

另外，Linux 系统中还有两个比较重要的目录，用户的家目录和挂载点。用户每次登录到 Linux 系统时就会自动进入家目录，系统管理员 root 的家目录是/root，普通用户的家目录放在/home 目录下，是与用户名称相同的目录，比如/home/user01 就是用户 user01 的家目录。挂载点是可移除式设备挂载到系统时产生的，通常会挂载到/mnt 或/media 目录中。

4.1.1 Linux 中常见的目录

Linux 系统的文件存储结构与 Windows 不同，是一个树状的结构，顶级为根目录（/）。为了方便管理，根据 FHS（Filesystem Hierarchy Standard，文件系统层次标准）的规定，Linux 系统在根目录之下规定了一些主要的目录，以及这些目录中应该存放的文件或者子目录。FHS 是由无数 Linux 系统的开发者和用户根据经验总结而来的，是用户在存储文件时应该遵守的规则。

了解 Linux 系统中常见的目录以及它们的相关说明也是初学者应该知道的内容。下面将对 Linux 系统中的常见目录做一些简单的概括，如表 4-1 所示。

表 4-1　常见的目录

目录名称	说　明
/boot	用于存放内核和系统启动时需要的文件
/dev	用于存放系统中的设备文件，比如/dev/tty
/etc	用于存放系统中主要的配置文件，比如/etc/passwd
/home	系统默认的用户家目录，比如/home/user01
/bin	用于存放单用户模式下可以被用户使用的命令
/media	挂载设备文件的目录
/mnt	暂时挂载额外设备的目录
/opt	用于存放第三方软件的目录
/proc	是一个虚拟文件系统，用于存放内存中的数据，比如进程信息
/root	系统管理员 root 的家目录
/run	用于存放系统启动后产生的各种信息
/srv	用于存放网络服务相关的数据
/sys	与/proc 相似，是一个虚拟文件系统。用于存放内核与系统硬件信息相关的数据
/tmp	用于存放临时文件的目录，任何用户都可以访问
/usr	用于存放系统应用程序和与命令相关的系统数据
/var	用于存放系统运行中经常会变化的文件，比如日志文件
/lost + found	用于存放文件系统发生错误时一些遗失的文件片段

这些都是 Linux 系统中比较重要也很常见的目录，在之后的学习中，我们可以慢慢体会这些目录的具体用处。

小白逆袭：其他常见目录

/usr/bin：用于存放普通用户可以使用的命令，和/bin 中的内容相同。

/usr/lib：与/lib 功能相同，用于存放系统开机时以及在/bin 或/sbin 下命令会用到的函数库。

/usr/local：用于存放自行安装的软件（不是发行版默认提供的），这样便于管理。

/usr/share：用于存放只读的数据文件，包括共享文件、帮助和说明文件。

4.1.2　绝对路径和相对路径

无论是查找文件还是进入某个目录下，都需要指定路径，我们可以通过路径定位到指定的文件。路径分为绝对路径和相对路径，下面我们来看一下这两个概念的具体说明。

1. 绝对路径

如前文所述，Linux 采用的是目录树的文件结构，在 Linux 下每个文件或目录都可以从根目录开始查找。绝对路径就是从根目录（/）开始以全路径的方式查找文件或目录，绝对路径一定要以/开头，比如/usr/local/share 这种方式就是绝对路径。

2. 相对路径

相对路径指的是相对于用户当前所在目录的路径。假设当前用户的工作目录在/usr/local 下，那么它的上层目录（/usr 目录）可以用../表示，而/usr/local 下的目录 src 可以用../src 表示。前面讲到的. 和.. 实际上属于相对路径。比如从/usr/lib/grub 到/usr/lib/udev 中，可以写成：cd../udev。

对比相对路径，绝对路径的正确度较好，一旦我们正确指定了绝对路径，就不会出错。而相对路径则更加方便，但是可能会因为执行的工作环境不同而出现错误。

4.2　文件与目录的相关操作

通过前面的介绍我们知道，Linux 系统中的一切都是文件，因此掌握一些文件和目录的管理命令是很有必要的。在 Linux 系统的日常维护工作中，需要了解文件和目录的创建、删除、修改、复制等操作。

4.2.1　管理文件的命令

关于文件的基本管理，不外乎显示文件属性、创建和删除文件、复制和移动文件等操作。文件是 Linux 中非常重要的存在，包括用户家目录中的数据，都是需要我们注意并管理的部分。

1. touch 命令

touch 命令不仅可以创建空白文件或者修改文件的时间戳（上一次修改的时间），还可以同时创建多个文件。

语法：

```
touch [选项] 文件名
```

选项说明：

- -a：仅修改 atime（access time，读取时间）。当文件内容被读取时就会更新读取时间。
- -m：仅修改 mtime（modification time，修改时间）。当文件内容被修改时会更新这个修改时间。
- -d：通过自定义日期代替当前的时间或者使用“--date=时间或日期”的方式。
- -t：使用指定的格式修改文件，格式为［［CC］YY］MMDDhhmm［.ss］。其中 CC 表示世纪，YY 表示年份，MM 表示月，DD 表示日，hh 表示小时，mm 表示分钟，ss 表示秒。CC、YY 和 ss 是可选的部分。

例 4-1　创建文件

在当前用户的工作目录（/home/user01）下使用 touch 命令分别创建 1 个文件和 3 个文件，然后使用 ls 命令显示其信息，具体如下。

```
[user01@mylinux ~]$ pwd
/home/user01
[user01@mylinux ~]$ touchtestfile     //创建一个文件的用法
```

```
[user01@mylinux ~]$ ls -ltestfile
-rw-rw-r--. 1 user01 user01 0 Sep 25 17:03 testfile
[user01@mylinux ~]$ touch study1 study2 study3      //同时创建 3 个文件
[user01@mylinux ~]$ ls -l study*
-rw-rw-r--. 1 user01 user01 0 Sep 25 17:04 study1
-rw-rw-r--. 1 user01 user01 0 Sep 25 17:04 study2
-rw-rw-r--. 1 user01 user01 0 Sep 25 17:04 study3
[user01@mylinux ~]$
```

默认情况下，使用 ls 命令显示的文件时间是 mtime。除了 atime 和 mtime 之外，还有一个 ctime（change time，状态修改时间）。当文件的状态（比如文件的权限或属性）发生变化时，ctime 就会发生相应的变化。

例 4-2　显示三个时间

. bashrc 是一个环境配置文件，主要用于存储一些个性化设置，比如命令别名、路径信息等。. bashrc 是一个隐藏文件（文件名的前面有一个点)，我们可以使用 ls -a 查看隐藏文件。

使用 stat 命令可以查看 . bashrc 文件更加详细的信息，包括 inode、atime、mtime 和 ctime 等。从下面的执行结果中，可以清楚地看到其时间状态并不相同。

使用 date 命令可以显示当前的时间，方便和其他三个时间对比。下面内容中的 ll 命令是 ls -l 命令的别名，通过 ll 直接指定文件名默认显示的是 mtime，在显示 atime 和 ctime 的时候可以使用--time = 的形式指定 atime 和 ctime。

```
[user01@mylinux ~]$ stat.bashrc
  File:.bashrc
  Size: 312Blocks: 8          IO Block: 4096   regular file
Device: fd00h/64768dInode: 890230       Links: 1
Access: (0644/-rw-r--r--)  Uid: ( 1000/  user01)   Gid: ( 1000/  user01)
Context: unconfined_u:object_r:user_home_t:s0
Access: 2020-09-27 09:19:01.659883435 +0800       //atime
Modify: 2019-05-11 08:16:55.000000000 +0800       //mtime
Change: 2020-09-07 11:54:45.246858523 +0800       //ctime
Birth: -
[user 01 @ mylinux  ~ ] $  date; ll.bashrc; ll --time = atime.bashrc; ll --time =
ctime.bashrc
Sun Sep 27 09:41:23 CST 2020       //显示当前的时间
-rw-r--r--. 1 user01 user01 312 May 11  2019.bashrc   //mtime
-rw-r--r--. 1 user01 user01 312 Sep 27 09:19.bashrc   //atime
-rw-r--r--. 1 user01 user01 312 Sep  7 11:54.bashrc   //ctime
```

上面两种方式分别显示了文件 . bashrc 的 atime、mtime 和 ctime 三个时间。如果只是创建了一个新文件，并没有对它进行任何操作，那么这三个时间应该是相同的。

当我们需要在一行同时写入多个命令时，可以使用分号（;），来代表连续命令的执行。比如上述内容中的 date; ll. bashrc; ll --time = atime. bashrc; ll --time = ctime. bashrc，首先执行 date 命令显示当前时间，然后使用分号分隔后面的 ll. bashrc 命令，该命令用于显示 . bashrc 文件的 mtime，接着再次使用分号分隔后面的 ll --time = atime. bashrc 命令。使用分号分隔多个命令后，这些命令可以按照顺序依次被执行。

例 4-3　修改 mtime

接下来我们尝试修改一个新文件的 mtime，体会如何使用 touch 命令修改文件的时间戳。在修改之前可以使用 ls -l 命令查看文件的 mtime，然后使用 touch 命令的-t 选项指定一个新的时间格式，比如 201906061314. 32 表示 2019 年 6 月 6 日 13 点 14 分 32 秒。再次查看，文件的 mtime 已经发生改变，具体如下。

```
[user01@mylinux ~]$ ls -ltestfile      //查看文件修改之前的时间
-rw-rw-r--. 1 user01 user01 0 Sep 25 17:03 testfile
[user01@mylinux ~]$ touch -t 201906061314.32testfile   //指定新的时间
[user01@mylinux ~]$ ls -ltestfile
-rw-rw-r--. 1 user01 user01 0 Jun  6  2019 testfile
[user01@mylinux ~]$
```

2. rm 命令

rm 命令可以用来删除文件或者目录。在 Linux 系统中，使用 rm 命令删除文件时，默认会出现询问是否删除的提示信息。

语法：

```
rm [选项] [文件或目录]
```

选项说明：

- -f：忽略不存在的文件，不会出现警告信息。
- -i：每次执行删除操作之前都出现询问信息。
- -r：递归删除操作，将指定目录下的文件和子目录逐一删除，常用于目录的删除操作。

例 4-4　删除文件

在当前用户的家目录中使用 rm 命令删除 testfile 文件，可以直接使用 rm testfile 命令。再次使用 ls 命令查看文件时，可以看到 testfile 文件已经被删除。删除多个文件时，可以直接在 rm 命令后面指定多个文件的名称。

```
[user01@mylinux ~]$ ls
Desktop    Downloads  Pictures  study1  study3testfile
Documents  Music      Public    study2  Templates  Videos
[user01@mylinux ~]$ rmtestfile     //删除一个文件
[user01@mylinux ~]$ ls
```

```
Desktop    Downloads  Pictures  study1  study3    Videos
Documents  Music      Public    study2  Templates
```

例 4-5　以询问的方式删除文件

使用 rm 命令指定-i 选项删除文件时会出现询问信息，比如删除文件 study2，会出现是否删除常规空文件的询问信息，输入 y 就会删除这个文件，输入 n 则不删除该文件，具体如下。

```
[user01@mylinux ~]$ ls
Desktop    Downloads  Pictures  study1  Templates
Documents  Music      Public    study2  Videos
[user01@mylinux ~]$ rm -i study2      //以询问的方式删除文件
rm: remove regular empty file 'study2'? y//输入 y 表示同意删除文件 study2
[user01@mylinux ~]$ ls
Desktop    Downloads  Pictures  study1    Videos
Documents  Music      Public    Templates
```

3. cp 命令

cp 命令可以用来复制文件或目录。这个命令很重要，也很常用，不同身份的用户（root 和普通用户）执行 cp 命令产生的结果也会有所不同。

语法：

```
cp [选项] 源文件 目标文件
```

选项说明：

- -a：相当于-dpr 选项的组合，常用于复制目录，它可以保留链接和文件属性，然后复制目录下的所有内容。
- -d：如果源文件是链接文件，则会复制链接文件而不是文件本身，相当于 Windows 系统中的快捷方式。
- -p：除了复制文件内容之外，还会将文件的属性（访问权限、所属用户、修改时间）一同复制。
- -r：递归复制，即源文件如果是一个目录，会复制该目录下所有的文件和子目录。
- -f：如果目标文件已经存在且无法打开，将会删除并重试。
- -i：如果目标文件已经存在，在覆盖时会有询问信息。

例 4-6　复制文件

将当前目录下的文件 study2 复制到/tmp/dir1 目录下，可以指定 cp study2 /tmp/dir1 的方式。完成复制操作后，查看文件的信息，可以看到文件的修改时间并没有一起被复制过来，具体如下。如果想把文件的属性等信息一起复制，可以指定-a 选项。

```
[user01@mylinux ~]$ cp study2 /tmp/dir1     //复制文件 study2 到/tmp/dir1 目录下
[user01@mylinux ~]$ ls -l study2
-rw-rw-r--. 1 user01 user01 18 Sep 27 11:33 study2
[user01@mylinux ~]$ ls -l /tmp/dir1/study2
-rw-rw-r--. 1 user01 user01 18 Sep 27 14:08 /tmp/dir1/study2
```

cp 命令的功能还有很多，在复制其他用户的数据时，还需要注意是否有读取该文件的权限。当我们在复制一些特殊文件（比如密码文件或配置文件）时，需要使用-a 等可以完成复制文件权限的选项。

4. mv 命令

mv 命令不仅可以移动文件或目录，还可以对它们进行重命名操作。

语法：

```
mv [选项] 源文件 目标文件
```

选项说明：

- -i：在目标文件存在的情况下，会询问是否执行覆盖操作。
- -f：在目标文件存在的情况下，不会询问而是直接覆盖。
- -n：不覆盖已存在的文件或目录。
- -u：当源文件比目标文件新或者目标文件不存在时，才会执行移动操作。

例 4-7　移动文件

将当前目录下的文件 study1 移动到/tmp/dir1 目录下，移动文件后，可以看到除了该目录下本身存在的 study2 文件，还有移动过来的 study1 文件，具体如下。

```
[user01@mylinux ~]$ mv study1 /tmp/dir1      //移动文件 study1
[user01@mylinux ~]$ ls /tmp/dir1
study1  study2              //study1 被移动到/tmp/dir1 目录下了
```

例 4-8　文件重命名

mv 的另一个常用功能就是重命名，在当前目录下将 study1 文件重命名为 newfile，具体如下。

```
[user01@mylinux dir1]$ mv study1newfile
[user01@mylinux dir1]$ ls
newfile  study2
```

例 4-9　移动文件

如果想将多个文件移动到指定的目录中，可以在 mv 命令后指定多个文件名称。mv newfile study2 mvdir 表示在当前目录下将文件 newfile 和 study2 移动到目录 mvdir 中去，具体如下。

```
[user01@mylinux dir1]$ ls
mvdir  newfile  study2     //当前目录下有一个子目录 mvdir 和两个文件 newfile 和 study2
[user01@mylinux dir1]$ mvnewfile study2 mvdir     //移动多个文件到目录中
[user01@mylinux dir1]$ ls
mvdir                //移动操作后,只有一个子目录 mvdir
[user01@mylinux dir1]$ ls -lmvdir
total 8
-rw-rw-r--. 1 user01 user01 18 Sep 27 14:37 newfile
-rw-rw-r--. 1 user01 user01 18 Sep 27 11:33 study2
```

5. basename 命令

basename 命令可以获取路径中的文件名或者路径名，用于打印目录或者文件的基本名称。

例 4-10　获取文件名

当文件包含了完成的目录时，可以使用该命令查看最后的文件名。如果最后是目录，则获取的是最后的目录名，具体如下。

```
[root@mylinux ~]# basename /tmp/dir1/mvdir/newfile   //获取文件名 newfile
newfile
[root@mylinux ~]# basename /tmp/dir1/mvdir/          //获取目录名 mvdir
mvdir
```

4.2.2　管理目录的命令

了解了文件的管理命令后，再来学习目录的相关管理命令就容易多了，下面我们将学习目录的创建、删除等操作。

1. mkdir 命令

mkdir 命令可以创建一个或多个新目录。默认情况下，目录需要一层一层地建立。如果想一次性创建多层目录，需要加上指定的选项才可以。

语法：

```
mkdir [选项] 目录名称
```

选项说明：

- -p：递归创建目录，一次可创建多层目录。
- -m：创建目录的同时设置目录的权限。

例 4-11　创建目录

只创建一个目录的情况下，可以直接使用 mkdir 命令指定目录名称，比如在目录 dir1 中创建新的子目录 mklinux。当我们需要创建多层目录时，需要指定-p 选项才不会报错，具体如下。

```
[root@mylinux dir1]# mkdir mklinux         //创建一个目录的情况
[root@mylinux dir1]# ls
mklinux  mvdir
[root@mylinux dir1]# mkdir dir2/dir3/dir4         //不指定-p 选项创建多层目录会出错
mkdir: cannot create directory 'dir2/dir3/dir4': No such file or directory
[root@mylinux dir1]# mkdir -p dir2/dir3/dir4    //递归创建目录
[root@mylinux dir1]# ls    //dir1 目录中成功创建子目录 dir2
dir2mklinux  mvdir
[root@mylinux dir1]# cd dir2
[root@mylinux dir2]# ls     //dir2 目录下成功创建子目录 dir3
dir3
[root@mylinux dir2]# cd dir3
[root@mylinux dir3]# ls     //dir3 目录下成功创建子目录 dir4
dir4
```

指定-p 选项可以成功在当前目录 dir1 中创建 dir2 目录，在 dir2 目录中成功创建 dir3 目录，在 dir3 目录中成功创建 dir4 目录。这样多层目录就创建好了。如果指定的多层目录已经存在也不会出现错误提示。在使用-p 选项时，要保证指定的多层目录名是正确的，不然目录就会显得很乱。

2. rmdir 命令

rmdir 命令可以删除空目录，使用指定的选项可以连同子目录一起删除。

语法：

```
rmdir [选项] 目录名称
```

选项说明：

- -p：删除子目录和它的上一层空目录。

例 4-12　删除目录

如果一个目录里面是空的，即不包含任何文件和子目录，可以使用 rmdir 命令直接删除。目录 dir1 中包含了 3 个子目录，其中 dir2 里面包含了空目录 dir3，dir3 中包含了空目录 dir4（即 dir2/dir3/dir4），相关命令如下。

```
[root@mylinux dir1]# ls
dir2mklinux  mvdir                                //当前目录 dir1 中包含了 3 个子目录
[root@mylinux dir1]# rmdir mklinux                //删除空目录 mklinux
[root@mylinux dir1]# ls
dir2mvdir                                         //mklinux 被删除
[root@mylinux dir1]# rmdir dir2                   //直接删除 dir2 会出错
rmdir: failed to remove 'dir2': Directory not empty
[root@mylinux dir1]# rmdir -p  dir2/dir3/dir4     //指定-p 选项删除空目录
[root@mylinux dir1]# ls
mvdir
```

例 4-13　递归删除非空目录

如果想删除非空目录中的所有内容，可以使用 rm -r 递归删除目录。mvdir 目录中包含了两个文件 newfile 和 study2 以及一个子目录 studir，使用 rm -r 删除 mvdir 目录时，会逐层出现询问信息，输入 y 表示删除，具体如下。

```
[root@mylinux dir1]# ls       //当前目录 dir1 中包含了一个文件 file1 和子目录 mvdir
file1mvdir
[root@mylinux dir1]# ll mvdir
total 8
-rw-rw-r--. 1 user01 user01 18 Sep 27 14:37 newfile
drwxr-xr-x. 2 root   root    6 Sep 28 10:01 studir
-rw-rw-r--. 1 user01 user01 18 Sep 27 11:33 study2
[root@mylinux dir1]# rm -r mvdir   //递归删除非空目录
rm: descend into directory 'mvdir'? y
rm: remove regular file 'mvdir/newfile'? y
rm: remove regular file 'mvdir/study2'? y
```

```
rm: remove directory 'mvdir/studir'? y
rm: remove directory 'mvdir'? y
[root@mylinux dir1]# ls
file1
```

在进行目录删除操作时，需要注意 rmdir 和 rm -r 的用法。使用 rmdir 时，被删除的目录里面不能存在其他目录和文件。虽然 rm -r 可以删除非空目录中的所有内容，但是我们还是需要慎用它，以免不小心删除了重要的数据。

3. dirname 命令

dirname 命令可以获取目录的名称，与 basename 命令相似。

例 4-14　获取目录名称

文件 file2 所在的路径是/tmp/dir1/stulinux/file2，使用 dirname 命令可以显示文件名之前的路径，即/tmp/dir1/stulinux，相关命令如下。

```
[root@mylinux ~]# dirname /tmp/dir1/stulinux/file2
/tmp/dir1/stulinux
```

dirname 和 basename 命令适合完整路径和文件名很长的情况，使用这两个命令可以快速获取文件名和目录名。

4.2.3　查看文件内容

文件管理除了包含文件的创建、删除、移动等操作外，还需要了解文件的内容。如果不能掌握查看文件内容的技巧，之后对配置文件进行编辑就不那么容易了。不过，查看文件内容的相关命令很容易上手操作。

1. cat 命令

cat 命令可以直接查看文件的内容，比较适合文件内容少的情况，该命令可以将文件内容连续地打印到屏幕上。

语法：

```
cat [选项] 文件名
```

选项说明：

- -b：显示非空白行的行号，空白行不进行标号。
- -n：显示所有行的行号，包括空白行。
- -E：在每一行的结尾显示 $ 符号。
- -T：以^I 的形式显示文本中的 Tab 键。
- -v：显示一些特殊字符。
- -A：相当于-vET 选项的组合，可以显示一些特殊字符。

例 4-15　显示文件内容

如果想要查看的文件内容很短，使用 cat 命令比较合适。比如查看文件/etc/networks 中的内容，相关命令如下。

```
[root@mylinux ~]# cat /etc/networks          //显示/etc/networks 文件的内容
default 0.0.0.0
```

```
loopback 127.0.0.0
link-local 169.254.0.0
[root@mylinux ~]# cat -n /etc/networks   //以行号的形式显示文件内容
     1default 0.0.0.0
     2loopback 127.0.0.0
     3link-local 169.254.0.0
[root@mylinux ~]#
```

当文件内容超过 40 行，就会不方便在屏幕上查看文件内容。如果是 DOS 文件等包含特殊字符的文件，需要特别注意。

2. tac 命令

tac 命令可以反向显示文件中的内容，与 cat 命令相反。cat 命令是从第一行连续显示到最后一行，而 tac 命令是从最后一行反向显示到第一行。

语法：

```
tac 文件名
```

例 4-16　反向显示文件内容

上面使用 cat 命令查看了/etc/networks 文件的内容，下面我们使用 tac 命令查看该文件的内容，对比一下显示效果，具体如下。

```
[root@mylinux ~]# tac /etc/networks   //反向显示文件内容
link-local 169.254.0.0
loopback 127.0.0.0
default 0.0.0.0
```

3. more 命令

more 命令可以以翻页的形式查看文件的内容，适合文件内容较长时使用。

语法：

```
more 文件名
```

例 4-17　使用 more 查看文件内容

当文本内容特别长时，使用 more 命令比较合适，比如查看 anaconda-ks.cfg 文件。如果文件内容的行数大于屏幕指定输出的行数，可以在屏幕底部看到 More 以及百分比字样，这个百分比表示已经显示的百分比。比如 43% 表示当前已经显示了 anaconda-ks.cfg 文件 43% 的内容，具体如下。

```
[root@mylinux ~]# more anaconda-ks.cfg   //查看文件 anaconda-ks.cfg 的内容
#version=RHEL8
ignoredisk --only-use=sda
# Partition clearing information
clearpart --none --initlabel
# Use graphical install
graphical
```

```
......(中间省略)......
# X Window System configuration information
xconfig  --startxonboot
# Run the Setup Agent on first boot
--More--(43% )//光标会停在这里,等待下一步的操作
```

当屏幕上显示百分比后，我们可以通过以下快捷方式进行操作。

- Enter 键（回车键）：向下翻一行。
- Space 键（空格键）：向下翻一页。
- /字符串：向下查找输入的字符串，适合查找关键词。
- b：往前翻页。
- ：f：显示文件名和行数。
- q：立刻退出 more，不会继续显示余下的文件内容。

例 4-18　查找字符串

要想在一篇很长的文本内容中找到关键词，可以使用 more 命令的查找字符串功能。输入/后就可以输入想要查找的字符串了，然后按 Enter 键。它会从当前位置向下查找这个字符串，然后显示带有关键词的那一页，相关命令如下。

```
[root@ mylinux ~]# more anaconda-ks.cfg   //查看文件 anaconda-ks.cfg 的内容
#version=RHEL8
ignoredisk --only-use=sda
# Partition clearing information
clearpart --none --initlabel
# Use graphical install
graphical
......(中间省略)......
# X Window System configuration information
xconfig  --startxonboot
# Run the Setup Agent on first boot
/services                //输入/之后,可以输入要查找的内容
```

完成查找任务或者想中途退出 more 的操作界面，直接按 q 键就可以了。

4. less 命令

less 命令不仅可以向后翻看文件，还可以向前翻，而 more 命令只能向后翻页。less 命令的操作比 more 更多，可以随意浏览文件内容。

语法：

```
less 文件名
```

例 4-19　使用 less 查看文件内容

使用 less 命令查看文件 anaconda-ks.cfg 的内容时，屏幕的底部不再是百分比显示，而是显示文件名，当滚动鼠标查看最后一行时，就会变成等待输入命令的状态，具体如下。

```
[root@ mylinux ~]# less anaconda-ks.cfg   //查看文件 anaconda-ks.cfg 的内容
#version=RHEL8
```

```
ignoredisk --only-use = sda
# Partition clearing information
clearpart --none --initlabel
...... (中间省略)......
# Run the Setup Agent on first boot
firstboot --enable
# System services
services --disabled = "chronyd"
:                //在这里等待执行下一步操作
```

与 more 命令相比，less 命令在最后一行可以执行的操作更多，具体如下。

- Enter 键：向下翻一行。
- ↑键：向上翻一行。
- ↓键：向下翻一行。
- Space 键空格键：向下翻动一页。
- /字符串：向下查找字符串。
- ？字符串：向上查找字符串。
- n：重复前一个查找，与/或？有关。
- N：反向重复前一个查找，与/或？有关。

less 命令还有更多的实用功能，感兴趣的话，可以使用 man less 命令解锁它的更多用法。

5. head 命令

head 命令可以查看文件的前 n 行内容。如果一个文件内容很长，而我们只想阅读它的前几行，使用 head 命令就比较合适了。

语法：

```
head [选项] 文件名
```

选项说明：

- -n：后面指定数字，表示显示的行数。

例 4-20　显示文件前 10 行内容

默认情况下，head 命令会显示文件的前 10 行内容。指定 head -n 3 表示只显示文件 anaconda-ks. cfg 的前 3 行内容，相关命令如下。

```
[root@ mylinux  ~]# head anaconda-ks. cfg          //默认显示前 10 行内容
#version = RHEL8
ignoredisk --only-use = sda
# Partition clearing information
clearpart --none --initlabel
# Use graphical install
graphical
repo --name = "AppStream" --baseurl = file:///run/install/repo/AppStream
# Use CDROM installation media
cdrom
```

```
# Keyboard layouts
[root@ mylinux ~]# head -n 3 anaconda-ks. cfg           //显示文件的前 3 行内容
#version = RHEL8
ignoredisk --only-use = sda
# Partition clearing information
[root@ mylinux ~]#
```

head -n 3 也可以简写成 head -3，同样表示显示文件的前 3 行内容。如果-n 后面指定的是一个负数，比如 head -n -150 表示显示前面的所有行数，但不包括后面的 150 行。比如文件 file1 有 183 行，head -n -150 file1 表示只显示文件 file1 的前 33 行，后面 150 行不显示出来。

6. tail 命令

tail 命令只显示文件的后面几行内容，与 head 命令相反。

语法：

```
tail [选项] 文件名
```

选项说明：

- -n：后面指定数字，表示显示的行数。
- -f：持续刷新文件内容，按 Ctrl + c 组合键结束。可以持续输出文件变化后追加的内容，从而看到最新的文件内容。

例 4-21　显示文件最后 10 行内容

tail 命令默认显示文件的最后 10 行内容，tail -n 3 表示显示文件的最后 3 行内容。如果文件中有空行，也会包含在内，相关命令如下。

```
[root@ mylinux ~]# tail anaconda-ks. cfg    //显示文件最后 10 行,包括空行

%addon com_redhat_kdump --enable --reserve-mb = 'auto'

%end

%anaconda
pwpolicy root --minlen = 6 --minquality = 1 --notstrict --nochanges --notempty
pwpolicy user --minlen = 6 --minquality = 1 --notstrict --nochanges --emptyok
pwpolicy luks --minlen = 6 --minquality = 1 --notstrict --nochanges --notempty
%end
[root@ mylinux ~]# tail -n 3 anaconda-ks. cfg       // 显示文件的最后 3 行
pwpolicy user --minlen = 6 --minquality = 1 --notstrict --nochanges --emptyok
pwpolicy luks --minlen = 6 --minquality = 1 --notstrict --nochanges --notempty
% end
[root@ mylinux ~]#
```

如果指定 tail -n +number 的形式，表示显示文件 number 行之后的内容。比如 tail -n +150 file1 表示显示文件 150 行以后的内容，前面的 149 行内容不会显示出来。

7. nl 命令

nl 命令可以将输出的文件内容加上行号显示出来，默认不包括空行。

语法：

```
nl [选项] 文件名
```

选项说明：

- -b：指定行号的指定方式。-b a 表示无论是否为空行，都会列出行号；-b t 表示列出非空行的行号。
- -n：列出行号的表示方式。-n ln 表示行号显示在屏幕的最左边，不加 0；-n rn 表示行号显示在自己栏位的最右边，不加 0；-n rz 表示行号显示在自己栏位的最右边，加 0。

例 4-22 显示文件行号

文件 file1 包含 4 行，其中有一行是空行。使用 nl -b t file1 命令可以列出非空行。使用 nl -n rz file1 命令可以让行号右对齐，使用 0 补齐 6 位数（默认 6 位数），具体如下。

```
[root@ mylinux ~]# cat file1               //查看文件 file1 的内容
line1 This file is used by the...
line2 It is also used to...

their pathenviroment variable...
[root@ mylinux ~]# nl -b t file1           //列出非空行的行号
     1line1 This file is used by the...
     2line2 It is also used to...

     3their path enviroment variable...
[root@ mylinux ~]# nl -n rz file1          //行号右对齐,数字 0 补齐 6 位数
000001line1 This file is used by the...
000002line2 It is also used to...

000003their path enviroment variable...
[root@ mylinux ~]#
```

上述执行结果中，遇到文件中的空行会直接跳过，继续对下一个非空行进行编号。nl 命令可以让行号有更多的显示样式。

4.3 权限管理

通过 ls 命令我们可以看到一个文件包含的属性，比如 r（读）、w（写）、执行（x）等基本权限属性以及文件是否为-（纯文本文件）、d（目录）等文件类型属性。在了解了这些属性后，我们才能对文件进行权限管理。

4.3.1 文件类型和查找命令

虽说 Linux 中的一切都是文件，但是这些文件也有不同的类型。文件类型有普通文件

（纯文本文件）、目录、字符设备文件、块设备文件、符号链接文件、管道文件等。

例 4-23　查看文件类型

纯文本文件和目录是比较常见的文件类型，比如在目录 dir1 中包含文件 file1 和子目录 stulinux。我们可以通过每一行信息的第一个字符快速确认文件的类型，比如-表示普通文件、d 表示目录，具体如下。

```
[root@ mylinux dir1]# ll
total 0
-rw-r--r--. 1 root root   0 Sep 28 09:58 file1
drwxr-xr-x. 2 root root 19 Sep 28 10:46 stulinux
```

除了-（regular file，普通文件）和 d（directory，目录）之外，还有一些其他表示文件类型的字符。

- l（link）：表示链接文件，一般指软链接文件或符号链接文件。
- b（block）：表示块设备和其他外围设备，是特殊的文件类型。
- c（character）：表示字符设备文件，一般是指串设备或终端设备。
- s（socket）：表示套接字文件。
- p（named pipe）：表示管道文件。

如果用户想要了解文件所属的类型或者想在系统中查找某个文件，下面这些命令可供选择。

1. file 命令

file 命令可以查看文件的基本类型，通过该命令可以对文件进行简单判断。

语法：

```
file 文件名
```

例 4-24　查看文件的基本类型

使用 file 命令对 file1 进行类型判断，显示 ASCII text 表示 file1 是 ASCII 的纯文本文件，directory 表示 Public 是一个目录，而 symbolic link 表示/usr/tmp 是一个符号链接文件，并且链接到/var/tmp。查看文件基本类型的相关命令如下。

```
[root@ mylinux ~]# file file1
file1: ASCII text                //file1 为纯文本文件
[root@ mylinux ~]# file Public
Public: directory                //Public 为目录
[root@ mylinux ~]# file /usr/tmp
/usr/tmp: symbolic link to../var/tmp        //文件/usr/tmp 是一个符号链接文件
```

当我们想要知道某个文件的基本信息，比如文件是普通文件还是二进制文件、有没有链接文件等，就可以使用 file 命令。

2. whereis 命令

whereis 命令可以在某些特定的目录中查找文件。

语法：

```
whereis [选项] 文件名
```

选项说明：

- -b：只搜索二进制（binary）格式的文件。
- -m：只搜索在说明手册（manual）路径中的文件。
- -s：只搜索源（source）文件。
- -l：列出 whereis 会去查找的几个主要目录。

例 4-25　在特定目录中查找文件

使用 whereis 命令搜索 passwd 文件名时，如果不指定任何选项，whereis 会在特定的目录中列出搜索到的包含 passwd 的文件。如果指定-m 选项，只会列出在说明手册中的 passwd 文件，具体如下。

```
[root@mylinux ~]# whereis passwd        //列出全部的文件名
passwd:/usr/bin/passwd /etc/passwd /usr/share/man/man5/passwd.5.gz /usr/share/man/man1/passwd.1.gz
[root@mylinux ~]# whereis -m passwd     //只列出在说明手册中的文件
passwd: /usr/share/man/man5/passwd.5.gz /usr/share/man/man1/passwd.1.gz
```

一般情况下，我们在搜索文件时，可以先使用 whereis 命令或者下面将要介绍的 locate 命令。如果还是没有找到，再考虑使用其他命令。

3. locate 命令

locate 命令可以快速搜索指定的文件。之所以快速，是因为 locate 命令会直接从数据库/var/lib/mlocate 中搜索数据，而不是从硬盘中读取数据。

语法：

```
locate [选项] 文件名
```

选项说明：

- -l：将搜索结果输出指定的行数。
- -c：不列出文件名，只输出搜索到的文件数量。
- -i：忽略大小写的差异。

例 4-26　搜索指定的文件

在搜索文件时，我们可以指定-c 选项查看搜索到的文件数量。还可以使用-l 选项指定需要输出的行数，比如只输出 4 行 passwd 的搜索结果，具体如下。

```
[root@mylinux ~]# locate -c passwd        //输出搜到的文件数量
141
[root@mylinux ~]# locate -l 4 passwd      //输出 4 行 passwd 的搜索结果
/etc/passwd
/etc/passwd-
/etc/pam.d/passwd
/etc/security/opasswd
```

我们可以使用 locate 命令指定部分文件名进行搜索，这样也会得到搜索结果。虽然 locate 命令的搜索速度很快，但还是会有一定的限制。由于 locate 命令是基于数据库搜索文件的，而一般情况下数据库默认是一天更新一次。如果要搜索的文件还没有更新到数据库，

locate 命令就无法找到该文件。遇到这种情况我们可以使用 updatedb 命令手动更新数据库。updatedb 命令会根据/etc/updated. conf 中的设置查找硬盘中的文件，然后更新数据库。

4. which 命令

which 命令可以在 PATH 变量指定的路径中搜索某个系统命令的位置，我们可以使用这个命令查看某个命令是否存在，或者执行的到底是什么位置的命令。which 命令查找的就是可执行文件。

语法：

```
which [选项] 命令名称
```

选项说明：

- -a：输出 PATH 中所有匹配的可执行文件，而不仅仅是第一个。

例 4-27　查看系统命令的位置

使用 which 命令可以查找 passwd 命令的完整文件名，具体如下。

```
[root@ mylinux ~]# which passwd
/usr/bin/passwd
```

由于 which 是根据用户配置的 PATH 变量中的目录进行搜索的，因此，不同的 PATH 配置所找到的命令也是不同的。

5. find 命令

find 命令可以按照指定条件搜索文件，用户可以使用文件名、文件大小、所属用户、修改时间、文件类型等条件进行搜索。

语法：

```
find [路径名] [表达式] [操作]
```

字段说明：

- 路径名：搜索文件的绝对路径或相对路径。
- 表达式：由一个或多个选项组成的搜索条件。当有多个选项时，将采用逻辑与的操作结果。
- 操作：文件被定位后需要进行的操作，默认情况是将满足条件的所有路径输出到屏幕上。

在 find 命令中，可以使用以下的表达式。

- -name：后面指定文件名。查找与指定文件名相同的文件，文件名中可以使用通配符，文件名和通配符需要放在双引号内。
- -atime [+n|-n]：匹配访问文件的时间。+n 表示匹配在 n 天之前的文件（不包含 n），-n 表示在 n 天之内的文件（包含 n），n 表示正好是 n 天的文件（1 天之内）。
- -mtime [+n|-n]：匹配修改时间。+n 表示匹配在 n 天之前被修改过内容的文件（不包含 n），-n 表示匹配在 n 天之内被修改过内容的文件（包含 n），n 表示正好是 n 天之前被修改过的文件（1 天之内）。
- -size [+n|-n]：查找文件大小。+n 表示查找超过 n 大小的文件，-n 表示查找小于

n 大小的文件，n 表示查找正好等于 n 大小的文件。默认情况下，数据块个数的大小为 512 字节。

- -perm mode：指定需要匹配的权限。mode 表示完全匹配权限，-mode 表示全部包含需要匹配的权限。
- -type：后面指定文件类型，比如 b 表示块设备、d 表示目录、c 表示字符设备、p 表示管道。

在 find 命令中，可以使用的操作有以下几种。

- -exec 命令 {} \;：在定位的文件上执行指定的命令（命令、{} 和\ 之间有空格）。{} 表示通过 find 命令找到的内容，-exec 表示 find 命令额外操作的开始，\; 表示额外操作的结束，在这两者之间的就是 find 命令的额外操作。
- -print：将结果打印到屏幕上，是默认操作。

例 4-28　查找被修改过的文件

如果想要查找/tmp 目录下 3 天前的那一天被修改过的文件，可以这样指定：find /tmp -mtime 3。在涉及与时间有关的参数时，需要注意指定的数字，具体如下。

```
[root@mylinux ~]# find /tmp -mtime 3          //在/tmp 中查找 3 天前的那一天被修改过的文件
/tmp/.XIM-unix
/tmp/.font-unix
/tmp/.Test-unix
/tmp/vmware-root_826-2990547547
```

如果想要查找过去 24 小时内被修改过的文件，可以指定数字 0，比如 find /tmp -mtime 0。数字 0 表示目前的时间，指定 0 就表示从现在到过去的 24 小时之前。如果想查找/tmp 目录下 3 天内被修改过的文件，可以使用 find /tmp -mtime -3 命令。

例 4-29　搜索以 .cfg 结尾的文件

如果想在当前用户的家目录中查找以 .cfg 结尾的文件，可以这样指定：find ~ -name "*.cfg"。~表示当前用户 root 的家目录，也就是 find 的搜索范围。由于文件名中使用了通配符 *，所以需要加上双引号，相关命令如下。

```
[root@mylinux ~]# find ~ -name "*.cfg"          //搜索以 .cfg 结尾的文件
/root/anaconda-ks.cfg
/root/.config/yelp/yelp.cfg
/root/initial-setup-ks.cfg
```

例 4-30　以 ls -l 的方式列出文件信息

下面使用-exec 命令 {} \; 操作将上面搜索到的三个文件以 ls -l 的方式列出来。这里只能指定 ls -l，而不支持它的别名 ll，相关命令如下。

```
[root@mylinux ~]# find ~ -name "*.cfg" -exec ls -l {} \;
-rw-------. 1 root root 1663 Sep  7 11:55 /root/anaconda-ks.cfg
-rw-r--r--. 1 root root 51 Sep  7 13:40 /root/.config/yelp/yelp.cfg
-rw-r--r--. 1 root root 1818 Sep  7 12:02 /root/initial-setup-ks.cfg
```

虽然 find 是一个功能强大的查找命令，但是与其他查找命令相比，它会消耗较多的硬盘资源。因此我们在使用查找命令的时候，可以优先考虑 whereis 和 locate 等命令。

4.3.2 【实战案例】管理文件权限和属性

文件权限属于文件属性的一部分，我们先来了解 Linux 系统中的文件属性，再介绍有关权限设定的命令。Linux 系统中的文件属性主要包括文件类型、文件权限、链接数、所属的用户和用户组、最近修改时间等。

通过对文件权限的管理可以让系统中的用户访问到不同的数据，有利于系统数据的安全，保证了用户访问资源的合理性。

扫码观看教学视频

例 4-31 查看文件属性信息

通常我们可以使用 ls -l 命令查看文件的一些属性，相关命令如下。

```
[root@mylinux dir1]# ls -l
total 4
-rw-r--r--. 1 user01 user01  0 Sep 29 15:02 file1
-rw-rw-r--. 1 user01 user01 58 Sep 29 15:04 file2
drwxrwxr-x. 2 user01 user01 20 Sep 29 15:04 studir01      //以此为范例说明
drwxr-xr-x. 2 root   root   19 Sep 28 10:46 stulinux
```

下面将以 drwxrwxr-x. 2 user01 user01 20 Sep 29 15：04 studir01 为例将执行结果分成 7 列，分别介绍文件的属性。

- 第一列：文件类型和权限。drwxrwxr-x 中的第一个字符就是文件的类型，如果是 d 则表示目录，如果是-则表示文件。其余的 9 个字符中每 3 个为一组，每一组都是 rwx 的组合。r 表示可读（read）权限，w 表示可写（write）权限，x 表示可执行（execute）权限。这 3 个权限的位置是固定不变的，如果没有该权限，就会在相应的位置使用-代替。第 1 组 rwx（可读可写可执行）表示文件所属用户（user）拥有的权限，第 2 组 rwx（可读可写可执行）表示文件所属用户组（group）拥有的权限，第 3 组 r-x（可读可执行）表示其他用户（others）拥有的权限。
- 第二列：链接数。在 Linux 系统中，每个文件名都会链接到一个节点（inode）中，这个属性记录了有多少不同的文件名链接到相同的节点。关于节点的概念将会在文件系统中介绍。
- 第三列：文件所属用户。在这个范例中，目录 studir01 的所属用户就是 user01。
- 第四列：文件所属用户组。在 Linux 系统中，一个用户会加入一个或多个用户组中，默认会有一个与用户名同名的用户组。在这个范例中，目录 studir01 的所属用户组就是 user01。
- 第五列：文件大小，默认单位是 Bytes。在这个范例中，目录 studir01 的大小为 20 个字节。
- 第六列：文件最后被修改的时间，默认是“月日时分”的格式。在这个范例中的修改时间是 Sep 29 15：04，即 9 月 29 日 15 点 04 分。
- 第七列：文件名称。如果文件名的前面有一个点，表示这是一个隐藏文件。

这 7 个字段很重要，尤其是文件权限的部分。权限对于系统安全十分重要，那么掌握修改文件属性与权限相关的命令是很有必要的。

1. chmod 命令

chmod 命令可以修改文件的权限。在修改权限时，可以指定数字或者符号。文件权限 rwx（可读可写可执行）中的每一个字符对应一个数字。r 对应的数字是 4，w 对应的数字是 2，x 对应的数字是 1。

语法：

```
chmod [选项] [mode] 文件名
```

选项说明：

- -R：递归更改文件和目录的权限，即子目录中所有文件的权限也会被修改。

例 4-32　修改文件权限

mode 表示修改权限的方式，一种是数字，另外一种是符号。数字方式就是 rwx 对应的权限数字相加。比如 rwxrwxr-x 中 rwx =4 +2 +1 =7，r-x =4 +0 +1 =5，所以这 9 个字符组成的权限对应数字就是 775。

如果想将文件 file1 的权限全部开启，可以指定 777 权限，777 对应字符就是 rwxrwxrwx，相关命令如下。

```
[root@ mylinux dir1]# ls -l file1
-rw-r--r--. 1 user01 user01 0 Sep 29 15:02 file1          //修改前的默认权限
[root@ mylinux dir1]# chmod 777 file1      //修改文件的权限为 777
[root@ mylinux dir1]# ls -l file1
-rwxrwxrwx. 1 user01 user01 0 Sep 29 15:02 file1          //修改后的权限
```

如果不想让其他人看到某些文件，可以将文件的权限变成 rwxr-----，那么对应的权限数字就是［4 +2 +1］［4 +0 +0］［0 +0 +0］，即 740。

下面介绍指定符号修改文件权限的方式，如表 4-1 所示。在上面介绍的 9 个字符中，我们知道每 3 个字符为一组，共 3 组。其中第一组是所属用户 user 具有的权限，第二组是所属用户组 group 具有的权限，第三组是其他用户 others 具有的权限，我们可以使用 u、g、o 代表这三种身份的权限。

表 4-2　指定符号修改文件权限

身　份	替代符号	操　作	权　限
user	u	+：添加权限 -：移除权限 =：设置权限	r：可读 w：可写 x：可执行
group	g		
others	o		

例 4-33　修改 u 和 g 所属权限

除了表中的三种身份，还有一个 a（all）表示全部的身份。下面我们来使用这种方式设置文件的权限。文件 file2 修改之前的权限是 rw-rw-r--，即 u 和 g 的权限都是 rw-，o 的权限是 r--。使用 chmod 命令将 u 的权限设置为 rwx，移除 g 的 w（可写）权限，o 的权限保持不变，相关命令如下。

```
[root@mylinux dir1]# ls -l file2
-rw-rw-r--. 1 user01 user01 58 Sep 29 15:04 file2     //修改前的默认权限
[root@mylinux dir1]# chmod u=rwx,g-w file2           //修改 u 和 g 所属的权限
[root@mylinux dir1]# ls -l file2
-rwxr--r--. 1 user01 user01 58 Sep 29 15:04 file2     //修改后的权限
```

例 4-34　为文件指定可写权限

如果想为一个文件添加可写权限，却不知道文件之前的属性，可以直接使用 a + w 的形式为文件指定可写权限。这样操作后，每个人都可以在文件 file1 中写入数据，具体如下。

```
[root@mylinux dir1]# chmod a+w file1      //为文件指定可写权限
[root@mylinux dir1]# ls -l file1
-rw-rw-rw-. 1 user01 user01 0 Sep 29 15:02 file1
```

如果想移除所有人的可写权限，可以使用 a-w 方式，去掉所有人的可写权限而不会修改其他已经存在的权限。

2. chown 命令

chown 命令可以修改文件所属的用户。需要注意的是，这个用户必须是系统中已经存在的用户。另外，该命令还可以修改用户组的名称。

语法：

```
chown [选项] 用户名 文件名
```

选项说明：

- -R：递归更改文件和目录的所属用户，即子目录中所有文件的所属用户也会被修改。

例 4-35　更改文件所属用户

文件 file1 默认的所属用户是 user01，只修改所属用户可以使用 chown root file1 方式。如果需要同时修改文件的所属用户和用户组，可以将用户名和用户组之间用冒号分隔，具体如下。

```
[root@mylinux dir1]# ls -l file1
-rw-rw-rw-. 1 user01 user01 0 Sep 29 15:02 file1     //文件 file1 默认所属用户为 user01
[root@mylinux dir1]# chown root file1      //将所属用户更改为 root
[root@mylinux dir1]# ls -l file1
-rw-rw-rw-. 1 root user01 0 Sep 29 15:02 file1
[root@mylinux dir1]# chown user01:user01 file1     //同时更改所属用户和用户组
```

如果只想修改所属用户组，可以在指定用户组前加上一个点，比如 chown. user02 file1 表示将文件 file1 所属的用户组名称修改为 user02（前提是系统中存在 user02 这个用户组）。

3. chgrp 命令

chgrp 命令可以修改文件所属的用户组。需要注意的是，这个用户组必须是系统中已经存在的。

语法：

```
chgrp [选项] 用户组名称 文件名
```

选项说明：

- -R：递归更改文件和目录的所属用户组，即子目录中所有文件的所属用户组也会被修改。

例 4-36　更改文件所属用户组

文件 file2 在修改之前的用户组是 user01，使用 chgrp 命令指定 root 用户组后，可以成功修改文件 file2 所属的用户组，相关命令如下。

```
[root@mylinux dir1]# ls -l file2
-rwxr--r--. 1 user01 user01 58 Sep 29 15:04 file2
[root@mylinux dir1]# chgrp root file2
[root@mylinux dir1]# ls -l file2
-rwxr--r--. 1 user01 root 58 Sep 29 15:04 file2
```

修改用户组的命令很简单，一般情况下，只要指定的用户组是正确的，就可以成功修改文件所属的用户组。

4.4　要点巩固

本章主要学习了 Linux 文件和目录管理的相关命令，这些都是管理 Linux 系统的基本命令，下面将对这些管理命令进行总结。

1）文件的创建、删除、复制、移动等管理文件的命令：touch、rm、cp、mv、basename。

2）目录的创建、删除等管理命令：mkdir、rmdir、dirname。

3）查看文件内容的命令：cat、tac、more、less、head、tail、nl。

4）确定文件类型的命令：file。

5）查找文件的命令：whereis、locate、which、find。

6）修改文件权限和属性的命令：chmod、chown、chgrp。

4.5　技术大牛访谈——学会管理文件，夯实基础

在 Linux 系统中，平时是如何高效管理文件的？

1）文件平时都放在硬盘中，硬盘中以一种固定的形式存放，我们称为静态文件。

2）一块硬盘中分为两大区域：一个是硬盘内容管理表，另一个是真正存储的内容区域。操作系统访问硬盘时先读取硬盘内容管理表，从中找到需要访问的那个扇区级别的信息，再用这个信息去查询真正存储内容的区域，然后得到我们想要的文件。

3）管理表中以文件为单位，记录了各个文件的各种信息，每一个文件有一个文件列表，我们叫 inode，即 i 节点。其实质是一个结构体，这个结构体有很多元素，每个元素记录了这个文件的一些信息，其中包括文件名、文件在硬盘上对应的扇区号、块号等。

4）硬盘管理以文件为单位，每个文件一个 inode，每个 inode 有一个数字编号，对应一个结构体，结构体记录了各种信息。

5）格式化硬盘（U 盘）时发现：快速格式化和底层格式化。快速格式化非常快，格式

32G 只需一秒，普通格式速度慢。快速格式化只是删除了 U 盘硬盘内容管理表（inode），真正存储的内容没有动，这种格式化可能被找回。

6）一个程序的运行就是一个进程，我们在程序中打开的文件就属于某个进程。每个进程都有一个数据结构来记录这个进程的所有信息（进程信息），表中有一个指针会指向一个文件管理表，文件管理表中记录了当前进程及其相关信息。文件管理表中用来索引各个打开文件的 index 就是文件描述符 fp，我们最终找到的就是一个已经被打开文件的管理结构体 vnode。

7）一个 vnode 中记录了一个被打开文件的各种信息，而且我们只要知道这个文件的 fp，就可以很容易找到这个文件的 vnode，进而对这个文件进行各操作。

第5章 文件系统与磁盘管理

通过前面章节的学习，我们对 Linux 系统的树形存储结构有了一定的了解。文件系统是建立在磁盘上面的，因此，还需要对磁盘有一些基本的认识。对于一块新的磁盘存储设备，我们首先需要对它进行分区，然后在分区上创建文件系统（格式化文件系统），最后挂载并正常使用文件系统。

5.1 认识文件系统

每种操作系统使用的文件系统并不相同。比如我们熟悉的 Windows 操作系统使用的文件系统也会有区别。Windows 98 之前的微软操作系统主要使用的是 FAT（或 FAT16）文件系统，而 Windows 2000 之后主要使用的是 NTFS 文件系统。Linux 文件系统中的文件是数据的集合，文件系统不仅包含文件中的数据，也包含了文件系统的结构，所有 Linux 用户和程序看到的文件、目录、链接文件及文件保护信息等都存储在其中。Linux 支持多种不同的文件系统，常见的有 ext2、ext3、ext4、xfs 等。

5.1.1 ext2、ext3 和 ext4 文件系统

文件系统是操作系统用于明确磁盘或分区上相关文件的方法和数据结构，即在磁盘上组织文件的方法。在使用前，都需要针对磁盘做初始化操作，并将记录的数据结构写到磁盘上，这种操作就是建立文件系统，在有些操作系统中称之为格式化。文件系统可以帮助我们合理规划硬盘，保证用户的正常需求。

1. ext2

ext2（Second extended filesystem，第二代扩展文件系统）是 Linux 内核使用的文件系统。Linux 最早的文件系统是 Minix，专门为 Linux 设计的 ext2 文件系统对 Linux 产生了重大影响。这种文件系统功能强大、易扩充，在性能上进行了全面优化，也是所有 Linux 发布和安装的标准文件系统类型

但 ext2 文件系统的弱点也是很明显的，它不支持日志功能。这很容易造成某些情况下的数据丢失，这个天然的弱点让 ext2 文件系统无法用于关键应用中，目前已经很少有企业使用 ext2 文件系统了。

2. ext3

为了弥补 ext2 文件系统的不足，有日志功能的 ext3（Third extended filesystem，第三代扩展文件系统）文件系统应运而生。它直接从 ext2 文件系统发展而来，完全兼容 ext2 文件系统，且支持从 ext2 非常简单地转换为 ext3，这种特性也让更多的老用户转而使用 ext3 文件系统。

为什么需要日志文件系统呢？因为日志文件系统使用了“两阶段提交”的方式来维护待处理事务。如果在文件系统尚未执行 shutdown 命令前就关机，下次重新开机会造成文件系统的资料不一致，这时必须做文件系统的重整工作，将不一致与错误的地方修复。然而，这种工作是相当耗时的，特别是容量大的文件系统，而且也不能百分之百保证所有的资料都不会流失。

3. ext4

ext4（Fourth extended filesystem，第四代扩展文件系统）是 ext3 的改进版本，支持较高的存储容量。ext3 文件系统最多只能支持 32TB 的文件系统和 2TB 的文件，根据使用的具体架构和系统设置，实际容量上限可能比这个数字还要低，即只能容纳 2TB 的文件系统和 16GB 的文件。而 ext4 的文件系统容量高达 1EB，而文件容量则达到 16TB，这是一个非常大的数字了。对一般的台式机和服务器而言，这可能并不重要，但对于大型磁盘阵列的用户而言，这就非常重要了。

5.1.2 xfs 文件系统

从 CentOS 7 开始，Linux 默认的文件系统由 ext4 更改为了 xfs。xfs 是一种高性能的日志文件系统，当机器宕机时，它可以快速恢复被破坏的文件，而且只需要很低的计算和存储性能。ext 系列虽然支持度很广，但是格式化较慢，特别是磁盘容量较大时，这种缺点尤其明显。ext 系列处理文件格式化的时候，会预先规划出所有的 inode 和区块等数据，但是这种做法只适合磁盘容量不太大的情况。

xfs 被开发用于高容量磁盘和高性能文件系统，而且几乎具备了 ext4 文件系统的所有功能。ext4 受限于磁盘容量和兼容问题，可扩展性不如 xfs。经过多年的发展，xfs 的各种细节已经优化得比较好了。与其他文件系统相比，xfs 文件系统主要有以下几个特性。

- 数据完全性。当机器意外宕机后，xfs 开启的日志功能会避免磁盘上的文件遭到破坏。无论当前文件系统上存储的文件数量多少，它都可以在短时间内迅速恢复磁盘文件的内容。
- 传输特性。xfs 采用优化算法，日志记录对整体的文件操作影响很小，且能够提供快速的反映时间。
- 可扩展性。xfs 支持上百万 TB 的存储空间，支持特大文件和特大数量的目录。

在传统的磁盘应用中，一个分区只会被格式化成为一个文件系统，所以才会说一个文件系统就是一个硬盘分区。但是现在出现了很多新技术，比如 LVM、RAID，这些技术可以将一个分区格式化成多个文件系统。因此，我们现在可以说一个能被挂载的数据是一个文件系统。文件系统的运行与操作系统中的文件有关，文件除了本身的内容之外，还包含了很多属性，比如文件的权限（rwx）和文件的所属用户。文件系统通常会将权限等属性存放在 inode 中，实际数据则存放在数据区块中。如果文件较大，会占用多个区块。

inode 用于记录文件的属性，一个文件占一个 inode，同时也会记录该文件数据所在的区块号码。如果知道文件的 inode，就可以知道文件所放置数据的区块号码，就能够读取该文件的实际数据了。文件系统在最初就会把 inode 和数据区块规划好，不再变动。

inode 记录的数据有文件的权限、所属用户和用户组、文件大小和时间（atime、ctime、mtime）等。每个 inode 都有固定的大小，每个文件只会占用一个 inode。文件系统可以建立的文件数量与 inode 也有关系。

除了 inode 和数据区块，超级区块（superblock）会记录文件系统的整体信息，包括 inode 和数据区块的总量、大小以及它们的使用情况，同时也会记录文件系统的挂载时间等与文件系统相关的信息。超级区块也很重要，如果它损坏了，我们可能需要花费很长的时间来恢复文件系统。

5.1.3　硬链接和符号链接

在介绍文件类型时，我们提到了链接文件。Linux 系统中的链接文件有两种，分别是硬链接文件和符号链接文件。虽然创建这两种文件时都会用到 ln 命令，但是这两种链接文件的创建方法和特点有所不同。

1. 硬链接

硬链接（Hard Link）通过文件系统的 inode 进行链接，并不会产生新的文件，只是在某个目录中新增一条文件名链接到某个 inode 的关联记录。硬链接文件和原始文件其实是同一个文件，只是名字不同。即使将原始文件删除，也可以通过硬链接文件访问文件的内容。这是因为每创建一个硬链接，文件的 inode 连接数就会增加 1，只有当这个文件的 inode 连接数变成 0，才算是彻底删除了这个文件。不过硬链接也是有限制的，硬链接不能跨文件系统，也不能链接目录。

默认情况下，使用 ln 命令不加任何选项会产生硬链接文件。

语法：

```
ln 原始文件 硬链接文件
```

例 5-1　创建硬链接文件

/etc/fstab 文件用来存放文件系统的静态信息，下面以这个文件为例创建硬链接文件。使用 ln 命令创建的 fstab_hl 是/etc/fstab 文件的硬链接文件，指定 ls 命令的-i 选项可以查看文件的 inode 信息，具体如下。

```
[root@mylinux ~]# ln /etc/fstab fstab_hl          //创建硬链接文件 fstab_hl
[root@mylinux ~]# ls -li /etc/fstab fstab_hl      //查看 inode 信息
16777347 -rw-r--r--. 2 root root 579 Sep  7 11:48 /etc/fstab
16777347 -rw-r--r--. 2 root root 579 Sep  7 11:48 fstab_hl
```

从上述命令结果可以看出，文件/etc/fstab 和硬链接文件 fstab_hl 的 inode 号码相同，都是 16777347。除了 inode 号码，这两个文件的其他属性也是相同的。

2. 符号链接

符号链接（Symbolic Link）可以快速链接到原始文件，与 Windows 中的快捷方式功能类似。符号链接就是建立一个独立的文件，因此符号链接和原始文件有不同的 inode。符号链接文件中记录了指向原始文件的路径信息。符号链接可以跨文件系统进行链接，也可以链接目录。如果原始文件被删除，符号链接仍然存在，但是指向的将会是一个无效链接。

与创建硬链接不同，创建符号链接时需要搭配 ln 命令的相关选项。

语法：

```
ln [选项] 原始文件 符号链接文件
```

选项说明：

- -s：创建符号链接文件。
- -f：强制创建文件或目录的链接。
- -v：显示创建链接的过程。

例 5-2　创建符号链接文件

创建符号链接时需要指定-s 选项，file1_hl 是原始文件 file1 的硬链接，file1_sl 是 file1 的符号链接。使用 ls -li 可以看到这三个文件的具体信息，很明显符号链接文件的 inode 号码与原始文件 file1 并不相同，文件的权限、大小和时间也不相同，具体如下。

```
[root@mylinux ~]# ln file1 file1_hl           //创建硬链接 file1_hl
[root@mylinux ~]# ln -s file1 file1_sl       //创建符号链接 file1_sl
[root@mylinux ~]# ls -li file1*
35845728 -rw-r--r--. 2 root root 41 Oct  9 15:13 file1                //原始文件
35845728 -rw-r--r--. 2 root root 41 Oct  9 15:13 file1_hl             //硬链接文件
35845710 lrwxrwxrwx. 1 root root  5 Oct  9 15:15 file1_sl -> file1    //符号链接文件
```

例 5-3　删除原始文件

我们在删除原始文件 file1 时，硬链接文件 file1_hl 可以正常读取，而符号链接文件 file1_sl 无法打开，会出现没有那个文件或目录的提示信息，具体如下。

```
[root@mylinux ~]# cat file1      //查看原始文件 file1 的内容
I am a TEST file
Hard Link
Symbolic Link
[root@mylinux ~]# rm file1       //删除 file1 文件
rm: remove regular file 'file1'? y
[root@mylinux ~]# cat file1_hl //查看硬链接 file1_hl 的内容
I am a TEST file
Hard Link
Symbolic Link
[root@mylinux ~]# cat file1_sl //无法查看符号链接 file1_sl 的内容
cat: file1_sl: No such file or directory
```

如果对链接文件的内容进行修改，原始文件的内容也会随之改变。由于硬链接的种种限制，符号链接的应用会相对更广泛一些。

5.2　磁盘管理

磁盘是计算机重要的一个部件，计算机中的数据都保存在磁盘中，比如 MySQL 数据、Linux 系统日志及其他的应用日志，还有很多视频、音频、图片等文件都是保存在磁盘中，所以磁盘是计算机不可或缺的一个部件。对于系统管理员来说，磁盘管理也是非常重要的一个部分。

5.2.1　磁盘分区格式

在对磁盘进行分区之前，我们首先需要确认磁盘分区表的格式是 MBR 还是 GPT。这两种分区格式所使用的分区工具有所不同。比如 fdisk 管理工具只能创建 MBR 分区，而 gdisk 管理工具则用于创建 GPT 分区。只有更好地了解磁盘分区的基础知识，我们才能更好地利用之后介绍的分区管理工具对磁盘进行合理分区。

1. MBR 分区格式

MBR（Master Boot Record，主引导记录）分区分为主分区、扩展分区和逻辑分区。一块磁盘最多只能创建 4 个主分区，一个扩展分区会占用一个主分区的位置，而逻辑分区是基于扩展分区创建出来的。扩展分区和逻辑分区有如下关系。

- 先有扩展分区，然后在扩展分区的基础上再创建逻辑分区。也就是说我们要使用逻辑分区，必须先创建扩展分区。
- 扩展分区的空间是不能被直接使用的，必须在扩展分区的基础上建立逻辑分区才能被使用。

2. GPT 分区格式

GPT（GUID Partition Table，全局唯一标识分区表）是一个较新的分区机制，解决了 MBR 分区格式的很多缺点。GPT 支持超过 2TB 的磁盘，并且向后兼容 MBR 分区格式。

- GPT 有 64bit 寻址空间，而 MBR 对硬盘空间地址寻址最多只支持 32bit。硬盘空间是以地址方式来被识别的，所以 MBR 只支持容量为 2TB 以内的磁盘。
- 底层硬件必须支持 UEFI（Intel 提出取代 BIOS 的新一代引导系统）才能使用，也就是底层硬件必须使用 UEFI。
- 必须使用 64 位操作系统。
- Mac 和 Linux 系统都能支持 GPT 分区格式。

大牛成长之路：磁盘分区

分区并不是磁盘的物理功能，而是软件功能。通常情况下，我们的磁盘采用 MBR 分区，但是 MBR 磁盘最大仅能支持 2T 的空间，那么对于 2T 以上的空间就得采用 GPT 分区。

如果你查看分区格式显示的是 msdos，其实就是 MBR 分区格式。早期 Linux 系统为了兼容

Windows 的磁盘，使用的是支持 Windows 系统的 MBR 方式处理启动引导程序和分区表。

5.2.2 查看磁盘容量

在使用分区管理工具对磁盘分区之前，我们还需要了解磁盘的整体使用情况。通过前面的介绍可以知道，磁盘的整体数据在超级块中，每个文件的容量记载在 inode 中。本节将介绍两个查看磁盘容量的命令，帮助我们了解这些数据的具体情况。

1. df 命令

df 命令可以查看文件系统的整体磁盘使用情况，我们可以使用这个命令查看磁盘已使用的空间和剩余的空间。

语法：

```
df [选项] 文件名
```

选项说明：

- -a：显示所有的文件系统，包括虚拟文件系统。
- -h：以易读的 KB、MB、GB 等格式显示。
- -k：以 KB 的格式显示文件系统信息。
- -m：以 MB 的格式显示文件系统信息。
- -i：列出 inode 信息。

例 5-4　以默认格式显示文件系统的使用情况

不加任何选项执行 df 命令，可以将系统中所有的文件系统以 1KB 的容量全部列出来，以默认格式显示文件系统使用情况的相关命令如下。

```
[root@ mylinux ~]# df        //以默认格式显示文件系统的使用情况
Filesystem           1K-blocks      Used Available Use% Mounted on
devtmpfs                909016         0    909016   0% /dev
tmpfs                   924732         0    924732   0% /dev/shm
tmpfs                   924732      9776    914956   2% /run
tmpfs                   924732         0    924732   0% /sys/fs/cgroup
/dev/mapper/cl-root   31441920 5088536    26353384  17% /
/dev/sda1               487634  135022      322916  30% /boot
tmpfs                   184944       28     184916   1% /run/user/42
tmpfs                   184944     3496     181448   2% /run/user/0
```

以上的执行结果中有 6 个字段，下面分别说明它们的含义。

- Filesystem：显示的是文件系统的名称，表示该文件系统所在的硬盘分区。
- 1K-blocks：以 KB 的形式显示容量，也可以指定其他选项改变这个显示的格式。
- Used：已用的磁盘空间。
- Available：可用的磁盘空间。
- Use%：磁盘的使用率。如果某个文件系统的使用率过高，需要注意一下，尽量避免因容量不足造成的系统问题。
- Mounted on：磁盘的挂载点（挂载目录）。

例 5-5　以易读的方式显示文件系统的信息

指定-h 选项可以以易读的格式显示文件系统的信息，这里文件系统的大小以 MB 为单位显示，相比之前较大的数字，这样更容易让人理解，具体如下。

```
[root@mylinux ~]# df -h          //以容易理解的方式显示文件系统的信息
Filesystem               Size  Used Avail Use% Mounted on
devtmpfs                 888M     0  888M   0% /dev
tmpfs                    904M     0  904M   0% /dev/shm
tmpfs                    904M  9.6M  894M   2% /run
tmpfs                    904M     0  904M   0% /sys/fs/cgroup
/dev/mapper/cl-root       30G  4.9G   26G  17% /
/dev/sda1                477M  132M  316M  30% /boot
tmpfs                    181M   28K  181M   1% /run/user/42
tmpfs                    181M  3.5M  178M   2% /run/user/0
```

例 5-6　查看/etc 目录的使用情况

我们可以以易读的方式查看/etc 目录下可用的磁盘容量。在 df 命令后面加上文件名或者目录名时，该命令会自动帮我们分析这个文件或目录所在的硬盘分区，然后显示磁盘分区的容量。通过这种方式，我们可以了解/etc 目录的可用空间，具体如下。

```
[root@mylinux ~]# df -h /etc          //查看/etc 目录的使用情况
Filesystem            Size  Used Avail Use% Mounted on
/dev/mapper/cl-root   30G  4.9G  26G  17% /
```

例 5-7　查看可用的 inode 数量

-i 和-h 搭配使用可以将当前分区中可用的 inode 数量列出来，具体如下。

```
[root@mylinux ~]# df -ih          //显示可用的 inode 数量
Filesystem            Inodes IUsed IFree IUse% Mounted on
devtmpfs                222K   381  222K    1% /dev
tmpfs                   226K     1  226K    1% /dev/shm
tmpfs                   226K   816  225K    1% /run
tmpfs                   226K    17  226K    1% /sys/fs/cgroup
/dev/mapper/cl-root      15M  117K   15M    1% /
/dev/sda1               126K   309  125K    1% /boot
tmpfs                   226K    22  226K    1% /run/user/42
tmpfs                   226K    37  226K    1% /run/user/0
```

在这些结果中，除了要注意文件系统的整体使用情况，还需要特别留意根目录（/）的可用空间。系统中的所有数据都是以根目录为基础，根目录的可用空间较少或者为 0 时，整个系统将会出现问题。

2. du 命令

du 命令可以查看磁盘的使用情况，统计文件或目录（包括子目录）使用的磁盘空间。

语法：

```
du [选项] 文件名
```

选项说明：

- -a：显示所有文件和目录的大小。默认只显示目录下的文件大小。
- -h：以易读的 K、M、G 等格式显示。
- -k：以 KB 为单位显示容量信息。
- -m：以 MB 为单位显示容量信息。
- -s：只显示目录或文件的总容量，而不是显示每个目录占用的空间。

例 5-8　显示当前目录下所有子目录的容量

与 df 不同，du 命令会直接去文件系统中查找所有的文件信息。默认情况下，使用 du 命令输出的容量以 KB 为单位。不加任何选项执行 du 命令，只会显示目录的容量，并不会包括文件的容量，相关命令如下。

```
[root@mylinux ~]# du        //显示当前目录下所有子目录的容量
4./.cache/dconf
0./.cache/libgweather
......(中间省略)......
444./Pictures
0./Videos
0./.pki/nssdb
0./.pki
16288.        //显示当前目录的总容量
```

例 5-9　查看/etc 目录下文件和子目录占用容量

查看目录总容量时可以搭配通配符 * 表示每个目录，这是我们经常用到的操作方式。查看/etc 目录下文件和子目录占用容量的命令如下。

```
[root@mylinux ~]# du -s /etc/*      查看/etc 目录下文件和子目录占用的容量
4/etc/adjtime
4/etc/aliases
12/etc/alsa
4/etc/alternatives
......(中间省略)......
8/etc/xml
0/etc/yum
0/etc/yum.conf
48/etc/yum.repos.d
```

如果想查看根目录下每个目录占用的容量，也可以使用通配符的方式，比如 du -s / * 。如果想以 MB 的格式显示容量大小，可以使用 du -sm / * 方式显示/目录下容量的使用情况。

小白逆袭：物理设备命名规则

Linux 中的所有设备都被抽象为一个文件，保存在/dev/目录下。下面介绍一些常见的硬件设备和文件名称。

- SCSI、SATA、USB：/dev/sd［a-p］，一台主机可以有多块硬盘，a 到 p 代表 16 块不同的硬盘，默认从 a 开始分配。
- IDE：/dev/hd［a-d］，现在 IDE 设备已经很少见了，常用以/dev/sd 开头的设备。
- Virtio 接口：/dev/vd［a-p］，用于虚拟机内。
- 软盘驱动器：/dev/fd［0-1］。
- 打印机：/dev/lp［0-2］用于 25 针打印机，/dev/usb/lp［0-15］用于 USB 接口的打印机。
- 鼠标：/dev/usb/mouse［0-15］用于 USB 接口，/dev/psaux 用于 PS/2 接口。
- CD-ROM、DVD-ROM：/dev/scd［0-1］通用，/dev/sr［0-1］CentOS 中较常见，/dev/cdrom 当前 CD-ROM。
- 磁带机：/dev/st0 用于 SATA、SCSI 界面，/dev/ht0 用于 IDE 界面。

主分区或扩展分区的编号从 1 开始，到 4 结束。以/dev/sda 为例，主分区从 sdb1 开始到 sdb4，逻辑分区从 sdb5 开始（逻辑分区永远从 sdb5 开始）。

5.2.3 【实战案例】添加硬盘设备

默认情况下，Linux 中只有一块硬盘设备，就是/dev/sda。如果想添加一块硬盘设备，默认就是/dev/sdb。学会添加硬盘，可以方便我们使用分区管理命令对磁盘进行分区。下面通过虚拟机软件演示如何添加硬盘。

扫码观看教学视频

步骤 1：首先虚拟机需要处于关机状态，然后在虚拟机的管理主界面单击“编辑虚拟机设置”按钮，在弹出的“虚拟机设置”对话框中单击“添加”按钮，添加硬盘设备，如图 5-1 所示。

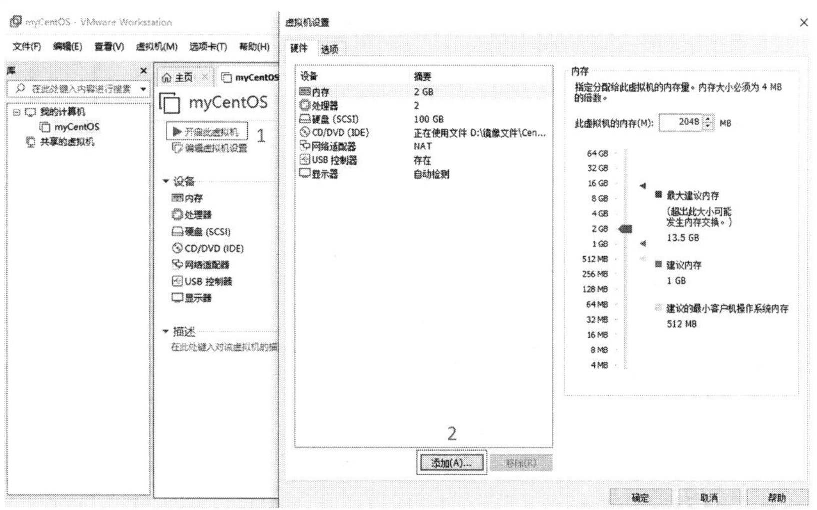

图 5-1　添加硬盘设备

步骤 2：在弹出的“添加硬件向导”对话框中选择想要添加的硬件类型，即选择“硬盘”选项，然后单击“下一步”按钮，如图 5-2 所示。

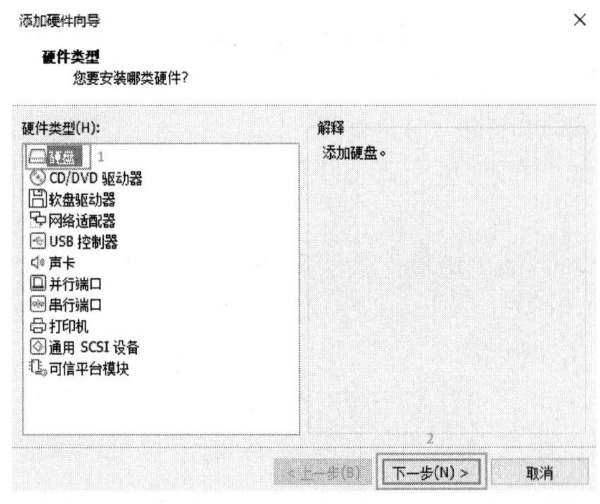

图 5-2　选择硬件类型

步骤 3：在选择虚拟磁盘类型时，保持默认推荐的选项，即 SCSI，然后继续单击“下一步”按钮，如图 5-3 所示。

步骤 4：在选择磁盘时同样保持默认选项，即选中“创建新虚拟磁盘”单选按钮，继续单击“下一步”按钮，如图 5-4 所示。

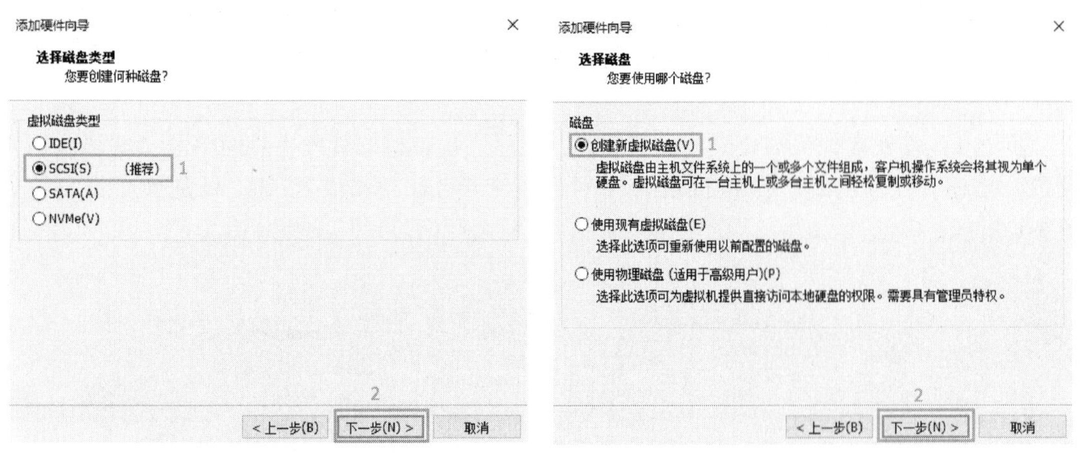

图 5-3　选择虚拟磁盘类型　　　　图 5-4　选择磁盘

步骤 5：在指定磁盘容量大小时，默认是 20GB，这个数字表示新添加的这块硬盘容量是 20GB，也是这台虚拟机所能使用该硬盘的最大空间。这里保持默认的 20GB 大小就可以了，如图 5-5 所示。如果想设置成其他大小，可以直接修改这个数字。接着选择“将虚拟磁盘拆分成多个文件”单选按钮，然后单击“下一步”按钮。

步骤 6：指定磁盘文件的位置和文件名，这里也可以保持默认设置，如图 5-6 所示。用户也可以修改磁盘文件的位置和文件名。直接单击“完成”按钮，即可完成一块硬盘的添加操作。

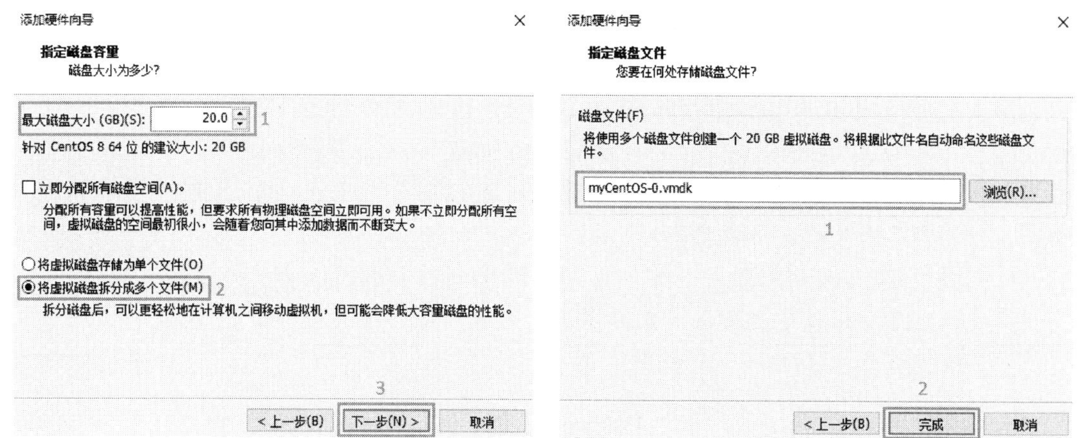

图 5-5　指定磁盘容量　　　　图 5-6　指定磁盘文件的位置

步骤 7：将新的硬盘添加好之后，可以在虚拟机的硬件设置信息中看到新硬盘的信息，如图 5-7 所示。之后直接单击“确定”按钮就可以了。

图 5-7　查看虚拟机硬件设置信息

以上就是硬盘的添加过程，开启虚拟机后执行 fdisk -l 命令可以看到新添加的硬盘信息，即新添加的 SCSI 设备被系统识别成了/dev/sdb，这就是新添加的硬盘设备文件。为了方便后续使用，在使用一块新硬盘之前需要进行分区。

5.2.4 【实战案例】分区管理

在使用分区管理命令时，需要明确 MBR 分区和 GPT 分区的区别。MBR 分区需要使用 fdisk 命令，而 GPT 分区使用 gdisk 命令。因此，我们在正式分区之前需要先查询一下是 MBR 分区表还是 GPT 分区表。对于管理员来说，磁盘管理是很重要的部分。

如果我们想在系统中增加一块磁盘，首先需要对磁盘进行划分，建立可用的硬盘分区。然后对硬盘格式化，建立可用的文件系统并检查。之后建立挂载点挂载文件系统就可以使用了。

扫码观看教学视频

1. fdisk 命令

fdisk 命令可以对磁盘进行分区，它是一个创建和维护分区表的程序，最大支持划分 2TB 的磁盘。

语法：

```
fdisk [选项] 设备名称
```

选项说明：

- -l：列出所有的分区表，包括没有挂载的分区和 USB 设备。

例 5-10　查看分区分区情况

在分区之前，我们可以执行 fdisk -l 命令查看分区的情况。在下面的执行结果中，可以看到默认的/dev/sda 分区情况和新添加的/dev/sdb 设备情况。

```
[root@ mylinux ~]# fdisk -l
Disk /dev/sda: 100 GiB, 107374182400 bytes, 209715200 sectors
Units: sectors of 1 * 512 = 512 bytes
Sector size (logical/physical): 512 bytes / 512 bytes
I/O size (minimum/optimal): 512 bytes / 512 bytes
Disklabel type: dos
Disk identifier: 0x2511abaf
//下面是默认的/dev/sda 分区情况
Device     Boot  Start       End  Sectors  Size Id Type
/dev/sda1  *      2048   1026047  1024000  500M 83 Linux
/dev/sda2      1026048 68151295 67125248    32G 8e Linux LVM
    //下面是新添加的/dev/sdb 设备的情况,还没有分区
Disk /dev/sdb: 20 GiB, 21474836480 bytes, 41943040 sectors
Units: sectors of 1 * 512 = 512 bytes
Sector size (logical/physical): 512 bytes / 512 bytes
I/O size (minimum/optimal): 512 bytes / 512 bytes
......(以下省略)......
```

例 5-11　对/dev/sdb 进行分区

下面将会以/dev/sdb 为例演示分区操作。在执行 fdisk 命令的过程中还会用到一些常用

的参数，具体如下。

- m：查看全部可用的参数。
- n：添加一个新的分区。
- d：删除某个分区。
- l：显示所有可用的分区类型。
- p：显示分区表。
- w：保存并退出 fdisk 程序。
- q：不保存直接退出 fdisk 程序。

在了解了这些参数的含义后，下面将使用 fdisk 命令对/dev/sdb 硬盘设备进行分区，具体如下。

```
[root@mylinux ~]# fdisk /dev/sdb          //指定硬盘设备的名称
Welcome tofdisk (util-linux 2.32.1).
Changes will remain in memory only, until you decide to write them.
Be careful before using the write command.
Device does not contain a recognized partition table.
Created a new DOSdisklabel with disk identifier 0x5378d6fa.
Command (m for help):       //在这里可以输入参数
```

例 5-12　查看分区信息

在正式分区之前，可以先输入参数 p 查看分区信息，包括硬盘大小、扇区数量等。从下面的信息中，我们可以知道/dev/sdb 硬盘的大小为 20G。

```
Command (m for help): p     //输入 p 查看分区信息
Disk /dev/sdb: 20 GiB, 21474836480 bytes, 41943040 sectors
Units: sectors of 1 * 512 = 512 bytes
Sector size (logical/physical): 512 bytes / 512 bytes
I/O size (minimum/optimal): 512 bytes / 512 bytes
Disklabel type: dos
Disk identifier: 0x5378d6fa
```

例 5-13　创建分区

输入参数 n 可以开始创建新的分区。Partition type（分区类型）有两种，分别是主分区 p 和扩展分区 e。这里先从创建主分区开始，所以输入 p。然后会要求输入主分区的编号（Partition number），主分区的编号是从 1 到 4，默认从 1 开始。接下来就是起始扇区的位置（First sector），这里不需要输入任何参数，直接按 Enter 键就可以了。因为系统会帮我们自动计算靠前且空闲的扇区位置。之后就是指定这个主分区的容量了，输入 +5G 可以创建一个容量为 5GB 的硬盘分区，具体如下。

```
Command (m for help): n       //输入 n 创建新的分区
Partition type
  p  primary (0 primary, 0 extended, 4 free)
  e  extended (container for logical partitions)
Select (default p): p        //在这里输入 p 表示创建主分区
```

```
Partition number (1-4, default 1): 1     //主分区的编号,默认从 1 开始
First sector (2048-41943039, default 2048):  //此处按 Enter 键
Last sector, +sectors or +size{K,M,G,T,P} (2048-41943039, default 41943039): +
5G  //输入主分区的大小, +5G 表示指定 5G 的容量给新建的主分区
Created a new partition 1 of type 'Linux' and of size 5GiB.
```

例 5-14　查看新建分区信息

完成一个主分区的创建后，输入参数 p 可以看到新创建的/dev/sdb1 分区信息，包括起始扇区位置、结束扇区位置、扇区数和大小等，具体如下。

```
Command (m for help): p
Disk /dev/sdb: 20 GiB, 21474836480 bytes, 41943040 sectors
Units: sectors of 1 * 512  = 512 bytes
Sector size (logical/physical): 512 bytes / 512 bytes
I/O size (minimum/optimal): 512 bytes / 512 bytes
Disklabel type: dos
Disk identifier: 0x5378d6fa
Device     Boot Start       End   Sectors Size Id Type
/dev/sdb1           2048 10487807 10485760   5G 83 Linux
```

例 5-15　创建扩展分区

使用同样的方法创建主分区/dev/sdb2、/dev/sdb3，然后创建扩展分区。在分区类型的位置选择 e，创建扩展分区，具体如下。

```
Command (m for help): n
Partition type
   p   primary (3 primary, 0 extended, 1 free)
   e   extended (container for logical partitions)
Select (default e): e        //在这里输入 e 创建扩展分区
Selected partition 4      //这里默认分区编号为 4
First sector (23070720-41943039, default 23070720):  //此处按 Enter 键
Last sector,  + sectors  or  + size {K, M, G, T, P}  (23070720- 41943039,  default
41943039): +3G      //指定扩展分区的大小
Created a new partition 4 of type 'Extended' and of size 3GiB.
```

例 5-16　查看主分区和扩展分区信息

完成分区的创建后，输入参数 p 可以看到创建的 3 个主分区（/dev/sdb1、/dev/sdb2、/dev/sdb3）和 1 个扩展分区（/dev/sdb4），具体如下。

```
Command (m for help): p
Disk /dev/sdb: 20 GiB, 21474836480 bytes, 41943040 sectors
Units: sectors of 1  * 512  = 512 bytes
Sector size (logical/physical): 512 bytes / 512 bytes
I/O size (minimum/optimal): 512 bytes / 512 bytes
```

```
Disklabel type: dos
Disk identifier: 0x5378d6fa
Device      Boot     Start        End  Sectors Size Id Type
/dev/sdb1            2048 10487807 10485760   5G 83 Linux
/dev/sdb2       10487808 14682111  4194304   2G 83 Linux
/dev/sdb3       14682112 23070719  8388608   4G 83 Linux
/dev/sdb4       23070720 29362175  6291456   3G  5 Extended
```

例 5-17　删除分区

如果想要删除一个分区，可以输入参数 d，然后输入需要删除的分区编号，比如删除编号为 2 的分区。成功删除后，再次输入参数 p 可以看到已经没有/dev/sdb2 这个分区了，具体如下。

```
Command (m for help): d   //输入 d 删除一个分区
Partition number (1-4, default 4): 2     //输入分区的编号
Partition 2 has been deleted.
Command (m for help): p    //再次查看分区信息
Disk /dev/sdb: 20 GiB, 21474836480 bytes, 41943040 sectors
Units: sectors of 1 * 512 = 512 bytes
Sector size (logical/physical): 512 bytes / 512 bytes
I/O size (minimum/optimal): 512 bytes / 512 bytes
Disklabel type: dos
Disk identifier: 0x5378d6fa
Device      Boot     Start        End  Sectors Size Id Type
/dev/sdb1            2048 10487807 10485760   5G 83 Linux
/dev/sdb3       14682112 23070719  8388608   4G 83 Linux
/dev/sdb4       23070720 29362175  6291456   3G  5 Extended
```

例 5-18　保存并退出

输入参数 w 会保存并退出 fdisk 分区程序，具体如下。

```
Command (m for help): w        //保存并退出
The partition table has been altered.
Callingioctl() to re-read partition table.
Syncing disks.
```

例 5-19　查看设备文件的属性

完成分区操作后，Linux 系统会自动将分区抽象成设备文件。我们可以使用 file 命令查看设备文件的属性，比如查看/dev/sdb1 这个设备文件，具体如下。

```
[root@mylinux ~]# file /dev/sdb1
/dev/sdb1: block special (8/17)
```

分区创建好之后，还需要进行格式化和挂载操作才能使用。

小白逆袭：手动同步分区信息

如果使用 file 命令查看设备文件的属性时，出现“无法打开（没有那个文件或目录）”的提示信息，说明系统没有自动将分区信息同步到 Linux 内核。遇到这种情况我们可以使用 partprobe 命令手动将分区信息同步到 Linux 内核中。连续执行两次 partprobe 命令，效果会更好。如果执行 partprobe 命令还不能解决同步的问题，可以尝试重启系统。

2. gdisk 命令

gdisk 命令可以对磁盘进行分区，主要用来划分容量大于 2T 的硬盘，最大支持 18EB。

语法：

```
gdisk [选项] 设备名称
```

选项说明：

gdisk 命令和 fdisk 命令的使用方式很相似，也有几个常用的参数，具体如下。

- -l：列出一个磁盘上的所有分区表。
- n：增加一个新的分区。
- d：删除一个分区。
- p：显示分区表信息。
- w：保存分区信息并退出 gdisk 程序。
- q：不保存直接退出 gdisk 程序。
- i：显示分区的详细信息。
- l：列出已知分区的类型。

例 5-20　使用 gdisk 命令分区

使用 gdisk 命令对/dev/sdb 硬盘设备分区，以下命令中的结果表示已经进入 gdisk 工具的管理界面。

```
[root@ mylinux ~]# gdisk /dev/sdb      //指定硬盘设备的名称
GPTfdisk (gdisk) version 1.0.3
Partition table scan:
  MBR: not present
  BSD: not present
  APM: not present
  GPT: not present
Creating new GPT entries.
Command (? for help):      //在这里可以输入不同的参数
```

输入参数 n 开始新建分区，分区号默认从 1 开始，可以输入 1，也可以直接按 Enter 键。在 First sector（起始扇区）位置直接按 Enter 键，系统会自动计算起始扇区的位置。在 Last sector（结束扇区）位置输入 +3G 表示为该分区分配 3GB 的容量。使用 + 容量的方式，gdisk 可以自动帮我们计算最接近该容量的扇区号码。如果在 Last sector 这里使用了默认值，那么系统会默认将磁盘所有的容量用完。

在 Hex code or GUID 这一行可以直接按 Enter 键，这里主要是让我们选择该分区需要使用的文件系统，默认是 Linux 文件系统（代码是 8300）。如果在这里输入 L，可以查看所有的代码，具体如下。

```
Command (? for help): n      //输入 n 开始创建分区
Partition number (1-128, default 1): 1  //输入分区号码
First sector (34-41943006, default = 2048) or {+-}size{KMGTP}:  //按 Enter 键
Last sector (2048-41943006, default = 41943006) or {+-}size{KMGTP}: +3G  //指定容量
Current type is 'Linuxfilesystem'
Hex code or GUID (L to show codes, Enter = 8300):  //按 Enter 键
Changed type of partition to 'Linuxfilesystem'
```

例 5-21　查看分区表信息

输入 p 可以查看分区表信息，具体如下代码上半部分信息显示的是磁盘整体的状态，比如扇区数 sectors = 41943040、大小为 20.0 GiB、可用空间为 17.0 GiB 等。下半部分显示的是每个分区的信息。

```
Command (? for help): p
Disk /dev/sdb: 41943040 sectors, 20.0 GiB  //显示磁盘文件名、扇区数、容量
Model: VMware Virtual S
Sector size (logical/physical): 512/512 bytes
Disk identifier (GUID): 110A707F-BF34-44A1-8600-B6DD6AAC4E6A  //磁盘的 GPT 标识码
Partition table holds up to 128 entries
Main partition table begins at sector 2 and ends at sector 33
First usable sector is 34, last usable sector is 41943006
Partitions will be aligned on 2048-sector boundaries
Total free space is 35651517 sectors (17.0 GiB)     //磁盘空闲的容量
Number  Start (sector)    End (sector)  Size       Code  Name  //第一个分区的信息
  1             2048         6293503   3.0 GiB    8300  Linuxfilesystem
```

下面解释一下分区表下半部分各字段的含义。

- Number：分区编号。
- Start（sector）：每一个分区开始扇区的号码。
- End（sector）：每一个分区结束扇区的号码。
- Size：分区的容量。
- Code：该分区内可能的文件系统类型。Linux 为 8300，swap 为 8200。
- Name：文件系统的名称。

例 5-22　查看两个分区信息

使用同样的方法可以创建第二个分区，现在已经有了两个分区，查看两个分区信息的命令如下。

```
Command (? for help): p
Disk /dev/sdb: 41943040 sectors, 20.0 GiB
```

```
Model: VMware Virtual S
Sector size (logical/physical): 512/512 bytes
Disk identifier (GUID): 110A707F-BF34-44A1-8600-B6DD6AAC4E6A
Partition table holds up to 128 entries
Main partition table begins at sector 2 and ends at sector 33
First usable sector is 34, last usable sector is 41943006
Partitions will be aligned on 2048-sector boundaries
Total free space is 31457213 sectors (15.0 GiB)
//两个分区的信息
Number  Start (sector)    End (sector)  Size       Code  Name
   1            2048         6293503   3.0 GiB     8300  Linux filesystem
   2         6293504        10487807   2.0 GiB     8300  Linux filesystem
```

例 5-23　删除分区

输入参数 d 可以删除一个分区，这里选择删除第二个分区，所以输入分区编号 2。再次输入参数 p 可以看到第二个分区已经被删除了，具体如下。

```
Command (? for help): d      //删除一个分区
Partition number (1-2): 2   //输入分区编号
Command (? for help): p      //再次查看分区表信息
Disk /dev/sdb: 41943040 sectors, 20.0 GiB
Model: VMware Virtual S
Sector size (logical/physical): 512/512 bytes
Disk identifier (GUID): 110A707F-BF34-44A1-8600-B6DD6AAC4E6A
Partition table holds up to 128 entries
Main partition table begins at sector 2 and ends at sector 33
First usable sector is 34, last usable sector is 41943006
Partitions will be aligned on 2048-sector boundaries
Total free space is 35651517 sectors (17.0 GiB)
//只有第一个分区的信息
Number  Start (sector)    End (sector)  Size       Code  Name
   1            2048         6293503   3.0 GiB     8300  Linuxfilesystem
```

例 5-24　保存并退出 gdisk 分区程序

完成分区的创建后，输入参数 w 可以保存并退出 gdisk 分区程序。如果没有问题的话，就输入 Y，具体如下。

```
Command (? for help): w      //保存并退出
Final checks complete. About to write GPT data. THIS WILL OVERWRITE EXISTING
PARTITIONS!!
Do you want to proceed? (Y/N): Y      //输入 Y 继续执行保存和退出操作
OK; writing new GUID partition table (GPT) to /dev/sdb.
The operation has completed successfully.
```

需要注意的是，不要去处理正在使用的分区，这会造成内核无法更新分区表的信息。也会造成文件系统与 Linux 系统的稳定性问题。

3. parted 命令

parted 命令可以同时支持 MBR 和 GPT 两种分区类型，是一个非常好用的命令。它支持 2TB 以上的磁盘分区，并且允许调整分区的大小。

语法：

```
parted [选项] [设备名称] [子命令]
```

选项说明：

parted 命令有很多子命令，这一点与前面两个命令不同。parted 搭配不同的子命令可以使用一行命令完成分区。

- -l：列出所有设备的分区信息。
- mkpart [分区类型] [文件系统类型] [起始位置] [结束位置]：分区类型有 primary（主分区）、logical（逻辑分区）和 extended（扩展分区），文件系统类型有 ext4、xfs、linux-swap、ntfs、fat32 等。
- mklable [标签类型]：指定分区表格式，比如 msdos（MBR）或 GPT。
- print：打印分区表信息。
- rm [分区编号]：删除指定的分区。
- quit：退出 parted 程序。

例 5-25　打印分区表信息

使用 parted 命令搭配子命令 print 可以打印指定设备的分区表信息，具体如下。

```
[root@mylinux ~]# parted /dev/sdb print    //打印分区表信息
Model: VMware, VMware Virtual S (scsi)    //磁盘类型
Disk /dev/sdb: 21.5GB    //磁盘文件名和大小
Sector size (logical/physical): 512B/512B    //每个扇区的大小
Partition Table:gpt    //分区表类型
Disk Flags:
Number  Start   End     Size    File system  Name              Flags
1       1049kB  3222MB  3221MB               Linux filesystem
```

在上面显示的分区表信息中，我们主要解释 6 个字段的含义。

- Number：分区编号，1 表示/dev/sdb1 这个分区。
- Start：分区的起始位置，即/dev/sdb1 分区的起始位置在这块磁盘的 1049KB 处。
- End：分区的结束位置，即/dev/sdb1 分区的结束位置在这块磁盘的 3222MB 处。
- Size：分区的大小，由 End 和 Start 可以得到该值。
- File system：表示可能的文件系统类型。
- Name：相当于 gdisk 的 System ID。

例 5-26　统一单位显示分区信息

Start 和 End 的显示单位会有不一致的情况，比如上面/dev/sdb1 分区起始位置的单位是 KB，而结束位置的单位是 MB。我们也可以统一使用 MB 显示分区信息，具体如下。

```
[root@mylinux ~]# parted /dev/sdb unit mb print
Model: VMware, VMware Virtual S (scsi)
Disk /dev/sdb: 21475MB
Sector size (logical/physical): 512B/512B
Partition Table:gpt
Disk Flags:
//下面 Start 的单位已经由之前的 KB 变成了 MB
Number  Start   End     Size    File system  Name              Flags
1       1.05MB  3222MB  3221MB               Linux filesystem
```

通过上面分区表中的信息可以看到，Start 的单位已经变成 MB，这种方式可以让用户更容易理解 Start、End、Size 三者之间的联系。

例 5-27　以 GB 的方式显示分区表信息

下面使用 parted 命令和 mkpart 子命令新建一个主分区，文件系统类型为 xfs，起始位置是 3.22GB，结束位置是 5.22GB。新分区的起始位置需要在前一个分区结束位置的后面，所以我们需要明确前一个分区的结束位置。该分区的结束位置就是分区大小加上该分区的起始位置，即 3.22GB + 2GB = 5.22GB，具体如下。

```
[root@mylinux ~]# parted /dev/sdb unit gb print   //以 GB 的方式显示分区表信息
Model: VMware, VMware Virtual S (scsi)
Disk /dev/sdb: 21.5GB
Sector size (logical/physical): 512B/512B
Partition Table:gpt
Disk Flags:
//下面是以 GB 为单位显示的起始位置和结束位置
Number  Start  End    Size    File system  Name              Flags
1       0.00GB 3.22GB 3.22GB               Linux filesystem
[root@mylinux ~]# parted /dev/sdb mkpart primary xfs 3.22GB 5.22GB   //新建分区
[root@mylinux ~]# parted /dev/sdb unit gb print   //再次显示分区表信息
Model: VMware, VMware Virtual S (scsi)
Disk /dev/sdb: 21.5GB
Sector size (logical/physical): 512B/512B
Partition Table:gpt
Disk Flags:
Number  Start   End     Size    File system  Name              Flags
1       0.00GB  3.22GB  3.22GB               Linux filesystem
2       3.22GB  5.22GB  2.00GB               primary
```

例 5-28　指定分区编号删除分区

上述这种使用一行命令就可以创建分区的方式很方便。如果想删除一个分区可以使用 rm 子命令。指定分区编号删除分区的相关命令如下。

```
[root@mylinux ~]# parted /dev/sdb rm 2       //指定分区编号删除分区
[root@mylinux ~]# parted /dev/sdb unit gb print     //再次查看分区表信息
```

```
Model: VMware, VMware Virtual S (scsi)
Disk /dev/sdb: 21.5GB
Sector size (logical/physical): 512B/512B
Partition Table:gpt
Disk Flags:
Number  Start   End     Size    File system  Name             Flags
1       0.00GB  3.22GB  3.22GB               Linux filesystem
```

从上面显示的分区表中可以看到，已经删除了分区编号为 2 的分区。另外，我们还可以通过 mklable 子命令转化分区表类型。比如将/dev/sdb 分区由之前的 GPT 类型改成 MBR 类型，可以执行 parted /dev/sdb mklable mbr 命令。不过，这种转换方式会损坏后续的分区，并不建议这种转换操作。

5.3 管理文件系统

新添加了一个块硬盘后，我们首先需要对其进行分区，然后格式化分区，之后 Linux 系统才可以在格式化后的分区上对文件进行管理和维护。在一个新的装有 Windows 系统的计算机中，一般会将硬盘划分成多个逻辑盘，然后将逻辑盘格式化为 NTFS 或者 FAT32 文件系统。其实 Linux 中的磁盘分区和格式化分区与 Windows 中类似，只是称呼不同。将分区格式化为文件系统后，才能执行挂载操作并使用文件系统管理文件。

5.3.1 创建文件系统

完成分区操作之后，还需要对文件系统进行格式化。通过前面的学习，我们已经学会如何对一块新添加的硬盘进行分区，那么接下来就需要将每一个分区格式化为文件系统（创建文件系统）。

从 CentOS 7 开始，xfs 就成了默认的文件系统。在 Linux 系统中用于格式化操作的命令是 mkfs（make filesystem，创建文件系统），在终端输入 mkfs 命令后再连续按两次 Tab 键，可以看到下述命令中的结果。

```
[root@mylinux ~]# mkfs   //输入 mkfs 后连续按两次 Tab 键
mkfs          mkfs.ext2   mkfs.ext4   mkfs.minix  mkfs.vfat
mkfs.cramfs   mkfs.ext3   mkfs.fat    mkfs.msdos  mkfs.xfs
```

mkfs 可以用来在特定的分区上建立 Linux 文件系统，该命令将常用的文件系统名称以后缀的方式保存为多个命令文件。总结起来，mkfs 命令的用法就是 mkfs. 文件系统类型名称。比如我们需要将分区格式化为 xfs 文件系统类型，可以使用 mkfs. xfs 命令。下面将介绍 mkfs. xfs 命令的主要用法。

语法：

```
mkfs.xfs [选项] [设备名称]
```

选项说明：

- -b [block 大小]：此选项指定文件系统的基本块大小。

- -i：与 inode 相关的设置。

例 5-29　将分区/dev/sdb1 格式化为文件系统

使用 mkfs. xfs 命令不加任何选项直接指定分区创建文件系统的速度很快，下面介绍将分区/dev/sdb1 格式化为文件系统的操作，具体如下。

```
[root@mylinux ~]# mkfs.xfs /dev/sdb1       //将分区/dev/sdb1 格式化为文件系统
meta-data=/dev/sdb1              isize=512    agcount=4, agsize=196608 blks
         =                       sectsz=512   attr=2, projid32bit=1
         =                       crc=1        finobt=1, sparse=1, rmapbt=0
         =                       reflink=1
data                             =bsize=4096 blocks=786432, imaxpct=25
                                 =sunit=0     swidth=0 blks
naming   =version 2              bsize=4096   ascii-ci=0, ftype=1
log      =internal log           bsize=4096   blocks=2560, version=2
                                 =sectsz=512 sunit=0 blks, lazy-count=1
realtime =none                   extsz=4096   blocks=0, rtextents=0
```

例 5-30　查看文件系统信息

格式化操作会很快完成，上面的参数都是默认值。完成格式化操作后可以使用 blkid 命令确定创建好的文件系统。blkid 命令可以查看设备名称、UUID（Universally Unique Identifier，全局唯一标识码）、文件系统的类型（TYPE）等信息。

```
[root@mylinux ~]# blkid /dev/sdb1      //查看文件系统信息
/dev/sdb1: UUID="b0ba79ae-eaca-4637-998e-d7ed238f9560" TYPE="xfs" PARTLABEL="
Linux filesystem" PARTUUID="af9e4aac-d601-4b9f-b6da-66b8cf5327b0"
```

UUID 是一串很长的字符，它是独一无二的。对于系统管理员来说，使用 UUID 命令查看系统上文件系统的信息，一目了然。

5.3.2　文件系统的挂载与卸载

分区格式化为文件系统后还不能立即使用，我们还需要通过挂载点挂载文件系统后才可以使用它。Linux 系统的存储结构是以目录树的形式存在的，文件系统只有链接到目录树才可以被我们使用。挂载就是将目录树与文件系统结合的操作。挂载点必须是一个目录，且最好是一个空目录。如果是一个非空目录，那么该目录中的数据会暂时消失，等执行卸载操作后，数据才会显示出来。

1. 挂载

挂载文件系统之前，还需要明确作为挂载点的这个目录不要重复挂载多个文件系统，而且单一的文件系统也不要被重复挂载到多个挂载点中，最好是一个挂载点只挂载一个文件系统。

mount 命令可以用来挂载一个文件系统。该命令的用法很多，这里只介绍简单的挂载操作，要想了解更多内容，可以执行 man mount 命令查看更详细的说明。

语法：

```
mount [选项] [设备名称] [目录名称]
```

选项说明：

- -t [文件系统类型]：指定想要挂载的文件系统类型，支持 xfs、ext3、ext4、vfat、iso9660（光盘格式）等。

例 5-31　执行挂载操作

在执行挂载操作之前，先创建一个目录作为挂载点。之后执行 mount /dev/sdb1 /mfile 命令将/dev/sdb1 挂载到/mfile 目录中。最后使用 df -h 命令可以查看挂载状态和硬盘使用的情况等信息，相关命令如下。

```
[root@ mylinux ~]# mkdir /mfile        //创建空目录作为挂载点
[root@ mylinux ~]# mount /dev/sdb1 /mfile      //执行挂载操作
[root@ mylinux ~]# df -h      //查看挂载信息
Filesystem                Size  Used Avail Use% Mounted on
devtmpfs                  888M     0  888M   0% /dev
tmpfs                     904M     0  904M   0% /dev/shm
tmpfs                     904M  9.6M  894M   2% /run
tmpfs                     904M     0  904M   0% /sys/fs/cgroup
/dev/mapper/cl-root        30G  4.9G   26G  17% /
/dev/sda1                 477M  132M  316M  30% /boot
......(中间省略)......
/dev/sdb1                 3.0G   54M  3.0G   2% /mfile          //已挂载的文件系统
```

完成挂载后，就可以正常使用这个文件系统了。

2. 卸载

与挂载操作相比，卸载操作相对简单。在 Linux 系统中，umount 命令可以卸载文件系统。指定设备名或挂载点就可以卸载文件系统了。

语法：

```
umount [选项] [设备名称或挂载点]
```

选项说明：

- -n：卸载时不将信息写入/etc/mtab 文件中。
- -l：立即卸载文件系统，将文件系统从文件层次结构中分离出来。
- -f：强制卸载。

例 5-32　指定挂载点卸载文件系统

虽然可以使用设备名卸载文件系统，但是最好还是通过挂载点来卸载，这样可以避免一个设备有多个挂载点的情况。通过指定挂载点来卸载文件系统的相关代码如下。

```
[root@ mylinux ~]# umount /mfile   //指定挂载点卸载文件系统
```

例 5-33　在挂载点中卸载

在卸载文件系统时，如果出现 target is busy 这样的提示信息，表示正在使用该文件系统。在这种情况下想要成功卸载，需要先退出这个挂载点，再执行卸载操作就可以了，具体如下。

```
[root@ mylinux mfile]# umount /mfile      //在挂载点中卸载
umount: /mfile: target is busy.
```

```
[root@mylinux mfile]# cd ~      退出挂载点
[root@mylinux ~]# umount /mfile        //卸载成功
```

再次强调，正在使用中的文件系统是不能直接执行卸载操作的。

5.3.3 创建交换分区

交换分区 swap 是一块特殊的硬盘空间，当实际内存不够用时，系统会从内存中取出一部分暂时不用的数据放在交换分区中，这样可以为当前运行的程序腾出更多的内存空间。使用 swap 分区有一个显著的优点，即通过操作系统的调度，应用程序实际可以使用的内存空间将远远超过系统的物理内存。创建交换分区的最大限制是频繁地读写硬盘，会显著降低操作系统的运行速率。

创建交换分区需要明确以下几点。

- 先分区：使用之前介绍的分区命令创建一个分区作为 swap 分区。
- 格式化：格式化交换分区的命令与前面介绍的稍有不同，这里使用 mkswap 命令把分区格式化为 swap 分区。
- 启用 swap 分区：使用 swapon 命令启动这个 swap 设备。

例 5-34　使用 gdisk 命令创建分区

接下来按照上面介绍的顺序逐步创建交换分区。使用 gdisk 命令创建分区的时候，由于之前已经创建了一个分区，编号为 1，所以这里使用默认的分区编号 2。然后指定交换分区的大小。使用 gdisk 命令创建分区时会默认将分区的 ID 设置为 Linux filesystem，所以需要指定一下 System ID，这里输入 8200，具体如下。

```
[root@mylinux ~]# gdisk /dev/sdb      //使用 gdisk 命令创建分区
GPTfdisk (gdisk) version 1.0.3
Partition table scan:
  MBR: protective
  BSD: not present
  APM: not present
  GPT: present
Found valid GPT with protective MBR; using GPT.
Command (? for help): n      //创建新的分区
Partition number (2-128, default 2): 2      //指定分区编号
First sector (34-41943006, default = 6293504) or {+-}size{KMGTP}:  //按 Enter 键
Last sector (6293504-41943006, default = 41943006) or {+-}size{KMGTP}: +1G//分区
大小
Current type is 'Linuxfilesystem'
Hex code or GUID (L to show codes, Enter = 8300): 8200   //指定 System ID
Changed type of partition to 'Linux swap'
```

输入参数 p 查看分区表的时候会发现已经成功创建了一个交换分区，也就是/dev/sdb2。在 Name 字段中可以看到 Linux swap 字样，之后可以输入参数 w 保存并退出 gdisk 程序，具体如下。

```
Command (? for help): p   //查看分区表信息
Disk /dev/sdb: 41943040 sectors, 20.0 GiB
Model: VMware Virtual S
Sector size (logical/physical): 512/512 bytes
Disk identifier (GUID): 110A707F-BF34-44A1-8600-B6DD6AAC4E6A
Partition table holds up to 128 entries
Main partition table begins at sector 2 and ends at sector 33
First usable sector is 34, last usable sector is 41943006
Partitions will be aligned on 2048-sector boundaries
Total free space is 33554365 sectors (16.0 GiB)
//成功创建了分区编号为 2 的交换分区
Number  Start (sector)    End (sector)  Size       Code  Name
   1            2048         6293503   3.0 GiB     8300  Linuxfilesystem
   2         6293504         8390655   1024.0 MiB  8200  Linux swap
Command (? for help): w  //保存并退出
Final checks complete. About to write GPT data. THIS WILL OVERWRITE EXISTING
PARTITIONS!!
Do you want to proceed? (Y/N): Y
OK; writing new GUID partition table (GPT) to /dev/sdb.
The operation has completed successfully.
```

例 5-35　格式化交换分区

接着使用 mkswap 命令格式化交换分区。在使用 swap 分区之前，可以先使用 free 命令查看内存和 swap 分区的使用情况，具体如下。

```
[root@mylinux ~]# mkswap /dev/sdb2     //格式化交换分区
Setting upswapspace version 1, size = 1024 MiB (1073737728 bytes)
no label, UUID=9aa4db8d-8173-4fc5-b260-3bf9b8cce272
[root@mylinux ~]# free     //查看内存和 swap 分区的使用情况
              total        used        free      shared  buff/cache   available
Mem:        1849464     1132908      111444       15256      605112      536864
Swap:       2097148         844     2096304
```

下面将对通过 free 看到的字段含义进行解释。

- total：指系统总的可用物理内存和交换分区的大小。
- used：指已经使用的容量。
- free：指空闲的容量。
- shared：指进程共享的物理内存容量。
- buff/cache：指被 buffer 和 cache 使用的物理内存大小。
- available：指还可以被应用程序使用的物理内存大小。

Mem 这一行显示的是内存的使用情况，Swap 这一行显示的是交换分区的使用情况。

例 5-36　启用 swap 分区

通过执行 free 命令，可以看到交换分区总的大小是 2097148。下面使用 swapon 命令加载新的 swap 分区，然后再使用 free 命令观察一下 swap 分区的 total 字段，具体如下。

```
[root@mylinux ~]# swapon /dev/sdb2      //启用 swap 分区
[root@mylinux ~]# free  //再次查看 swap 分区的总容量
              total        used        free      shared  buff/cache   available
Mem:        1849464     1134860      108856       15264      605748      534852
Swap:       3145720         844     3144876
```

再次执行 free 命令后，swap 分区总容量由之前的 2097148 变成了现在的 3145720，这里的容量单位是 KB。如果想关闭新加入的 swap 分区，可以使用 swapoff 命令，比如 swapoff /dev/sdb2。

上面是手动加载 swap 分区的方式，如果想让 swap 分区在开机之后依然生效，需要修改 /etc/fstab 文件。使用 vim 编辑器可以修改文件的内容，执行 vim /etc/fstab 命令就能打开/etc/fstab 文件，然后按 i 键进入插入模式修改文件。在文件的最后一行加入以下内容，然后按 Esc 键输入：wq 保存并退出。

```
/dev/sdb2          swap                  swap    defaults        0 0
```

关于 vim 编辑器的用法将会在后续的章节中介绍，对此处的操作有疑问的话，可以在学习了 vim 的相关知识后再来操作。

5.3.4　文件系统检验

系统在运行中难免会出现一些问题，如果文件系统在运行时发生磁盘与内存数据异步的情况，有可能会导致文件系统出现问题。下面介绍两个用于检验文件系统的命令 xfs_repair 和 fsck。其中，xfs_repair 命令用于处理 xfs 类型的文件系统。

1. xfs_repair 命令

xfs_repair 命令可以修复 xfs 文件系统，用户也可以使用该命令检查文件系统，不过要确保文件系统是卸载的状态。

语法：

```
xfs_repair [选项] [设备名称]
```

选项说明：

- -n：仅仅检查文件系统中的数据。
- -f：后面指定的实际上是文件。

例 5-37　检查已经建立的文件系统

xfs_repair 命令直接指定设备名称可以检查已经建立的文件系统，比如检查/dev/sdb1 的情况。这个检查主要有 7 个步骤，每一个步骤都有具体的流程，具体如下。

```
[root@mylinux ~]# xfs_repair /dev/sdb1
Phase 1 - find and verify superblock... // 查找并验证超级块
Phase 2 - using internal log            //使用内部日志
```

```
        - zero log...
        - scanfilesystem freespace and inode maps...
        - found rootinode chunk
Phase 3 - for each AG...                //对于每个 AG
        - scan and clearagi unlinked lists...
        - process knowninodes and perform inode discovery...
        -agno = 0
        -agno = 1
        -agno = 2
        -agno = 3
        - process newly discoveredinodes...
Phase 4 - check for duplicate blocks... //检查重复块
        - setting up duplicate extent list...
        - check forinodes claiming duplicate blocks...
        -agno = 0
        -agno = 1
        -agno = 2
        -agno = 3
Phase 5 - rebuild AG headers and trees... //重建 AG 标题和树
        - reset superblock...
Phase 6 - checkinode connectivity...      //检查 inode 连接
        - resetting contents ofrealtime bitmap and summary inodes
        - traversingfilesystem...
        - traversal finished...
        - moving disconnectedinodes to lost + found...
Phase 7 - verify and correct link counts...    //验证并更正链路计数
done
```

修复文件系统是一个重要的任务，要特别注意文件系统不能被挂载。

2. fsck 命令

fsck（file system check）是一个综合的命令，可以用来检查和维护不一致的文件系统。若系统断电或磁盘发生问题，可利用该命令对文件系统进行检查。

语法：

```
fsck [选项] 设备名称
```

选项说明：

- -t：后面指定文件系统的类型。如果在/etc/fstab 文件中已有定义或内核本身已支持的则不需加上此选项。
- -a：如果检查有错，则自动修复。
- -A：对/etc/fstab 文件中所有列出来的分区进行检查。

比如检查 xfs 类型的/dev/sdb1 是否正常，如果存在异常情况则自动修复，可以执行 fsck -t xfs -a /dev/sdb1 命令，具体如下。

```
[root@ mylinux ~]# fsck -t xfs -a /dev/sdb1   //检查文件系统
fsck from util-linux 2.32.1
/usr/sbin/fsck.xfs: XFS file system.
```

例 5-38　查看 fsck 支持的文件系统

在终端输入 fsck 命令后连续按两次 Tab 键，可以看到该命令支持的文件系统。我们可以根据要修复的文件系统选择对应的命令，具体如下。

```
[root@ mylinux ~]# fsck      //输入 fsck 后按两次 Tab 键
fsck          fsck.ext2    fsck.ext4    fsck.minix   fsck.vfat
fsck.cramfs   fsck.ext3    fsck.fat     fsck.msdos   fsck.xfs
```

如果需要修复 ext4 文件系统，就可以选择 fsck. ext4 命令。

5.4　要点巩固

本章主要学习了磁盘管理和文件系统的相关命令，包括磁盘分区命令和创建文件系统的命令等，下面将对这些管理命令进行总结。

1）创建硬链接和符号链接文件的命令：ln。

2）查看磁盘容量的命令：df、du。

3）磁盘分区的管理命令：fdisk、gdisk、parted。

4）格式化文件系统的命令：mkfs、mkfs. xfs、

5）挂载和卸载文件系统的命令：mount、umount。

6）创建交换分区相关的命令：mkswap、swapon、swapoff。

7）检查文件系统的命令：xfs_repair、fsck、fsck. ext4。

5.5　技术大牛访谈——合理配置磁盘分区

磁盘分区一般有三种：主磁盘分区（83）、扩展磁盘分区（5）、逻辑分区（包括 swap 交换分区 82）。硬盘是磁盘的一种，一个硬盘主分区至少有 1 个，最多 4 个，扩展分区可以没有，最多 1 个。主分区和扩展分区总共不能超过 4 个，逻辑分区可以有若干个。交换分区必须存在，但一般不用。

磁盘配置主要分为以下六个步骤。

1）检查可用磁盘。

2）使用合适的命令对磁盘进行分区。

3）内核读取新的分区表。

4）创建文件系统。

5）挂载文件系统。

6）检查文件系统。

本章主要介绍了 fdisk、gdisk 和 parted 三个分区管理的命令。在对磁盘分区时，要注意 MBR 分区表和 GPT 分区表的区别。如果使用了不对应的分区命令，会导致分区失败。

第6章 用户管理

Linux 是一个多用户、多任务的分时操作系统，我们要想使用系统资源，就必须在系统中有合法的账号，每个账号都有唯一的用户名，同时必须设置密码。使用 Linux 系统时，我们首先要向系统管理员申请一个账号，然后以这个账号的身份进入系统。而且不同的用户拥有不同的操作权限，通过限制用户权限的使用，可以规范系统中用户的使用资源。

6.1 认识用户和用户组

用户的账号一方面可以帮助系统管理员对使用系统的用户进行跟踪，并控制他们对系统资源的访问；另一方面也可以帮助用户组织文件，并为用户提供安全保障。另外，为了更灵活地管理用户，设置合理的文件权限，Linux 还采用了用户组的概念，这为系统管理提供了极大的便利。下面我们先来了解一下用户和用户组的相关概念。

6.1.1 UID 和 GID

我们在登录 Linux 系统时，输入的虽然是用户名和密码，但是主机并不会直接通过用户名进行识别，而是通过一组号码（ID）。用户名只是方便我们记忆，而这组号码才是系统认识的凭证。系统会自动记录用户名和 UID 的对应关系。每个登录到系统中的用户至少有两个 ID，分别是 UID（User Identification，用户标识符）和 GID（Group Identification，用户组标识符）。

在 Linux 系统中 UID 相当于用户的身份证，具有唯一性。我们可以通过用户的 UID 判断用户的身份，下面是不同范围 UID 对应的用户身份。

- 0：UID 为 0 表示此用户是系统管理员，比如系统中的 root 用户。
- 1 ~ 999：系统用户。这个范围的 UID 是系统分配给系统用户使用的，并不是系统的真实用户，这些系统用户是不可登录的。默认服务程序会有独立的系统用户负责运行。
- 1000 以上：普通用户。由系统管理员创建，用于登录系统，支持日常工作。

成功创建一个用户时，默认会同时建立一个与用户同名的用户组，该用户组有对应的 GID，由一串数字表示。下面将对用户组的相关特点进行概括。

- 用户组是由多个用户组成的一个组，方便管理属于同一个组的用户。

- 用户的同名用户组中一般只有该用户一个人，是该用户的基本用户组。一个用户只有一个基本用户组。
- 如果用户加入了其他的用户组，那么这个其他的用户组就是该用户的扩展用户组。一个用户可以有多个扩展用户组。

例 6-1　查看用户的 ID 信息

id 命令可以显示用户的 UID 和 GID。下面分别指定普通用户 user01 和系统管理员 root，查看两者的 ID 信息，具体如下。

```
[root@mylinux ~]# id user01        //查看 user01 的 ID 信息
uid=1000(user01) gid=1000(user01) groups=1000(user01)
[root@mylinux ~]# id root          //查看 root 的 ID 信息
uid=0(root) gid=0(root) groups=0(root)
```

用户 user01 的 UID 和 GID 是 1000，root 的 UID 和 GID 是 0。如果再新建一个用户，那么这个用户的 UID 应该是 1001。

6.1.2　用户相关的文件

在学习用户和用户组相关的管理命令之前，我们先来了解一下与用户管理相关的一些重要文件。这些文件中记录了用户的各种信息，方便系统通过这些文件核对用户身份。

1）在使用用户名和密码登录 Linux 系统时，系统先去/etc/passwd 文件中查看是否存在该用户名并核对用户的 UID，同时去/etc/group 文件中核对 GID 信息。

2）接着去/etc/shadow 中核对输入的密码是否与 UID 对应的用户密码相符。

3）核对正确的话，就会成功登录系统。

通过上面简单的介绍，我们应该大概了解了这些文件中记录的内容，接下来会逐个介绍这些文件中记录的内容所表达的含义。

1. /etc/passwd 文件

/etc/passwd 文件是用户管理工作涉及的很重要的一个文件，Linux 系统的每个用户都在该文件中有一个对应的记录行，记录了这个用户的一些基本属性。该文件有几行表示有几个用户在系统中，里面有很多用户是系统正常运行必备的，也就是系统用户，比如 bin、daemon。这些系统用户是不能随意删除的。另外，这个文件对所有用户都是可读的。下面我们使用 head 命令查看一下这个文件的前 3 行内容，具体如下。

```
[root@mylinux ~]# head -n 3 /etc/passwd        //查看/etc/passwd 文件的前三行
root:x:0:0:root:/root:/bin/bash
bin:x:1:1:bin:/bin:/sbin/nologin
daemon:x:2:2:daemon:/sbin:/sbin/nologin
```

通过观察我们可以发现，用户对应的每一行记录被冒号（:）分成了 7 个字段。

- 第一个字段：用户名称。用户名与 UID 对应，用户名是 root 创建的。
- 第二个字段：密码。早期用户密码存放在这里，由于/etc/passwd 文件对所有用户都可读，后来又将密码放在了/etc/shadow 中。x 表示用户登录系统时必须输入密码。如果该字段为空，表示用户登录系统时无需提供密码。

- 第三个字段：UID。用户标识符，比如 root 用户的 UID 是 0。
- 第四个字段：GID。记录的是用户所属群组的 GID，与/etc/group 文件有关。
- 第五个字段：用户的说明信息。用来记录该用户的注释信息，比如用户全名。
- 第六个字段：用户的家目录。普通用户的家目录就是/home 目录下和用户名同名的目录。比如 root 用户的家目录是/root，普通用户 user01 的家目录是/home/user01。
- 第七个字段：用户登录系统后使用的 Shell。用户登录系统后会获取一个 Shell 与内核交流，方便进行用户的操作任务。Linux 系统中的 Shell 有多种类型，每种都有不同的特点。

/etc/passwd 文件很重要，其他文件中的相关数据都是根据该文件中的这些字段去查找的。

2. /etc/shadow 文件

/etc/shadow 文件中记录了加密过后的用户密码，该文件只有 root 用户才可以读取。使用 ls -l 命令可以看到该文件的权限是［----------］。

例 6-2　查看/etc/shadow 文件的权限

查看/etc/shadow 文件权限的相关命令如下。

```
[root@mylinux ~]# ls -l /etc/shadow
----------. 1 rootroot 1335 Oct 13 14:27 /etc/shadow
```

通过这种设置可以保证密码的安全性。/etc/shadow 中记录的每一行与/etc/passwd 文件中一一对应，它的文件格式与/etc/passwd 类似，也是通过冒号分隔，共有 9 个字段，具体如下。

```
[root@mylinux ~]# head -n 3 /etc/shadow
root: $ 6 $ 6KjBRDFHttXS4THq $ CK.DksyBqK7Ick2rv3dRDrCGMOuK7Re0HNf9hVHmiKMo3rJ/
H1mr7Q3p9SMKrzRMzCED3jzG4O4ExxDkXdO89/::0:99999:7:::
bin:*:18027:0:99999:7:::
daemon:*:18027:0:99999:7:::
```

下面我们来了解一下这 9 个字段的含义。

- 第一个字段：用户名称，该字段与/etc/passwd 文件中的一个字段对应。
- 第二个字段：密码，这个字段记录的是经过加密的密码，不同的编码方式产生的加密字段长度也是不同的。在该字段前面加上！或者 * 会让密码暂时失效。
- 第三个字段：最近修改密码的日期，如果该字段为空，表示最近没有修改过密码。如果非空，就是一串数字而不是具体的日期。这个数字是从 1970 年 1 月 1 日作为 1 累加起来的，到 1971 年 1 月 1 日就是 366。
- 第四个字段：密码不能被修改的天数，该字段需要与第三个字段相比，表示用户的密码在最后一次被修改后需要经过多少天才可以被再次修改。0 表示密码可以随时被修改。如果该字段为 10，表示在 10 天之内无法修改密码。
- 第五个字段：密码需要重新修改的天数，该字段同样需要与第三个字段相比，表示最近修改密码后，在多少天内需要再次修改密码才可以，必须要在这个规定的天数内修改密码，否则密码将会过期。99999 表示不强制密码的修改。
- 第六个字段：密码需要修改前的警告天数，该字段需要与第五个字段相比，表示当密码有效期快到时，系统会根据该字段的值给用户发出警告信息，提醒用户尽快重新设置密码。该字段为 7，表示密码到期之前的 7 天之内会发出警告信息。

- 第七个字段：密码失效日，该字段同样需要与第五个字段相比，表示密码超过了有效期限。密码有效期 = 最近修改密码的日期 + 密码需要重新修改的天数。超过该期限后用户再次登录系统时，系统会强制要求用户设置密码。
- 第八个字段：用户失效日期，该字段也是从 1970 年 1 月 1 日作为 1 累加起来的天数。在此日期之后，用户将无法再使用该用户名登录系统。
- 第九个字段：保留字段，通常是为了以后的新功能预留的字段。

该文件中的前两个字段与/etc/passwd 文件中的前两个字段相互对应。

3. /etc/group 文件

将用户分组是 Linux 系统管理用户以及控制访问权限的一种手段。/etc/group 文件中记录了用户组和 GID 的相关信息，该文件的格式也类似/etc/passwd 文件，通过冒号分隔，共有 4 个字段。

例 6-3　查看/etc/group 文件的前三行

查看/etc/group 文件前三行的相关命令如下。

```
[root@mylinux ~]# head -n 3 /etc/group
root:x:0:
bin:x:1:
daemon:x:2:
```

在了解了前面/etc/passwd 和/etc/shadow 这两个文件的内容后，/etc/group 文件中的字段也比较容易理解了。

- 第一个字段：组名，用户组的名称，与 GID 是对应的关系。
- 第二个字段：用户组密码，一般情况下不需要设置该字段，这是留给用户组管理员使用的。与/etc/passwd 文件的第二个字段类似，真正的密码记录在/etc/gshadow 文件中，这里只是用 x 表示。
- 第三个字段：GID，与/etc/passwd 文件的第四个字段对应。
- 第四个字段：加入该用户组的其他用户。

与/etc/passwd 和/etc/shadow 文件的对应关系类似，/etc/group 和/etc/gshadow 这两个文件也是对应关系。

4. /etc/gshadow 文件

/etc/gshadow 文件中记录了用户组密码相关的信息，有部分字段的含义和/etc/group 文件中的相同。

例 6-4　查看/etc/gshadow 文件的前三行

查看/etc/gshadow 文件前三行的相关命令如下。

```
[root@mylinux ~]# head -n 3 /etc/gshadow
root:::
bin:::
daemon:::
```

/etc/gshadow 文件也是通过冒号分隔，共有 4 个字段。

- 第一个字段：组名。
- 第二个字段：用户组密码，如果该字段的开头为！则表示该用户组没有合法的密码，也表示没有用户组管理员。
- 第三个字段：用户组管理员的账号。
- 第四个字段：加入该用户组的其他用户。

/etc/gshadow 文件最大的特点就是记录了用户组管理员的相关信息，不过目前这个功能已经很少用到了。

6.2 用户管理相关工作

用户的管理工作主要涉及添加、修改和删除用户，这些操作都需要通过相关的命令来实现。添加用户就是在系统中创建一个新账号，然后为新账号分配用户名、用户组、主目录和登录 Shell 等资源。学会管理用户也是系统管理员的必备技能。

6.2.1 【实战案例】创建用户和密码

登录系统时我们都会输入用户名和密码，在 Linux 系统中新增用户并设置密码的操作很简单，涉及 useradd 和 passwd 两个命令的用法。这两个命令是用户管理的基本命令，也是初学者必须掌握的命令。通常我们创建一个用户就要为该用户设置一个用于登录系统的密码，保障系统和用户的安全。合乎规范的用户名更便于系统管理员的管理，下面主要介绍 useradd 和 passwd 两个命令的用法。

扫码观看教学视频

1. useradd 命令

useradd 命令可以创建一个或多个新用户。使用该命令创建用户之后，相关用户的信息会保存在/etc/passwd 文件中。

语法：

```
useradd [选项] 用户名
```

选项说明：

- -d：后面指定用户的家目录，默认的家目录在/home 目录下，重新指定家目录时需要使用绝对路径。
- -e：后面指定用户的到期时间，日期格式为 YYYY-MM-DD，该项设置与/etc/shadow 文件中的第八个字段对应。
- -u：后面指定 UID。
- -g：后面指定用户的基本用户组。
- -G：后面指定用户的扩展用户组。
- -s：后面指定 shell，默认的 shell 是/bin/bash。

例 6-5 新增用户

不指定任何选项，使用默认设置创建新用户 coco。使用 id 命令可以看到新用户的 UID

为 1001，具体如下。

```
[root@mylinux ~]# useradd coco          //新增用户 coco
[root@mylinux ~]# id coco               //查看新用户的 ID
uid=1001(coco) gid=1001(coco) groups=1001(coco)
```

例 6-6　查看新用户的信息

新建立一个用户之后，系统会自动在相关文件中记录该用户的信息。系统默认建立了新用户 coco 的家目录/home/coco，并且权限是 700（rwx），具体如下。

```
[root@mylinux ~]# ls -ld /home/coco      //查看 coco 的家目录
drwx------. 3 coco coco 78 Oct 13 14:27 /home/coco
[root@mylinux ~]# grep coco /etc/passwd /etc/shadow /etc/group   //查看 coco 的相关记录
/etc/passwd:coco:x:1001:1001::/home/coco:/bin/bash
/etc/shadow:coco:!!:18548:0:99999:7:::
/etc/group:coco:x:1001:
```

由于还没有为 coco 设置密码，所以/etc/shadow 文件中密码字段是!!。在/etc/group 中会默认建立一个与用户同名的用户组。

例 6-7　指定 UID 新建用户

使用-u 选项可以为新用户 summer 指定一个 UID 为 2020，这个信息也会被记录在相关的文件中，具体如下。

```
[root@mylinux ~]# useradd -u 2020 summer   //指定 UID 新建用户
[root@mylinux ~]# grep summer /etc/passwd /etc/shadow /etc/group
/etc/passwd:summer:x:2020:2020::/home/summer:/bin/bash
/etc/shadow:summer:!!:18549:0:99999:7:::
/etc/group:summer:x:2020:
```

例 6-8　查看/etc/default/useradd 文件

使用 useradd 创建用户会修改很多信息，比如之前介绍的/etc/passwd、/etc/shadow、/etc/group 等文件，还有用户的家目录。useradd 会参考/etc/default/useradd 文件中的设定创建新用户，具体如下。

```
[root@mylinux ~]# cat /etc/default/useradd
#useradd defaults file
GROUP=100
HOME=/home
INACTIVE=-1
EXPIRE=
SHELL=/bin/bash
SKEL=/etc/skel
CREATE_MAIL_SPOOL=yes
```

这个文件中规定了 useradd 的设置项，下面将对这些设置项表示的含义进行解释。

- GROUP=100：指定新用户初始用户组的 GID，该设置项对 CentOS 发行版并不生效。因为 Linux 针对用户组有私有用户组机制和公共用户组机制两种机制。私有用户组机制规定系统会建立一个与用户相同的用户组作为初始用户组，并不会参考 GROUP=100 的设置。CentOS 采用的就是私有用户组机制。
- HOME=/home：规定用户的默认家目录。用户的家目录默认是与用户同名的目录，比如/home/coco。
- INACTIVE=-1：规定密码过期后是否会失效。-1 表示密码永远不会失效，0 表示密码过期后立即失效。如果是其他数字，比如 20，则表示密码过期 20 天后才会失效。对应/etc/shadow 文件中的第七个字段。
- EXPIRE=：账号失效的日期。我们可以规定账号在指定的日期后直接失效，不过通常不会指定这个设置项。对应/etc/shadow 文件中的第八个字段。
- SHELL=/bin/bash：规定默认使用的 Shell 程序文件名。关于 Shell 的内容，将会在后续的章节中介绍。
- SKEL=/etc/skel：用户家目录中数据的参考目录。用户家目录中的各种数据都是通过/etc/skel 目录复制过去的。
- CREATE_MAIL_SPOOL=yes：规定建立用户的邮箱。

其实 useradd 不止参考/etc/default/useradd 文件中的设定，还有/etc/login.defs 等文件。不过，比较重要的还是/etc/passwd、/etc/shadow、/etc/group、/etc/gshadow 以及用户的家目录这些文件。

2. passwd 命令

passwd 命令可以为指定的用户设置密码。系统管理员可以为自己和其他用户设置密码，普通用户只能使用 passwd 命令修改自己的密码。

语法：

```
passwd [选项] 用户名
```

选项说明：

- -d：删除密码。
- -l：会在/etc/shadow 文件中第二个字段的最前面加上！使密码失效。
- -u：与-l 选项相反，解锁密码。
- -n：后面指定天数，表示多少天不可以修改密码，对应/etc/shadow 文件的第四个字段。
- -x：后面指定天数，表示多少天之内必须修改密码，对应/etc/shadow 文件的第五个字段。
- -w：后面指定天数，表示密码过期之前的警告天数，对应/etc/shadow 文件的第六个字段。
- -i：后面指定日期，表示密码的失效日期，对应/etc/shadow 文件的第七个字段。
- -f：强制用户下次登录时修改密码。

例 6-9 为用户设置密码

我们之前已经创建了 coco 这个用户，但是还没有设置密码。下面使用 passwd 命令指定用户名为这个用户设置密码，系统管理员为普通用户设置密码时直接重复输入两次新密码就可以了，而不需要这个用户原来的密码，具体如下。

```
[root@mylinux ~]# passwd coco    //为用户 coco 设置密码
Changing password for user coco.
New password:      //在这里直接输入新密码,比如 Centos2020
Retype new password:      //再次输入新密码
passwd: all authentication tokens updated successfully.
```

root 用户可以为用户设置各种密码，不过最好还是复杂度较高的密码，保证安全性。如果不指定用户名，直接执行 passwd 命令则表示用户修改自己的密码。

大牛成长之路：使用 passwd 命令的注意事项

如果以 root 身份直接执行 passwd 命令，会修改系统管理员的登录密码，这一点要特别注意。

例 6-10　普通用户修改密码

下面我们以普通用户的身份登录系统，并修改密码。普通用户在修改自己的密码时是需要原密码的，然后再正确地输入两次新密码就可以了，具体如下。

```
[user01@mylinux ~]$ passwd    //普通用户 user01 修改自己的密码
Changing password for user user01.
Current password:              //输入原密码
New password:                  //输入新密码
Retype new password:           //再次输入新密码
passwd: all authentication tokens updated successfully.
```

为了系统安全起见，用户应该选择比较复杂的密码。无论是 root 用户还是普通用户，在设置密码时都应该参照密码要求去进行设置。

小白逆袭：密码设置要求

如果我们设置的密码过于简单，容易被人破解，然后使用你的账号登录系统窃取或破坏系统资源，这会对主机的维护造成危害。现在新的 Linux 发行版采用了比较严格的 PAM 模块管理密码，并规定了以下几点密码要求。我们在设置密码时尽量符合这些要求。

- 密码中不要包含与用户名相同的字符。
- 密码尽量超过 8 个字符。
- 密码不要使用个人信息，比如手机号、身份证号等。
- 不要将密码设置得过于简单，比如 12345。
- 密码最好使用大小写字母、数字、特殊字符（比如@、_、$ 等）的组合形式。
- 最好不要使用 Linux 中的特殊字符串。

passwd 命令搭配选项有很多不同的设置，比如系统管理员想锁定一个人的账号不让该用户登录系统，可以执行 passwd -l coco 命令。coco 是系统中存在的用户，如果想解锁，就指定-u 选项，例如执行 passwd -u coco 命令，就可以让这个用户正常登录系统了。

6.2.2 【实战案例】修改和删除用户信息

在创建用户的同时也是在修改系统中的配置文件，经过前面的介绍，我们对用户相关信息的保存位置已经有所了解。用户的这些信息是可以通过命令来修改和删除的，下面主要介绍两个命令的用法，即 usermod 和 userdel。系统管理员每天要对系统进行维护操作，其中就包括用户的修改和删除，这两个命令也是 Linux 系统中比较基础的命令。

扫码观看教学视频

1. usermod 命令

usermod 命令可以修改已有用户的属性，包括用户名、用户组、登录 Shell 等。

语法：

```
usermod [选项] 用户名
```

选项说明：

- -l：修改用户名，对应/etc/passwd 文件的第一个字段。
- -u：后面指定 UID，对应/etc/passwd 文件的第三个字段。
- -g：后面指定用户的初始用户组，对应/etc/passwd 文件的第四个字段。
- -c：后面指定用户的说明，对应/etc/passwd 文件的第五个字段。
- -d：后面指定用户的家目录，对应/etc/passwd 文件的第六个字段。
- -m：与-d 组合使用，表示将原有家目录中的数据转移到新指定的家目录中。
- -e：后面指定日期，格式为 YYYY-MM-DD，对应/etc/shadow 文件的第八个字段。
- -s：更改默认的 Shell。
- -G：后面指定扩展用户组，对应的信息会在 etc/group 文件中体现。

例 6-11 修改用户信息

我们可以使用-e 选项指定失效日期，使 coco 这个用户在 2022 年 5 月 3 日失效。还可以使用-c 选项指定添加用户 coco 的说明，相关命令如下。

```
信息
[root@mylinux ~]# grep coco /etc/passwd /etc/shadow   //查看修改的结果
/etc/passwd:coco:x:1001:1001:coco's info:/home/coco:/bin/bash
/etc/shadow:coco:$6$I7fpAaS9F5MZyVU8$ARZo2knfvUroUMvxt.N7UuYDyjQOTuZtRBQMq-FTQI-
BOxxNo5/FwverUNTF0NCax3g95tKpS57FOE7xcdnKZeA/:18549:0:99999:7::19115:
```

例 6-12 验证日期的正确性

从上面的结果可以看到，/etc/passwd 文件的第五个字段已经变成了 coco's info，/etc/shadow 文件的第八个字段变成了 19115（1970 年 1 月 1 日到 2022 年 5 月 3 日）。如果想确认 19115 这个数字的正确性，可以执行下面这条命令试一试。

```
[root@mylinux ~]# echo $(($(date --date="2022/05/03" +%s)/86400+1))
19115
```

2022/05/03 是要计算的日期,%s 表示从 1970 年 1 月 1 日开始累积的秒数，86400 是一天的秒数，+1 表示加上 1970 年 1 月 1 日当天。

例 6-13　查看用户组信息

使用 usermod 命令的-G 选项可以将用户 coco 加入组 mystudy 中。没有加入组 mystudy 之前可以看到用户 coco 只在自己的基本用户组中，加入新组之后，coco 就有了一个基本用户组和扩展用户组。组 mystudy 中的用户也包含了用户 coco，相关命令如下。

```
[root@mylinux ~]# id coco   //查看 coco 用户组的信息
uid=1001(coco) gid=1001(coco) groups=1001(coco)
[root@mylinux ~]# usermod -G mystudy coco   //将用户 coco 加入用户组 mystudy
[root@mylinux ~]# id coco   //再次查看 coco 用户组的信息,新增了组 mystudy
uid=1001(coco) gid=1001(coco) groups=1001(coco),1003(mystudy)
[root@mylinux ~]# grep mystudy /etc/group /etc/gshadow     //查看组 mystudy 的
信息
/etc/group:mystudy:x:1003:coco
/etc/gshadow:mystudy:!::coco
```

这是加入一个用户的情况，当组中有多个用户时，可以方便管理该组中的用户。

2. userdel 命令

userdel 命令可以删除用户的相关数据。如果确认某个用户不再登录系统，可以使用该命令将其删除。删除用户就是要将/etc/passwd 等系统文件中该用户的记录删除，必要时还可以删除用户的家目录。

语法：

```
userdel [选项] 用户名
```

选项说明：

- -r：将用户的家目录一起删除。
- -f：强制删除用户。

例 6-14　删除用户

指定-r 选项将用户 summer 的家目录一起删除后，再次使用 id 命令就看不到该用户的 UID、GID 等信息了，具体如下。

```
[root@mylinux ~]# id summer
uid=2020(summer) gid=2020(summer) groups=2020(summer)
[root@mylinux ~]# userdel -r summer   //删除用户 summer
[root@mylinux ~]# id summer
id: 'summer': no such user
```

在使用 userdel 命令删除用户时要格外小心，只有我们真的确认该用户不需要使用主机的任何数据了，才执行删除操作。

6.2.3 用户身份切换

一般情况下，在 Linux 系统中使用普通用户身份进行系统的日常操作。如果需要系统维护或者软件更新等需求时，才会切换到系统管理员的身份。使用普通用户身份可以避免因错误地执行一些命令而造成严重后果。用户身份的切换有 su 和 sudo 两个命令，下面将对这两个命令的主要用法进行介绍。

1. su 命令

su 命令可以进行任何身份的切换操作，是一个比较简单的用户身份切换命令。

语法：

```
su [选项] 用户名
```

选项说明：

- -：如果后面不指定任何用户名，即 su -，则表示从当前身份切换到 root 身份。当然，还需要知道 root 的密码。
- -c：后面指定需要执行的命令，只执行一次。
- -l：后面指定想要切换的用户。

例 6-15　切换身份

想要从普通用户（user01）身份直接切换到 root 身份，执行 su -命令并正确地输入 root 的密码就可以了。退回原来的身份则执行 exit 命令，相关命令如下。

```
[user01@mylinux ~]$ su -     //直接切换到 root 身份
Password:     //在这里输入 root 用户的密码
[root@mylinux ~]# exit     //退出 su 环境
logout
[user01@mylinux ~]$
```

例 6-16　仅执行一次具有 root 权限的命令

如果只想执行一次只有 root 才可以执行的命令，可以使用-c 选项。使用 su -获取 root 权限，然后在-c 选项后面输入需要执行的命令就可以了。这种方式并不会让普通用户切换到 root 的身份，相关命令如下。

```
[user01@mylinux ~]$ su --c "tail -n 3 /etc/shadow"  //执行一次具有 root 权限的命令
Password:     //在这里输入 root 的密码
tcpdump:!!:18512::::::
user01:$6$rygn1Ed981Ww2Z9A$VUP7psE5Po5Wqf4p1qMepcrkM2WTMXPPQeAOOlKwo-MiqH-
PDuiKouayve4p86CZRAK.UJX05HXTX7R.WsKULaH/:18549:0:99999:7:::
coco:$6$I7fpAaS9F5MZyVU8$ARZo2knfvUroUMvxt.N7UuYDyjQOTuZtRBQMqFTQI-BOxx-
No5/FwverUNTF0NCax3g95tKpS57FOE7xcdnKZeA/:18549:0:99999:7::19115:
[user01@mylinux ~]$     //这里还是 user01 的身份
```

例 6-17　退出 su 环境

从普通用户 user01 身份切换到普通用户 coco，可以指定-l 选项，这里需要输入 coco 这个用户的密码，这里执行的是第一个的 su 环境。从 coco 用户切换到 root 直接执行 su -，需要输入 root 的密码，这执行的是第二个的 su 环境。想回到之前 user01 的环境就需要执行两次退出命令，相关命令如下。

```
[user01@mylinux ~]$ su -l coco   //从 user01 切换到 coco 这个用户
Password:     //这里输入的是用户 coco 的密码
[coco@mylinux ~]$ su -     //从 coco 切换到 root
Password:     //输入的是 root 的密码
[root@mylinux ~]# exit     //退出第二次的 su 环境
logout
[coco@mylinux ~]$ exit     //退出第一次的 su 环境
logout
[user01@mylinux ~]$        //回到了最初的环境,即 user01 用户所在的环境
```

虽然使用 su 命令切换身份很方便，但是它有一个很大的缺点，就是会泄漏 root 用户的密码，影响系统的安全性。

大牛成长之路：su 和 su -命令的应用

如果直接执行 su 命令而不指定-的话，虽然这种方式可以切换到 root 身份，但是很多数据是无法使用的。比如普通用户身份拥有的变量并不会变成 root 身份才有的变量。这样在执行很多常用命令时，会受到诸多限制。

执行 su -命令可以直接将身份切换到 root 身份而不受限制，前提是当前用户知道 root 的密码。

鉴于 su 命令的这些缺陷，我们可以使用 sudo 命令。

2. sudo 命令

sudo 命令可以以另外一个用户的身份执行命令，但并不是所有人都可以执行该命令，普通用户需要系统管理员审核通过才可以使用。

语法：

```
sudo [选项] 用户名
```

选项说明：

- -l：列出当前用户可以执行的命令。
- -u：后面指定想要切换的用户。
- -b：在后台执行指定的命令。

例 6-18　以系统用户身份创建目录

mail 是系统用户，可以使用 sudo 命令指定-u 选项以 mail 的身份创建目录。使用 ls -ld /tmp/umail 命令可以看到该目录的所属用户是 mail，具体如下。

```
[root@mylinux ~]# sudo -u mail mkdir /tmp/umail   //以系统用户 mail 的身份创建目录
[root@mylinux ~]# ls -ld /tmp/umail      //查看目录/tmp/umail 的所属用户
drwxr-xr-x. 2 mail mail 6 Oct 14 15:38 /tmp/umail
```

sudo 命令默认只有 root 用户才能使用，当用户执行 sudo 命令时，系统会去/etc/sudoers 文件中查看该用户是否有执行 sudo 的权限。如果有权限，就让用户输入自己的密码。正确输入密码后，用户就可以使用 sudo 命令了。root 用户执行 sudo 命令时不需要输入密码。

例 6-19　为用户增加权限

如果想让用户具有 sudo 的执行权限，需要 root 用户使用 visudo 命令编辑/etc/sudoers 文件。执行 visudo 命令后会打开/etc/sudoers 文件，找到 root 用户所在的命令行。输入 i 可以编辑文件，在 root 用户所在的命令行下面按照 root 用户设置的格式，为用户 user01 增加权限。之后按 Esc 键输入：wq 保存并退出，相关命令如下。

```
[root@mylinux ~]# visudo
......(中间省略)......
root     ALL=(ALL)      ALL     //找到这一行
user01   ALL=(ALL)      ALL     //为用户 user01 增加权限
......(中间省略)......
```

在该文件中主要有三个设置项。

- 第一项：用户名称，指定系统中的哪一个用户可以执行 sudo 命令。
- 第二项：登录者的来源主机名 = 可切换的身份。
- 第三项：可以执行的命令，命令需要指定绝对路径。

例 6-20　以普通用户身份执行 sudo 命令

这里指定的 ALL 是特殊关键词，表示 user01 用户可以使用 sudo 命令以任何身份执行任何命令。下面介绍以 user01 身份执行 sudo 命令查看/etc/shadow 文件的前三行内容。正常情况下普通用户没有权限查看/etc/shadow 文件的内容，加上 sudo 命令后就可以查看了。这里需要输入的密码是用户自己的，而不是 root 用户的密码，相关命令如下。

```
[user01@mylinux ~]$ head -n 3 /etc/shadow   //无法查看/etc/shadow 文件的内容
head: cannot open '/etc/shadow' for reading: Permission denied
[user01@mylinux ~]$ sudo head -n 3 /etc/shadow     //可以查看/etc/shadow 文件的内容
[sudo] password for user01:  //这里输入的是用户 user01 的密码
root: $ 6 $ 6KjBRDFHttXS4THq $ CK.DksyBqK7Ick2rv3dRDrCGMOuK7Re0HNf9hVHmiKMo3rJ/H1mr7Q3p9SMKrzRMzCED3jzG4O4ExxDkXdO89/::0:99999:7:::
bin:*:18027:0:99999:7:::
daemon:*:18027:0:99999:7:::
```

例 6-21　使用 root 身份执行 visudo 命令

考虑到系统的安全性，以普通用户执行 sudo 命令的方式并不合适。我们可以按照下面的格式为普通用户 user01 设置可以执行的命令。

```
[root@mylinux ~]# visudo  //使用 root 身份执行 visudo 命令
......(中间省略)......
root     ALL=(ALL)       ALL
user01   ALL=(ALL)     /usr/bin/tail  //设置 user01 用户使用 sudo 可以执行的命令
......(中间省略)......
```

设置后，user01 只能使用 sudo 执行 tail 命令查看/etc/shadow 文件的内容。切换到 user 01 身份后，使用 tail 命令无权直接查看/etc/shadow 文件的内容。加上 sudo 命令后可以正常查看该文件的最后三行内容。

例 6-22　从管理员切换到普通用户

从管理员切换到普通用户的相关命令如下。

```
[root@mylinux ~]# su - user01      //从 root 切换到 user01
[user01@mylinux ~]$ tail -n 3 /etc/shadow     //以普通用户的身份查看/etc/shadow文件
tail: cannot open '/etc/shadow' for reading: Permission denied  //没有权限
[user01@mylinux ~]$ sudo tail -n 3 /etc/shadow   //获取权限后查看/etc/shadow 文件
[sudo] password for user01:   //这里输入用户 user01 的密码
user01:$6$rygn1Ed981Ww2Z9A$VUP7psE5Po5Wqf4p1qMepcrkM2WTMXPPQeAOOl-KwoMiqHPDuiKouayve4p86CZRAK.UJX05HXTX7R.WsKULaH/:18549:0:99999:7:::
coco:$6$I7fpAaS9F5MZyVU8$ARZo2knfvUroUMvxt.N7UuYDyjQOTuZtRBQMqFTQIBOxx-No5/FwverUNTF0NCax3g95tKpS57FOE7xcdnKZeA/:18549:0:99999:7::19115:
xwq:$6$/YBBh37fFre8jo2B$AzJOVF/48mbgI1aGZa6a23LnwDfD.ickY8hJabY2jd9-Mcw3G5JcE6hiDxU5TjVwEQIYXlJp9oHQGKYIpXTcWT.:18549:0:99999:7:::
[user01@mylinux ~]$ exit  //退出 sudo
logout
[root@mylinux ~]#    //回到 root 身份的环境中
```

关于 su 和 sudo 命令的用法还有很多，在掌握基础用法之后，可以自行探索更多有趣的操作。

6.3　用户组管理

每个用户都有一个用户组，系统可以对一个用户组中的所有用户进行集中管理。不同 Linux 系统对用户组的规定有所不同，如 Linux 下的用户属于与它同名的用户组，这个用户组在创建用户时同时创建。

用户组的管理涉及用户组的添加、删除和修改。组的增加、删除和修改实际上就是对/etc/group 文件的更新。

6.3.1　新建和删除用户组

学习用户的添加和删除的相关命令后，关于用户组的操作就比较容易理解了。用户组的设置主要和/etc/group 文件、/etc/gshadow 文件有关。

1. groupadd 命令

groupadd 命令可以创建一个新的用户组。新增的用户组信息会被记录在/etc/group 和/etc/gshadow 文件中。

语法：

```
groupadd [选项] 用户组名称
```

选项说明：

- -g：后面指定新用户组的 GID。
- -o：一般与-g 选项同时使用，表示新用户组的 GID 可以与系统已有用户组的 GID 相同。

例 6-23　新建用户组

使用 groupadd 命令在系统中新增一个组 gstudy，新组的组标识号是在当前已有的最大组标识号的基础上加 1，即 1003，具体如下。

```
[root@mylinux ~]# groupadd gstudy      //新建用户组 gstudy
[root@mylinux ~]# grep gstudy /etc/group /etc/gshadow   //在文件中查看组 gstudy 的信息
/etc/group:gstudy:x:1003:
/etc/gshadow:gstudy:!::
```

为了高效地管理系统中的用户，我们经常会把系统中的不同用户加入同一个组中，以便统一赋予权限。

2. groupdel 命令

groupdel 命令可以删除一个已有的用户组。删除的这个用户组必须是没有任何人把该改组作为初始用户组。

语法：

```
groupdel 用户组名称
```

例 6-24　删除用户组

使用 groupdel 命令删除用户组 gstudy 会成功，因为系统中没有用户将这个组作为初始用户组。但是删除 user01 这个用户组时就会失败，这是因为系统中有 user01 这个用户将组 user01 作为自己的初始用户组，具体如下。

```
[root@mylinux ~]# groupdel gstudy   //删除用户组 gstudy 成功
[root@mylinux ~]# groupdel user01   //删除用户组 user01 失败
groupdel: cannot remove the primary group of user 'user01'
```

如果必须要删除 user01 这个用户组，我们需要先修改 user01 的 GID 或者删除 user01 这个用户。

6.3.2　修改用户组

和修改用户信息的 usermod 命令类似，修改用户组使用的是 groupmod 命令，该命令可以修改用户组的名称和 GID。

语法：

```
groupmod [选项] 用户组名称
```

选项说明：

- -g：后面指定 GID，表示修改指定用户组的 GID。
- -n：后面指定新组的名称，表示修改指定用户组的组名。

例 6-25　修改用户组名称

将系统中已有的用户组 gmystu 的名称修改成 mystudy 后，/etc/group 和/etc/gshadow 这两个文件中对应的组名字段也已经变成了 mystudy，具体如下。

```
[root@ mylinux ~]# groupmod -n mystudy gmystu      //将用户组 gmystu 的名称修改为 mys-
tudy
[root@ mylinux ~]# grep mystudy /etc/group /etc/gshadow      //查看修改后的信息
/etc/group:mystudy:x:1003:
/etc/gshadow:mystudy:!::
```

在修改用户组信息时，需要特别注意的一点是，不要随意修改 GID，否则容易造成系统资源的混乱。

6.4 要点巩固

系统管理员在维护系统安全时，相当重要的一部分工作是管理系统中的用户。通过本章的介绍，我们已经知道了用户管理的一些重要文件和相关的命令，下面对这些内容做一个简单的总结。

1）重要的用户管理文件命令：/etc/passwd、/etc/shadow、/etc/group、/etc/gshadow。

2）新建、删除和修改用户的相关命令：useradd、passwd、userdel、usermod。

3）切换用户身份的命令：su、sudo。

4）新建、删除和修改用户组的命令：groupadd、groupdel、groupmod。

在 Linux 操作系统中，对于用户和用户组，系统记录的就是 UID 和 GID。这些信息都是记录在/etc/passwd 文件和/etc/group 文件中。这几个文件的记录格式类似，都是以冒号分隔。其实 UID 分为两种，一种是 0，另外一种是非 0。0 就是系统管理员的 UID，非 0 的 UID 又分成了系统用户使用的 UID（不可登录）和普通用户使用的 UID（可登录）。这些也是本章需要掌握的基本知识点。

6.5 技术大牛访谈——认识 ACL

在前面章节介绍文件和目录的相关知识时，说到权限的概念。一般权限是根据所属用户、所属用户组和其他用户这三种身份设置 r（可读）、w（可写）、x（可执行）的权限。如果是需要针对某一个用户或某个用户组设置特定的权限需求，就需要了解 ACL 这种机制。

ACL（Access Control List，访问控制列表）可以设置除了所属用户、所属用户组和其他用户这三种身份的 rwx 权限之外的详细权限。对于需要进行特定权限的设置很有帮助，比如对某一个用户或某一个文件进行 rwx 权限的设置。ACL 可以针对三个方面进行权限的控制和规划。

1）用户：可以针对用户设置特定的权限。

2）用户组：以用户组作为对象设置特定的权限。

3）默认属性：针对目录中的文件或子目录设置特定的权限。

如果我们想针对不同用户和用户组对某个目录设置不同的权限时，就需要用到 ACL。传

统的 Linux 权限无法针对单一用户设置特定的权限。随着这种需求的日益高涨，现在的 Linux 系统基本上已经支持 ACL 功能了。如果不确定是否支持 ACL，可以执行 dmesg | grep -i acl 命令检查一下内核挂载时显示的信息。

查看和设置 ACL 有 getfacl 和 setfacl 两个命令。getfacl 命令用于获取某个文件或目录的 ACL 设置项，setfacl 命令用于设置 ACL 的特殊权限。特殊权限的设置方式有很多，下面通过一个简单的用法看一下 ACL 的设置方式。

例 6-26　ACL 设置

setfacl 的-m 选项用来指定文件的访问控制列表，u:user01:rw 是 ACL 关于权限的设置方式，表示给 user01 这个用户添加对文件 file1 的读写权限，相关命令如下。

```
[root@mylinux ~]# ls -l file1
-rw-r--r--. 2 root root 18 Oct  9 15:25 file1
[root@mylinux ~]# setfacl -m u:user01:rw file1   // ACL 设置
[root@mylinux ~]# ls -l file1
-rw-rw-r--+ 2 root root 18 Oct  9 15:25 file1
```

设置权限后，可以看到文件 file1 的权限部分多了一个 +，表示该文件已经设置了 ACL，这时我们看到的权限和文件实际的权限会有所不同。下面使用 getfacl 命令查看一下文件 file1 的 ACL 设置，相关命令如下。

```
[root@mylinux ~]# getfacl file1      //查看 ACL 设置
# file: file1          //显示文件名称
# owner: root          //说明文件所属用户
# group: root          //说明文件所属用户组
user::rw-              //所属用户对文件具有的权限
user:user01:rw-        //user01 对文件具有的权限
group::r--             //文件所属用户组对文件具有的权限
mask::rw-              //文件默认的有效权限
other::r--             //其他人具有的权限
```

从上面这些数据可知，用户 user01 对文件 file1 有可读可写的权限，而其他用户只有可读的权限。ACL 的用法远不止这些，它还可以针对用户组或目录等设置不同的权限。

第 7 章 认识 Shell

管理计算机硬件的是内核，而内核是被保护起来的，一般用户只有通过 Shell 才能和内核沟通联系。Shell 可以将我们输入的命令传达给内核，然后让内核执行相应的指令。学习 Linux 不能依赖窗口界面，因为不同版本的 Linux 设计的窗口程序也会有所不同。但是 Shell 就不同了，掌握了 Shell 就可以轻松地转换不同版本的 Linux。学会编写 Shell 脚本可以更高效地管理主机。

7.1 vi 和 vim 编辑器

无论是修改配置文件还是编写 Shell 脚本都需要用到文本编辑器，本章主要介绍 vi 和 vim 两种编辑器。vi 是 Linux 上默认支持的一款文本编辑器，vim 是 vi 的高级版本，支持的功能更多。因此，我们有必要掌握这两种文本编辑器的使用方法。

7.1.1 认识 vi 和 vim

文本编辑器虽然有很多，但是 vi 是所有 Linux 内置的文本编译器，很多软件的编辑接口都会主动调用 vi，这也是我们要学习它的重要原因。vim 是 vi 的高级版本，vim 可以显示字体颜色、识别语法的正确性，对于程序设计非常方便。而且它们的编辑速度也非常快。使用 vim 编辑一个程序文件或 Shell 脚本文件，vim 会自动根据文件扩展名或文件中的开头信息判断文件中的语法，然后通过不同的颜色区分代码和一般信息。vim 的这种功能使得它的应用范围更广。

vi 和 vim 的基本用法是相同的，只不过 vim 有一些扩展的高级功能。vim 是一个很好用的适合程序开发的工具，它支持正则表达式的查找方式，并可以进行多文本编辑等，其扩展功能将会在下面的小节介绍。

下面以 vi 为例，介绍一些 vi 和 vim 的基本用法。vi 编辑器有三种模式，分别是命令模式、插入模式和底行模式。

- 命令模式：使用 vi 打开文件后默认进入该模式，我们可以通过上下左右按键移动光标的位置，可以使用复制和粘贴功能，也可以通过按键删除字符或整行内容。该模式下无法编辑文件内容。
- 插入模式：通过按下 i、a、o 等键，可以从命令模式进入插入模式。进入该模式后，在界面的左下方我们可以看到 INSERT 字样。该模式下可以编辑文件内容，退出插入模式可以按 Esc 键返回命令模式。

- 底行模式：在命令模式中按：（冒号）键可以进入该模式，进行数据查找、字符替换、保存和退出等操作。

vi 编辑器三种模式的关系如图 7-1 所示。

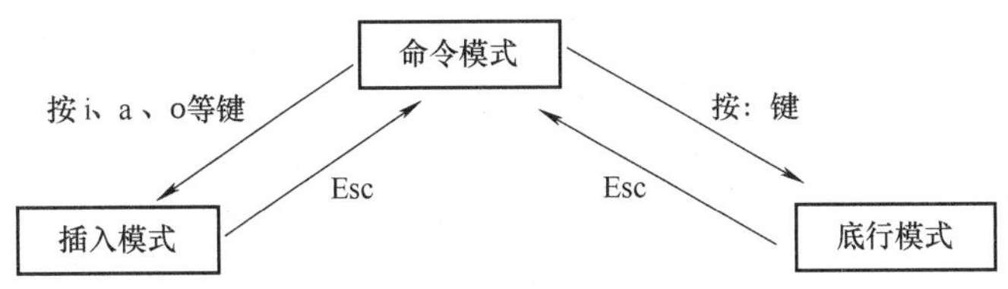

图 7-1　vi 编辑器三种模式的关系

通过上图可以直观地看到 vi 编辑器这三种模式之间的关系，命令模式可以分别与插入模式和底行模式相互切换，但是插入模式和底行模式之间是不能相互切换的。

使用 vi 编辑器很简单，直接输入 vi 文件名就可以了。如果这个文件是系统中已存在的，可以通过 vi 命令打开这个文件。如果这个文件不存在，vi 可以新建该文件并打开它。

```
vi 文件名
```

在终端输入 vi hello.txt 创建并打开一个空白文件，命令如下。使用 vi 创建并打开空白新文件的效果，如图 7-2 所示。

```
[root@ mylinux ~]# vi hello.txt
```

默认光标会停在文件的开头处，中间区域显示的 ~ 符号表示没有插入任何内容。最下面一行显示的是文件的基本信息，包括文件名、文件包含的行数、文件包含的字符数等。底部显示的信息并不是文件中的内容，只是提示信息。如果打开的是新文件，底部会有［New File］的字样。

图 7-2　使用 vi 打开空白的新文件

如果打开的是一个非空白的文件，比如/etc/sudo. conf 文件，文件中间显示的是文件内容，最后一行是文件的提示信息。除了显示文件名/etc/sudo. conf 之外，还显示了文件的行数和总字符数，共有 57 行，1786 个字符。文件中带有#行的表示注释内容，其他内容是设置项，显示结果如图 7-3 所示。

```
#
# Default /etc/sudo.conf file
#
# Format:
#   Plugin plugin_name plugin_path plugin_options ...
#   Path askpass /path/to/askpass
#   Path noexec /path/to/sudo_noexec.so
#   Debug sudo /var/log/sudo_debug all@warn
#   Set disable_coredump true
#
# Sudo plugins:
#
# The plugin_path is relative to ${prefix}/libexec unless fully qualified.
# The plugin_name corresponds to a global symbol in the plugin
#   that contains the plugin interface structure.
# The plugin_options are optional.
#
# The sudoers plugin is used by default if no Plugin lines are present.
Plugin sudoers_policy sudoers.so
Plugin sudoers_io sudoers.so

#
# Sudo askpass:
"/etc/sudo.conf" 57L, 1786C
```

图 7-3　使用 vi 打开非空白文件

接下来编辑空白文件 hello. txt。当前是命令模式，不能编辑任何内容。按 i 键后，就进入了插入模式，可以编辑文本内容。界面左下角显示 INSERT 字样，在该模式下输入所需内容。按 Enter 键换行，输入完毕后光标会停在输入的最后一个字符后面，如图 7-4 所示。

图 7-4　进入插入模式编辑文本

想要保存并退出的话，需要先从插入模式退回到命令模式。在插入模式中按 Esc 键，左下角的 INSERT 字样会消失不见。然后在命令模式下输入：进入底行模式，再输入 wq 按 Enter 键就可以保存并退出了，如图 7-5 所示。

vi 这三种模式之间的切换关系需要特别注意。保存并退出后，可以使用 ls -l 和 cat 命令查看文件 hello. txt 的信息。

图 7-5　保存并退出

7.1.2　常用按键说明

上面介绍三种模式的切换关系时，说到了 i、Esc、:、w、q 这几个按键的用法，其实 vi 和 vim 还支持很多的按键。下面还是以 vi 为例，介绍一些在这三种模式下常用的按键。命令模式中常用的按键，如表 7-1 所示。

表 7-1　命令模式常用按键

按　键	说　明
↑或 k	将光标向上移动一个字符。如果想向上移动多行，可以指定数字再加上按键，比如向上移动 10 行，可以使用 10k 或者 10↑这种组合键的方式。同样适用于下面三个方向的移动
↓或 j	将光标向下移动一个字符
←或 h	将光标向左移动一个字符
→或 l	将光标向右移动一个字符
0（零）	将光标移动到当前行的开头
$	将光标移动到当前行的结尾
G	将光标移动到文件的最后一行。在 G 前面指定数字表示移动到指定的行，比如 1G 表示移动到文件的第 1 行
x 和 X	x 表示在一行中向后删除一个字符，X 表示在一行中向前删除一个字符。在 x 或 X 前面加上数字表示向后或向前删除指定的字符，比如 3x 表示向后删除 3 个字符
dd	删除光标所在的一整行
u	恢复前一个操作

从命令模式到插入模式常用的按键，如表 7-2 所示。在使用这些按键后，要看到界面左下角有 INSERT 字样才能输入内容。

表 7-2　插入模式常用按键

按　键	说　明
i 和 I	i 表示从当前光标所在处插入，I 表示从当前所在行的第一个非空格字符处插入
a 和 A	a 表示从当前光标所在的下一个字符处开始插入，A 表示从光标所在行的最后一个字符处开始插入
o 和 O	o 表示从当前光标所在行的下一行处插入新的一行，O 表示从当前光标所在行的上一行处插入新的一行
Esc	从插入模式退回到命令模式

从命令模式进入底行模式的常用按键，如表 7-3 所示。

表 7-3　底行模式常用按键

按　键	说　明
:w	保存文件内容，:w！表示强制保存
:q	退出 vi（不保存文件内容），:q！表示强制退出不保存
:wq	保存并退出 vi，:wq！表示强制保存并退出 vi
:w 文件名	将当前文件保存为另一个文件，类似另存为文件
:set nu	显示行号，在每一行的前面显示该行的行号，包括空行。 :set nonu 与之相反，表示取消显示行号
/字符串	向下查找指定的字符串
？字符串	向上查找指定的字符串

以上就是操作 vi 编辑器的常用按键，同样适用于 vim 编辑器。vi 编辑器的使用并不难，尝试编辑几个文件作为练习就能掌握这种文本编辑器的使用方法了。

7.1.3　vim 的扩展用法

vim 和 vi 的显示界面有所不同，但是基本用法是相同的。使用 vim 编辑文件时，界面上显示的内容会有颜色的区分。比如使用 vim 打开/etc/sudo. conf 文件，如图 7-6 所示。正文

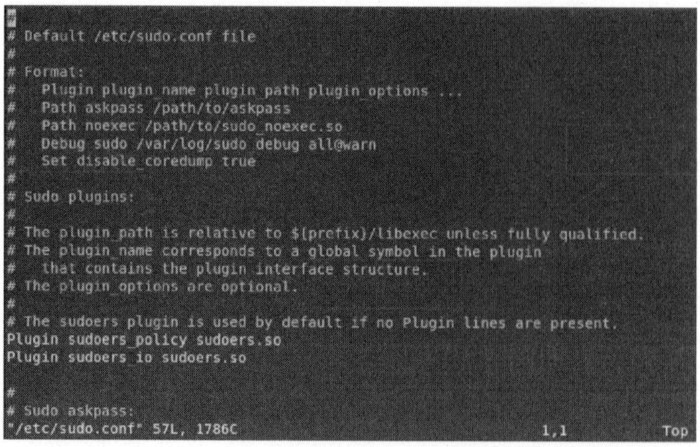

```
#
# Default /etc/sudo.conf file
#
# Format:
#   Plugin plugin_name plugin_path plugin_options ...
#   Path askpass /path/to/askpass
#   Path noexec /path/to/sudo_noexec.so
#   Debug sudo /var/log/sudo_debug all@warn
#   Set disable_coredump true
#
# Sudo plugins:
#
# The plugin_path is relative to ${prefix}/libexec unless fully qualified.
# The plugin_name corresponds to a global symbol in the plugin
#   that contains the plugin interface structure.
# The plugin_options are optional.
#
# The sudoers plugin is used by default if no Plugin lines are present.
Plugin sudoers_policy sudoers.so
Plugin sudoers_io sudoers.so

#
# Sudo askpass:
"/etc/sudo.conf" 57L, 1786C                                1,1           Top
```

图 7-6　使用 vim 打开文件

内容和注释内容（以#开头的部分）的颜色会有不同。文件底部除了显示文件名、文件包含的行数和字符数之外，还显示了两个信息。最后一行右侧显示的 1,1 表示光标所在的位置，即第 1 行第 1 个字符的位置；Top 表示当前显示的界面是整体文件的开头部分；如果这个位置是一个百分数，则表示当前界面占整体文件的百分比数；如果显示的是 Bot，则表示当前界面是文件的最底部。

当光标移动到非注释部分的内容时，底部信息会发生变化，如图 7-7 所示。文件底部会显示光标的位置和一个百分数，表示光标当前所在的位置是第 19 行第 5 个字符，2% 表示当前显示的界面占整个文件的百分之二。

```
# Default /etc/sudo.conf file
#
# Format:
#   Plugin plugin_name plugin_path plugin_options ...
#   Path askpass /path/to/askpass
#   Path noexec /path/to/sudo_noexec.so
#   Debug sudo /var/log/sudo_debug all@warn
#   Set disable_coredump true
#
# Sudo plugins:
#
# The plugin_path is relative to ${prefix}/libexec unless fully qualified.
# The plugin_name corresponds to a global symbol in the plugin
#   that contains the plugin interface structure.
# The plugin_options are optional.
#
# The sudoers plugin is used by default if no Plugin lines are present.
Plugin sudoers_policy sudoers.so
Plugin sudoers_io sudoers.so

#
# Sudo askpass:
#
                                                     19,5          2%
```

图 7-7　底部信息的含义

vim 的扩展用法很多，常用的有多窗口功能和关键词补全等。当我们编辑配置文件时，这些扩展功能还是非常有用的。

1. 多窗口显示

当我们在编辑一个很长的配置文件时，来回翻看同一个文件很麻烦，尤其是编辑到文件后面想查看文件的前半部分内容时。还有需要对照不同文件编辑文本内容的情况。像上面介绍的这两种情况，通过 vim 的多窗口显示功能可以轻松实现。

使用 vim 打开一个文件后，在命令模式下输入:sp 命令，即可让同一个文件显示在两个窗口中，从而同时看到这个文件不同部分的内容，如图 7-8 所示。

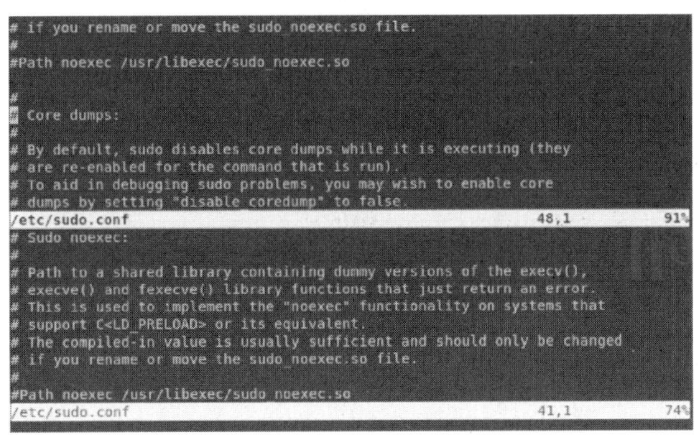

```
# if you rename or move the sudo_noexec.so file.
#
#Path noexec /usr/libexec/sudo_noexec.so

#
# Core dumps:
#
# By default, sudo disables core dumps while it is executing (they
# are re-enabled for the command that is run).
# To aid in debugging sudo problems, you may wish to enable core
# dumps by setting "disable_coredump" to false.
/etc/sudo.conf                                    48,1          91%
# Sudo noexec:
#
# Path to a shared library containing dummy versions of the execv(),
# execve() and fexecve() library functions that just return an error.
# This is used to implement the "noexec" functionality on systems that
# support C<LD_PRELOAD> or its equivalent.
# The compiled-in value is usually sufficient and should only be changed
# if you rename or move the sudo_noexec.so file.
#
#Path noexec /usr/libexec/sudo_noexec.so
/etc/sudo.conf                                    41,1          74%
```

图 7-8　两个窗口显示同一个文件

两个文件之间的切换操作需要用到不同按键的组合，如表 7-4 所示。

表 7-4　窗口切换按键

按　键	说　明
Ctrl + w + k 或 Ctrl + w + ↑	将光标移动到上面的窗口
Ctrl + w + j 或 Ctrl + w + ↓	将光标移动到下面的窗口
: close	关闭光标所在窗口

如果想要对比两个不同的文件，可以在打开一个文件的情况下，在命令模式中输入:sp 文件名。比如使用 vim 打开文件/etc/sudo. conf 后，在该文件的命令模式下输入:sp/etc/services 命令，然后按 Enter 键就可以在两个窗口中显示不同的文件了，如图 7-9 所示。

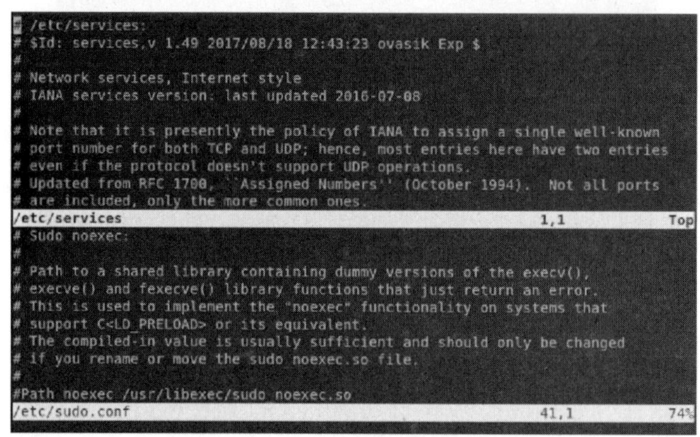

图 7-9　两个窗口显示不同文件

这个功能在修改配置文件时非常适用。我们也可以在打开两个窗口的基础上再打开一个新的文件，还是在命令模式下输入:sp 文件名，打开第三个文件。

2. 关键词补全

Linux 可以通过 Tab 键实现命令的补齐，在使用一些软件编写程序代码时也会有代码补齐功能。vim 中也有这种关键词补齐功能，比如通过文件的扩展名判断文件类型给出需要补齐的关键词提示，vim 中使用的关键词补齐按键如表 7-5 所示。

表 7-5　vim 补齐按键

按　键	说　明
先 Ctrl + x 后 Ctrl + o	根据文件扩展名以 vim 内置的关键词补齐
先 Ctrl + x 后 Ctrl + n	根据当前正在编辑的文件内容作为关键字补齐

创建扩展名为 . html 的文件 test. html，编写网页文件时，vim 会根据扩展名调用正确的语法。输入 type = " " 后，在双引号中先按 Ctrl + x 组合键再按 Ctrl + o 组合键，vim 就会出现关键词的提示信息，如图 7-10 所示。

在这些关键词提示中，我们可以通过上下键选择需要的关键词。需要注意的一点是，如果文件的扩展名不正确，将无法出现任何关键词。

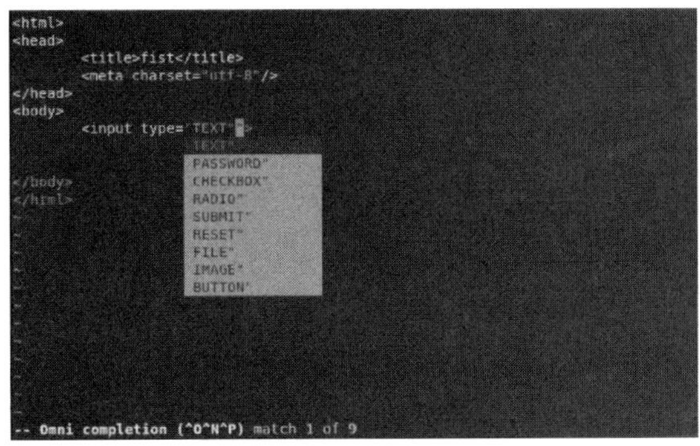

图 7-10　关键词补全

7.2　Shell 脚本编程

我们都知道要想管理好一台主机不是一件容易的事情，系统管理员每天要进行大量的维护工作，比如日志查询、监控用户状态、跟踪流量、查询软件更新状态等。这些工作有的是手动处理的，有的是可以自动处理分析的。可以通过编写 Shell 脚本完成自动处理的部分工作。比如编写简单的 Shell 脚本帮我们一次执行多个命令。本节主要介绍一些 Shell 脚本的基础编程知识。

7.2.1　Shell 变量

变量可以使某个特定的字符串表达不同的含义。Shell 变量就是一组文字或符号替换一些设置或数据。通过 echo 命令可以查看 Shell 变量，变量被使用时，前面需要加上 $ 符号。定义变量时，则不需要加上 $ 符号。下面是 Shell 变量的一些设置规则。

- 变量名和变量内容之间需要通过 =（等号）连接，比如 myvar = COCO。注意等号两边不能直接连接空格，变量内容有空格的情况下需要通过双引号或单引号括起来。变量名有空格可以使用下划线（_）。
- 命名只能使用英文字母、数字和下划线，首个字符不能以数字开头。比如 23myvar = COCO 就是错误的情况。
- 不能使用 bash 里的关键字（可用 help 命令查看保留关键字）。

例 7-1　设置并显示变量

遵循以上规则，有效的变量名有 X_library_PATH、_var、var32 等。一些无效的变量名有？var =666、50qq 等。使用一个定义过的变量，只要在变量名前面加上符号 $ 即可。还可以在变量名外面加上 {}，这个花括号是可选的，加花括号是为了帮助解释器识别变量的边界，举例如下。

```
[root@mylinux ~]#myvar=COCO      //将变量名 myvar 的内容设置为 COCO
[root@mylinux ~]# echo $ myvar   //显示 myvar 变量的内容
COCO
[root@mylinux ~]# echo ${myvar} //以 ${}的方式显示变量内容
COCO
```

例 7-2　取消变量设置

取消变量设置使用 unset 变量名，比如将之前设置的 myvar 变量取消，具体如下。

```
[root@mylinux ~]# unsetmyvar        //取消变量设置
[root@mylinux ~]# echo $ myvar  //再次显示时已无法查看之前设置的变量内容
                                    //这里内容为空
[root@mylinux ~]#
```

如果使用 echo 显示一个不存在的变量，会显示出空的值，这是默认 Shell 是 bash 的情况。如果是其他 Shell，则有可能会提示错误信息。

大牛成长之路：关于 PS1 变量

PS1 变量可以用来设置提示字符，就是我们平常见到的命令提示符，比如［root@mylinux ~］#这个命令提示符就是通过 PS1 变量来设置的。通过 set 命令可以看到 PS1 = '[\u@ \h \W]\ $ '，这些都是 PS1 的特殊符号。\ u 表示当前用户的名称，\ h 表示主机名（第一个小数点之前的名字），\ W 表示当前用户所在的目录，\ $ 表示提示字符（root 为#，普通用户为 $）。

一般情况下，Linux 中使用大写字母设置的变量都是系统需要的变量，比如 PATH、HOME 等都是重要的环境变量。

7.2.2　【实战案例】编写简单的 Shell 脚本

Shell 编程和 JavaScript、PHP 编程一样，只要有一个能编写代码的文本编辑器和一个能解释执行的脚本解释器就可以了。Linux 的 Shell 种类众多，常见的有下面几个。

扫码观看教学视频

- Bourne Shell（/usr/bin/sh 或/bin/sh）：是最初使用的 Shell，在 Shell 编程方面很优秀，但是处理与用户交互方面不如其他几种 Shell。
- Bourne Again Shell（/bin/bash）：是 Bourne Shell 的一个扩展版本，几乎包含了 Shell 具有的所有功能，是大部分 Linux 系统默认使用的 Shell。
- C Shell（/usr/bin/csh）：使用的是类 C 语法，是一种具有 C 语言风格的 Shell，目前使用的并不多。
- K Shell（/usr/bin/ksh）：语法和 Bourne Shell 相同，同时具备了 C Shell 的易用性，与 Bash Shell 相比有一定的限制性。

例 7-3　查看当前的 Shell

由于易用和免费的特点，bash 在日常工作中被广泛使用。我们可以使用 echo $ SHELL 命令查看 Linux 系统正在使用的 Shell，具体如下。

```
[root@mylinux ~]# echo $SHELL
/bin/bash
```

例 7-4　编写简单的 Shell 脚本

我们可以使用 vim 来编写 Shell 脚本。一般情况下，新建的 Shell 脚本文件的扩展名是 .sh（sh 代表 shell）。扩展名不影响脚本的执行，主要是方便我们识别 Shell 脚本。Shell 脚本是从上往下执行的，#后面被认为是注释内容，具体如下。

```
[root@mylinux ~]# vim hello.sh      //编写名为 hello.sh 的脚本
#! /bin/bash      //声明 Shell 解释器
#This example displays "Hello World!" and lists file information.   //注释内容
echo "Hello World!"      //显示 Hello World!
pwd                      //列出当前所在目录
ls -lfile*               //列出文件名中包含 file 的文件
```

上面这个 Shell 脚本文件一共有 5 行，第一行#! /bin/bash 表示声明该 Shell 脚本文件使用的 Shell 解释器。这样的声明以#! 开头，是 shebang 行。第二行是以#开头的注释行，是该脚本文件的说明信息。第三行到第五行是可执行语句，也就是 Linux 中的命令。这样就编写出了一个简单的 Shell 脚本。

7.2.3 【实战案例】Shell 脚本的运行方式

完成脚本的编写之后，还需要了解如何运行这些脚本文件。Shell 脚本的运行方式主要有四种，不同的脚本运行方式会造成不同的结果，对 bash 的环境影响也很大。有的运行方式还需要事先设置脚本文件的执行权限，而有的则可以直接在命令行执行。接下来主要介绍四种脚本运行的方式，相关说明如表 7-1 所示。

扫码观看教学视频

表 7-6　Shell 脚本的运行方法

启动方式	执行示例	说　明
bash shell 脚本	$ bash hello.sh	bash 命令以解释器的形式在子 Shell 中启动并执行脚本，脚本文件不需要执行权限
./shell 脚本	$ ./hello.sh	在当前 Shell（父 Shell）中开启子 Shell 环境，脚本文件需要执行权限
. shell 脚本	$. hello.sh	在当前 Shell 环境中执行脚本，脚本文件不需要执行权限
sourceshell 脚本	$ sourcehello.sh	在当前 Shell 环境中执行脚本，脚本文件不需要执行权限

下面分别使用这四种方式运行上面创建的 hello.sh 脚本文件。

例 7-5　使用 bash 方式运行 Shell 脚本

使用 bash hello.sh 方式执行脚本文件，方式一般在正式脚本里使用，即使脚本没有可执行权限或没有指定解释器也可以使用，具体如下。

```
[root@mylinux ~]# bash hello.sh
Hello World!
```

```
/root
-rw-rw-r-- + 2 rootroot 20 Oct 15 17:11 file1
-rw-rw-r-- + 2 root root 20 Oct 15 17:11 file1_hl
lrwxrwxrwx. 1 root root   5 Oct   9 15:26 file1_sl -> file1
```

例 7-6　使用 ./方式运行 Shell 脚本

使用 ./hello. sh 的方式执行脚本文件时，如果没有事先给用户授予执行权限，直接执行脚本文件时会提示“权限不够”的信息。使用 chmod a + x test. sh 命令给用户授予执行权限后，再次使用 ./hello. sh 方式执行脚本文件，脚本文件内容显示成功。该方式在日常测试时经常使用，具体如下。

```
[root@ mylinux ~]#. /hello. sh
bash:. /hello. sh: Permission denied      //权限不够
[root@ mylinux ~]#chmod a + x hello. sh   //赋予执行权限
[root@ mylinux ~]#. /hello. sh
Hello World!
/root
-rw-rw-r-- + 2 root root 20 Oct 15 17:11 file1
-rw-rw-r-- + 2 root root 20 Oct 15 17:11 file1_hl
lrwxrwxrwx. 1 root root   5 Oct   9 15:26 file1_sl -> file1
```

例 7-7　使用 .（点）方式运行 Shell 脚本

使用 . hello. sh 的方式执行脚本文件，.（点）和脚本文件之间要有一个空格，具体如下。

```
[root@ mylinux ~]#. hello. sh      //注意空格
Hello World!
/root
-rw-rw-r-- + 2 rootroot 20 Oct 15 17:11 file1
-rw-rw-r-- + 2 root root 20 Oct 15 17:11 file1_hl
lrwxrwxrwx. 1 root root   5 Oct   9 15:26 file1_sl -> file1
```

例 7-8　使用 source 方式运行 Shell 脚本

最后介绍使用 source hello. sh 方式执行脚本文件。第三和第四种方式与前两者不同，后两种方式不用调用子进程，可以直接在当前进程中运行并且把结果显示在当前进程中，具体如下。

```
[root@ mylinux ~]# source hello. sh
Hello World!
/root
-rw-rw-r-- + 2 root root 20 Oct 15 17:11 file1
-rw-rw-r-- + 2 root root 20 Oct 15 17:11 file1_hl
lrwxrwxrwx. 1 root root   5 Oct   9 15:26 file1_sl -> file1
```

以上就是 Shell 脚本的四种运行方式，当然 Shell 脚本还有其他的运行方式，比如 sh hello. sh。用户在掌握这四种基本的运行方式后，也可以了解一下其他的方式。

7.2.4　Shell 脚本的特殊变量

Shell 脚本提供了一些重要的特殊变量来存储参数信息，在接收命令行参数时根据参数的位置顺序接收数据，Shell 脚本的特殊变量及说明如表 7-7 所示。在脚本文件中加入这些特殊变量，可以更好地满足用户的设计需求。

表 7-7　Shell 脚本的特殊变量

特殊变量	说　明
$ 0	当前 Shell 脚本文件名
$ n	获取当前执行 Shell 脚本的第 n 个参数
$ #	获取当前执行 Shell 脚本接收参数的数量
$ *	将所有非 $ 0 参数存储为单个字符串
$?	退出状态，0 表示成功，非 0 表示失败
$ $	获取脚本运行进程的进程号

例 7-9　Shell 脚本特殊变量的简单应用

我们可以使用 vim 编写脚本文件 example1. sh，使用特殊变量分别显示脚本文件名、参数的总数、具体的参数值以及第 2 个参数。在运行脚本文件时，可以在脚本文件后面指定具体的参数值，具体如下。

```
[root@ mylinux ~]# vim example1. sh     //编写新的 Shell 脚本
#! /bin/bash
echo "当前脚本文件的名称:$ 0"
echo "参数的总数:$ #,这些参数分别是:$ * "
echo "第 2 个参数是:$ 2"
[root@ mylinux ~]# bash example1. sh user01 coco linux     //输入 3 个参数
当前脚本文件的名称:example1. sh
参数的总数:3,这些参数分别是:user01 coco linux
第 2 个参数是:coco
```

这种方式可以灵活地与用户进行交互，接收用户输入的参数。输入的参数之间通过空格分隔，比如上面输入的 user01 对应的就是 $ 1、coco 对应的是 $ 2、linux 对应的是 $ 3。

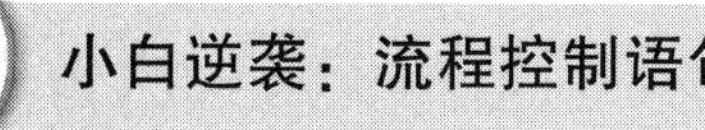

小白逆袭：流程控制语句

通过 Linux 命令、管道、重定向等可以编写简单的 Shell 脚本，使用流程控制语句可以编写难度更大、功能更强的 Shell 脚本。

命令可以带选项，Shell 脚本也可以在文件名后面带参数。在脚本中加入这些特殊变量，可以让我们编写的 Shell 脚本更加灵活。

7.3 正则表达式

正则表达式（Regular Expression）的应用非常广泛，比如 PHP、Python、Java 等领域。对于系统管理员来说，正则表达式可以帮助筛选重要的信息，简化系统的管理流程。在很多文本编辑器里，正则表达式通常用来检索、替换那些匹配某个模式的文本。另外，还有很多工具支持正则表达式，比如 sed、awk。

7.3.1 认识正则表达式

在正式认识正则表达式之前，可以先回忆一下我们是如何在 Windows 系统中使用 Office 软件的“查找”功能。比如想要在当前文档中找到“Linux 技术”，只需要在查找文本框中输入“Linux 技术”文本并进行查找就可以了，这其实就是一种形式最简单的“表达式”，查找工具会使用某种匹配方式进行全文搜索。在 Linux 文本模式中没有类似 Office 的图形化匹配工具，但可以使用“正则表达式”来做相同的匹配工作。

正则表达式可以通过不同的特殊字符，让用户轻松地完成特定字符串的处理，比如查找、删除、替换等操作。正则表达式中还有更多更复杂的符号可用来代表其他有意义的字符，这实际上是一种抽象的过程。简单地说，正则表达式就是能用某种模式去匹配一类字符串的公式，它是由一串字符和元字符构成的字符串。所谓元字符，是用以阐述字符表达式的内容、转换和描述各种操作信息的字符。Linux 正则表达式一般是以行为单位处理的。

在 Linux 运维工作中，时刻都会面对大量带有字符串的文本配置、程序、命令输出及日志文件等，而我们经常会迫切需要从大量的字符串内容中查找符合工作需要的特定字符串，这就要靠正则表达式。因此，可以说正则表达式就是为过滤字符串的需求而生的。

正则表达式分为基础正则表达式（Basic Regular Expression）和扩展的正则表达式（Extended Regular Expression）。

7.3.2 基础正则表达式

正则表达式是处理字符串的一种表示方式，因此，在学习编写一些基础正则表达式之前，需要了解一些基础正则表达式字符集合，如表 7-8 所示。

表 7-8 基础正则表达式字符集合

字　符	说　明
^	^word 搜索以 word 开头的内容
$	word $ 搜索以 word 结尾的内容
^ $	表示空行，不是空格
.	代表且只能代表任意一个字符（不匹配空行）
\	转义字符，去除特殊字符表示的特殊含义
*	重复 0 个或多个前一个正则表达式字符
. *	任意多个字符

（续）

字　符	说　明
\d	任意数字
#	从左到右匹配，删掉第一个
##	从左到右匹配，删掉全部
%	从右开始，与#相反
%%	从右开始，与##相反
[list]	匹配字符集合内的任意一个字符
[^list]	匹配不包含 ^ 后的任意字符
a\{n,m\}	重复前面 a 字符 n 到 m 次

正则表达式常和 grep 命令搭配使用，下面先介绍 grep 命令的用法，再结合上面的字符进行综合应用。

Linux 系统中 grep 命令是一种强大的文本搜索工具，可以结合正则表达式搜索文本，然后把匹配行打印出来。grep 命令可以用于查找文件中符合条件的字符串或者查找内容包含指定样式的文件。

语法：

```
grep [选项] '样式' [文件名]
```

选项说明：

- -c：输出匹配样式的次数。
- -i：不区分大小写。
- -n：显示匹配行以及行号。
- -v：显示不包含匹配样式的所有内容。

例 7-10　查找匹配行

本例在当前目录中使用 grep 命令查找以 file 开头的文件中包含 am 的行，总共找到了 3 个相关的文件，具体如下。

```
[root@mylinux ~]# grep 'am' file*      //查找以 file 开头文件中包含 am 的行
file1:I am a TEST file
file1_hl:I am a TEST file
file1_sl:I am a TEST file
```

例 7-11　查找匹配行并显示行号

在文件中搜索带有 good 的行，指定-n 选项可以显示行号和内容，在 hello.txt 文件中匹配到了第 3 行和第 4 行，具体如下。

```
[root@mylinux ~]# grep -n 'good' hello.txt      //查找文件中带有 good 的行并显示行号
3:this file is good
4:the food taste good
```

例 7-12　匹配链接文件

本例列出了当前目录中的链接文件并显示详细信息，因为 ls -l 命令会列出包括文件属性在内的信息，所以 grep 后面的^l 会匹配到 file1_sl 文件的 lrwxrwxrwx 属性，具体如下。

```
[root@mylinux ~]# ls -l |grep '^l'
lrwxrwxrwx. 1 root root     5 Oct  9 15:26 file1_sl -> file1
```

ls 命令和 grep 命令之间的 | 是管道，它可以连接两个命令。关于管道的具体用法将在 7.4 节进行介绍。

7.3.3　扩展正则表达式

一般情况下，Linux 初学者能够掌握基础正则表达式就足够了。为了更方便地简化操作，了解一些扩展正则表达式的使用方法会更好。顾名思义，扩展正则表达式一定是针对基础正则表达式的一些补充。实际上，扩展正则表达式比基础正则表达式多了几个重要的符号。下面我们来认识一下这几个特殊字符，如表 7-9 所示。

表 7-9　扩展正则表达式的特殊字符

特殊字符	说　　明
+	重复前一个字符一次或一次以上，前一个字符连续一个或多个时，比如 ro+t 就可以匹配 rot、root 等
?	重复前面一个字符 0 次或 1 次（. 是有且只有 1 个），如 ro? t 仅能匹配 rot 或 rt
|	用“或”的方式过滤多个字符
()	分组过滤被括起来的部分，表示一个整体（一个字符），后向引用

例 7-13　匹配文件中带有！的行

！在正则表达式中并不是特殊字符，如果想要查找文件中带有！的行，可以在匹配样式中输入'［!］'，具体如下。

```
[root@mylinux ~]# grep -n '[!]' hello.txt      //匹配文件中带有！的行
3:this file is good!
```

这样就在文件 hello.txt 中匹配到了第 3 行带有！的内容。正则表达式还有更多高级应用，对于初学者来说，能够掌握基本的正则表达式用法就可以了。

7.3.4　常用工具

在了解了一些正则表达式的基本知识后，还有两个工具需要了解，就是 sed 和 awk。sed 的功能有很多，包括数据的新增、替换、删除等。sed 可以用来自动编辑一个或多个文件、简化对文件的反复操作、编写转换程序等。

语法：

```
sed [选项] '操作' [文件名]
```

选项说明：

- -n：只显示经过 sed 处理的那一行。

- -e：在命令行模式中进行 sed 的操作与编辑。
- -f：将 sed 操作写入文件。

sed 命令还可以进行下面这些操作。

- a：新增行，后面可以接字符串，表示在当前的下一行新增。
- c：替换指定的行。
- d：删除指定的行。
- i：插入，后面可以接字符串，表示在当前的下一行插入新内容。
- p：将指定的数据打印出来。
- s：替换，搭配正则表达式进行替换操作。

例 7-14　删除第 2 到第 3 行

下面以文件 hello. txt 为例，以行号的形式显示文件内容并删除第 2 行到第 3 行的内容。sed 命令后面的'2,3d'表示删除第 2 行到第 3 行，具体如下。

```
[root@ mylinux ~]# nl hello. txt | sed '2,3d'     //显示第 1 行和第 4 行
    1  starting now
    4  the food taste good
```

例 7-15　删除第 4 行到最后一行

以上是打印出来的效果，并不是文件 hello. txt 本身删除了第 2 行到第 3 行的内容。sed 的操作内容需要在单括号中编辑。当文件内容过长，而我们只需要查看前三行时，可以通过 sed '4, $ d'删除第 4 行到最后一行，$ 表示最后一行。

```
[root@ mylinux ~]# nl /etc/passwd | sed '4, $ d'  //只显示前 3 行
    1  root:x:0:0:root:/root:/bin/bash
    2  bin:x:1:1:bin:/bin:/sbin/nologin
    3  daemon:x:2:2:daemon:/sbin:/sbin/nologin
```

相比 sed 工具，awk 更擅长处理一行中分成多个字段的数据，默认的字段分隔符是空格键或者 Tab 键，它也是一个好用的数据处理工具。

语法：

```
awk '操作'[文件名]
```

例 7-16　列出指定字段的信息

awk 中的操作要比 sed 中更复杂一些，通常搭配 print 将指定的字段列出来。先使用 last 命令列出前三行的用户登录记录。将 last 命令搭配 awk 命令可以列出指定字段的信息，比如列出第 1 个字段和第 5 个字段的信息，并使用 Tab 键隔开，具体如下。

```
[root@ mylinux ~]# last -n 3
root     tty2          tty2              Tue Oct 20 09:05   still logged in
reboot   system boot   4.18.0-80.el8.x8 Tue Oct 20 09:05   still running
root     tty2          tty2              Mon Oct 19 15:31 - down   (02:30)
root@ mylinux ~]# last -n 3 |awk '{print $ 1 "\t" $ 5}'
root     Oct
```

```
reboot    Tue
root      Oct
```

在 {} 中，使用 awk 指定的每一个字段都使用 $ 表示，即 $ 1、 $ 2 表示变量名。上面 $ 1 表示第一个变量，也就是第一个字段。不过， $ 0 表示一整列数据。awk 以行为单位进行依次处理，字段是它的最小处理单位。另外，awk 还可以搭配逻辑运算符处理数据。

7.4 重定向

重定向就是数据流重定向，指的是将数据定向输入或输出到指定的位置。比如将某个命令的执行结果传输到某个文件中。当我们执行命令时，该命令会从指定的文件中读取数据，经过处理后再将数据输出到屏幕中。本节主要介绍输入重定向和输出重定向。另外，管道的使用也非常广泛，它经常和不同的命令搭配使用，在正式介绍管道之前，我们已经用过它了。本章主要结合不同的命令，介绍重定向和管道的应用。

7.4.1 输入与输出重定向

输入重定向就是将文件导入到命令中，输出重定向是指将输出到屏幕上的数据写入指定的文件中。其实，我们使用较多的是输出重定向。输出重定向又分为标准输出重定向和错误输出重定向。

- 标准输入重定向（stdin）：文件描述符为 0，默认从键盘输入，也可以从文件或命令中输入数据，使用 < 或 < < 符号。
- 标准输出重定向（stdout）：文件描述符为 1，默认输出到屏幕上。使用 > 或 > > 符号，一般情况下符号的左侧是命令，右侧是文件。
- 错误输出重定向（stderr）：文件描述符为 2，默认输出到屏幕上，使用 2 > 或 2 > > 符号。

重定向的这些符号表示的含义和作用各不相同，如表 7-10 所示。

表 7-10　重定向符号的含义

符　号	说　明
命令 < 文件	将文件作为命令的标准输入
命令 << 分界符	从标准输入中读入，直到碰到分界符
命令 > 文件	将标准输出到重定向到一个文件中，如果文件中有数据，将会清空原有文件的数据
命令 >> 文件	同样是将标准输出到重定向到一个文件中，将数据追加到原有文件中，不会清空文件的原有数据
命令 < 文件 1 > 文件 2	将文件 1 作为命令的标准输入，然后将标准输出到文件 2 中
命令 2 > 文件	将错误输出重定向到一个文件中，会清空文件中的原有内容
命令 2 > > 文件	将错误输出重定向到文件中，会向文件中追加内容，但不会清空文件的原有数据

错误输出重定向的文件描述符是不可以省略的，标准输入/输出重定向的文件描述符是可以省略的。

例 7-17　将标准输出重定向到文件中

将 ls 命令的输出结果写入文件/tmp/dir1/filein 中。ls 命令可以列出当前目录下的文件信息，利用 > 可以将这些输出结果写入文件/tmp/dir1/filein 中。使用 > > 可以继续向文件中追加新的内容，具体如下。

```
[root@ mylinux ~]# ls   //当前目录中的文件
anaconda-ks. cfg   example1. sh  fstab_hl    initial-setup-ks. cfg  Templates
Desktop            file1         hello. sh   Music                  Videos
Documents          file1_hl      hello. txt  Pictures
Downloads          file1_sl      index. html Public
[root@ mylinux ~]# ls  > /tmp/dir1/filein     //将 ls 的输出结果重定向到文件中
[root@ mylinux ~]# cat /tmp/dir1/filein       //查看文件中的信息
anaconda-ks. cfg
Desktop
Documents
Downloads
example1. sh
file1
file1_hl
file1_sl
fstab_hl
hello. sh
hello. txt
index. html
initial-setup-ks. cfg
Music
Pictures
Public
Templates
Videos
```

例 7-18　将错误输出重定向到文件中

我们同样可以将错误输出重定向的信息写入文件中，这里就需要指定文件描述符了。由于当前目录中并没有 dir1 这个子目录，因此执行 cd dir1 命令会出现错误提示信息，这就是错误输出重定向。将错误输出重定向的这一行信息写入/tmp/dir1/err_info 文件中，需要使用 2 >。如果是追加错误输出重定向信息，就用 2 > > 信息。之后使用 cat 命令，可以看到文件中已经记录了这一行信息，具体如下。

```
[root@ mylinux ~]# cd dir1
bash: cd: dir1: No such file or directory    //错误输出重定向
[root@ mylinux ~]# cd dir1 2 > /tmp/dir1/err_info    //将错误输出重定向的内容写入
文件
```

```
[root@mylinux ~]# cat /tmp/dir1/err_info       //查看文件中的错误输出重定向信息
bash: cd: dir1: No such file or directory
```

例 7-19　< <用作结束输入

结合 > 和 < < 符号，我们可以将输入的信息输出到文件中。如果指定的文件不存在，系统会自动创建 outfile 文件，< < 后面的 stp 是结束输入的标志。正常输入两行内容后，输入 stp 可以结束这次的输入操作，具体如下。

```
[root@mylinux ~]# cat > outfile < < "stp"     //将输入的信息输出到文件 outfile 中
> this is a test file
> line linux ls
> stp  //结束输入
[root@mylinux ~]# cat outfile  //查看文件内容
this is a test file
line linux ls
```

文件 outfile 中只会记录前两行输入的内容，stp 这个字符串并不会被记录到文件中，它只是作为结束的一个标志。

7.4.2　管道

管道命令使用 | 表示，它可以将前一个命令的输出当作后一个命令的标准输入。管道命令只会处理标准输出，而忽略标准错误输出。管道命令的执行格式如下。

```
命令 1 | 命令 2
```

管道后面的命令必须可以接受标准输入的数据，比如 more、less、head 等命令，而 ls、cp、mv 等命令不会接受来自标准输入的数据，因此不能作为管道命令。

管道命令需要和其他命令结合使用才能发挥作用，下面介绍一些常用的 Linux 命令的基本用法。

1. cut 命令

cut 命令可以从文件中提取一部分信息，以行为单位处理信息。

语法：

```
cut [选项] [文件名]
```

选项说明：

- -d：后接分隔符，默认的分隔符是 Tab，可以更改为其他分隔符。
- -f：根据-d 指定的分隔符将信息划分成多个部分，提取-f 指定的部分。常与-d 一起使用，根据特定的分隔符和列出的字段提取数据。

例 7-20　提取文件中的指定字段

/etc/passwd 文件以：来分隔每一行的不同字段，使用 head 命令可以只查看该文件的前 3 行，但是不能只列出第一个字段。cut 命令结合-d 和-f 选项可以提取以：分隔后的第 1 个字段数据。使用管道可以将这两个命令连接起来，达到提取文件指定字段的作用，具体如下。

```
[root@mylinux ~]# head -n 3 /etc/passwd | cut -d ':' -f 1
root
bin
daemon
```

cut 命令主要用于对同一行里的数据进行分解来分析数据。提取数据的时候先分析文本数据的特点，像/etc/passwd 文件中以：分隔的数据就比较容易提取。

2. sort 命令

sort 命令可以对文本中的内容进行不同数据形式的排序。

语法：

```
sort [选项] [文件名]
```

选项说明：

- -n：按数值大小进行排序。
- -b：忽略每行前面开始的空格字符。
- -r：以相反的顺序排序。
- -u：遇到重复的行，只对其中一个进行排序。
- -o：将排序后的结果存入指定的文件。

例 7-21　对指定文件进行排序

对/etc/group 文件进行排序时，默认以第一个字段来排序，根据英文字母的顺序排序。通过 head 命令只显示该文件的前 5 行，并对这 5 行内容进行排序。指定 sort 命令的-r 选项会以相反的顺序进行排序，具体如下。

```
[root@mylinux ~]# head -n 5 /etc/group | sort   //默认排序方式
adm:x:4:
bin:x:1:
daemon:x:2:
root:x:0:
sys:x:3:
[root@mylinux ~]# head -n 5 /etc/group | sort -r   //以相反的顺序对文件进行排序
sys:x:3:
root:x:0:
daemon:x:2:
bin:x:1:
adm:x:4:
```

sort 是很常用的命令，我们经常用它比较一些信息。在文件中有数字的情况下，可以根据数字对这些信息进行排序。

3. wc 命令

wc 命令可以计算输出信息的整体数据，比如计算文件的字数、字节数等。

语法：

```
wc [选项] [文件名]
```

选项说明：

- -c：只显示字节数。
- -l：只显示行数。
- -w：只显示单词数。
- -m：只显示字符数。

例 7-22　计算文件的整体数据

默认情况下，wc 会显示文件中包含的行数、单词数、字节数，相当于-lwc 选项的组合。在本例中，通过计算可以知道/etc/services 文件中包含了 11473 行内容，有 63130 个单词，字节数为 692241，具体如下。wc 命令也可以比较多个文件的行数、单词数和字节数。

```
[root@mylinux ~]# cat /etc/services | wc        //计算单个文件
11473   63130   692241
[root@mylinux ~]# wc /etc/services /etc/passwd   //计算多个文件
11473   63130 692241 /etc/services     //文件/etc/services 的行数、单词数和字节数
    47     106    2574 /etc/passwd       //文件/etc/passwd 的行数、单词数和字节数
11520   63236 694815 total              //两个文件总共的行数、单词数和字节数
```

wc 是一个很有用的计算文件内容的工具，比如想要统计/etc/passwd 文件中有多少用户时，就可以用 wc 命令。因为在/etc/passwd 文件中每一行代表一个用户的信息，所以可以通过 wc -l 计算文件有多少行。

4. uniq 命令

uniq 命令可以用来检查文件中重复出现的内容，一般会结合 sort 命令使用。

语法：

```
uniq [选项] [文件名]
```

选项说明：

- -c：在每一列旁边显示该行重复出现的次数。
- -d：仅显示重复出现的行列。
- -f：忽略大小写字符的不同。

例 7-23　给文件内容排序并统计重复的行数

本例我们将 uniq 命令和 sort 命令结合使用，统计文件中重复出现的行数。原文件 hello. txt 有 7 行，包括重复的行。使用 cat 命令查看该文件的内容，然后通过管道传输到 sort 命令对文件进行排序，再通过管道将文件排序后的结果传输到 uniq 命令这里统计重复的行，具体如下。

```
[root@mylinux ~]# cat hello.txt      //文件 hello.txt 的内容
starting now
how to use vi
this file is good!
the food taste good
this file is good!
```

```
how to use vi
use vi
[root@ mylinux ~]# cat hello.txt |sort |uniq -c      //排序并统计重复行
      2 how to use vi
      1 starting now
      1 the food taste good
      2 this file is good!
      1 use vi
```

uniq 命令可以将重复的行删除只显示一个结果，搭配 sort 命令会得到比较简洁明了的信息。

5. tr 命令

tr 命令可以用来转换或删除文件中的一些信息。

语法：

```
tr [选项] '字符集'
```

选项说明：

- -d：删除指定的字符。
- -s：替换重复的字符。

例 7-24　将文件中的大写字母转换为小写字母

文件 file1 中包含英文大小写字母，通过 tr 命令可以将大写字母转换为小写字母。[A-Z] 表示大写字母，[a-z] 表示小写字母，具体如下。

```
[root@ mylinux ~]# cat file1
I am a TEST file
ST
[root@ mylinux ~]# cat file1 | tr [A-Z] [a-z]   //将大小字母转换为小写字母
i am a test file
st
```

tr 命令也可以搭配正则表达式，我们可以在 [ ] 里设置一些字符，来替换文件中的特殊符号。关于 tr 命令的更多应用，可以参考 man tr 中的介绍。

6. join 命令

join 命令可以将两个文件中有相同数据的行连接起来。

语法：

```
join [选项] [文件1] [文件2]
```

选项说明：

- -1：数字 1，表示连接文件 1 指定的字段。
- -2：数字 2，表示连接文件 2 指定的字段。
- -i：比较字段信息时，忽略大小写的差异。
- -t：后面指定分隔字符，用于对比两个文件的相同字段。

例 7-25　连接两个文件

/etc/passwd 文件和/etc/shadow 文件的相同点就是每一行的第一个字段是相同的，每个字段都以：分隔。通过 join 命令可以将这两个文件连接起来，然后使用 head 命令显示前 3 行的用户记录，具体如下。

```
[root@mylinux ~]# head -n 3 /etc/passwd /etc/shadow
==> /etc/passwd <==                      //文件/etc/passwd 的前三行
root:x:0:0:root:/root:/bin/bash
bin:x:1:1:bin:/bin:/sbin/nologin
daemon:x:2:2:daemon:/sbin:/sbin/nologin
==> /etc/shadow <==                      //文件/etc/shadow 的前三行
root:$6$6KjBRDFHttXS4THq$CK.DksyBqK7Ick2rv3dRDrCGMOuK7Re0HNf9hVHmi-
KMo3rJ/H1mr7Q3p9SMKrzRMzCED3jzG4O4ExxDkXdO89/::0:99999:7:::
bin:*:18027:0:99999:7:::
daemon:*:18027:0:99999:7:::
[root@mylinux ~]# join -t ':' /etc/passwd /etc/shadow | head -n 3  //连接两个文件
root:x:0:0:root:/root:/bin/bash:$6$6KjBRDFHttXS4THq$CK.DksyBqK7Ick2-
rv3dRDrCGMOuK7Re0HNf9hVHmiKMo3rJ/H1mr7Q3p9SMKrzRMzCED3jzG4O4ExxDkXdO89/::      0:
99999:7:::
bin:x:1:1:bin:/bin:/sbin/nologin:*:18027:0:99999:7:::
daemon:x:2:2:daemon:/sbin:/sbin/nologin:*:18027:0:99999:7:::
```

如果想连接的字段位于两个文件的不同字段中，可以单独指定文件的字段。文件/etc/passwd 中的第 4 个字段是 UID，文件/etc/group 中的第 3 个字段也是 UID，如果想要通过 UID 字段连接这两个不同的文件，需要用到该命令的两个数字选项。比如通过管道命令可以这样写：join -t '：' -1 4 /etc/passwd -2 3 /etc/group | head -n 3，即可将两个文件中不同位置但内容相同的字段连接起来。

7. split 命令

split 命令可以将一个大文件划分成多个小文件，默认情况下按照每 1000 行划分成一个小文件。

语法：

```
split [选项] [文件] [前缀字符]
```

选项说明：

- -l：后面指定行数，以行数进行划分。
- -b：后面可以指定想要划分的文件大小，可以指定文件的单位（b、k、m）。

前缀字符是文件划分完成后的前置文件名，split 会在前缀字符后自动加上编号。

例 7-26　将一个文件划分成多个文件

在本例中，文件/etc/passwd 以行为单位记录每一个用户的信息，我们可以指定-l 选项将该文件以每 10 行进行划分。划分的多个小文件以 pwds 开头，后面的编号是自动划分的，比如 aa、ab、ac 等，共划分成了 5 个小文件，具体如下。

```
//将文件/etc/passwd 划分成以 pwds 开头的文件
[root@ mylinux ~]# split -l 10 /etc/passwd pwds
[root@ mylinux ~]# ls -lpwds *                    //查看划分的多个文件
-rw-r--r--. 1 root root 385 Oct 21 11:42pwdsaa
-rw-r--r--. 1 root root 583 Oct 21 11:42pwdsab
-rw-r--r--. 1 root root 618 Oct 21 11:42pwdsac
-rw-r--r--. 1 root root610 Oct 21 11:42 pwdsad
-rw-r--r--. 1 root root 378 Oct 21 11:42pwdsae
```

生成的这 5 个小文件会存储在当前的目录下。如果想保存在其他目录中，可以在前缀字符的位置指定其他目录，比如/tmp/dir1/pwds 表示生成的以 pwds 开头的小文件会存储在/tmp/dir1/目录下。如果按照文件大小划分也很简单，可以用-b 选项指定要划分的文件大小，比如将/etc/services 文件划分成多个 200k 大小的文件，可以这样指定：split -b 200k /etc/services　myservices。

7.5　要点巩固

想要成为一个称职的系统管理员，必须要掌握 Shell 脚本的编写技能。Shell 脚本可以将一些命令集合起来一次执行，它不需要编译就能直接执行，方便了日常的管理工作。本章主要围绕 Shell 展开介绍，下面是对这些内容的总结。

1）掌握 vi 和 vim 编辑器的用法，Shell 脚本就是用它们编写的。三种模式（命令模式、插入模式和底行模式）之间的相互切换也需要明白。

2）能够使用 vim 编辑器编写简单的 Shell 脚本。

3）掌握四种 Shell 脚本的运行方式。

4）Shell 脚本的特殊变量：$ 0、$ n、$#、$ *、$?、$ $。

5）学会使用简单的正则表达式和两个工具 sed、awk。

6）重定向的使用：>、>>、<、<<、2>、2>>。

7）和管道搭配常用的命令：cut、sort、wc、uniq、tr、join、split。

与 Shell 有关的知识远不止于此，Shell 脚本可以帮助跟踪和管理系统的重要工作、实现简单的入侵检测功能以及简单的数据处理等。因此，Shell 脚本在系统管理上是一个很好用的工具。

7.6　技术大牛访谈——重要的环境变量

在 Linux 系统中，经常能看到变量名称是大写的，这算是一种约定成俗的规范。通过变量名可以提取对应的变量值，Linux 系统中有一些重要的环境变量与系统运行有关。系统中的环境变量有很多，使用 env 命令可以查看系统中所有的环境变量。下面将对系统中比较重要的环境变量进行介绍。

- PATH：定义 Shell 会到哪些目录中寻找命令或程序。
- HOME：定义了用户的家目录。

- SHELL：用户正在使用的 Shell 名称。
- MAIL：用户的邮件保存路径。
- HOSTNAME：本主机的名称。
- LANG：系统语言、语系名称。
- USER：当前用户的名称。
- PWD：当前用户所在的目录。
- HISTSIZE：输出的历史命令记录条数。

我们可以使用 env 命令查看自己系统中这些重要的环境变量，具体如下。

```
[root@mylinux dir1]#env
PATH=/usr/local/bin:/usr/local/sbin:/usr/bin:/usr/sbin:/root/bin
HOME=/root
SHELL=/bin/bash
MAIL=/var/spool/mail/root
HOSTNAME=mylinux.com
LANG=en_US.UTF-8
USER=root
PWD=/tmp/dir1
HISTSIZE=1000
```

第 8 章 软件包管理

在 Linux 系统中，软件的安装、删除、更新等操作可以通过软件管理器来实现。一般来说，Linux 软件包管理工具是一组命令的集合，其作用是提供在操作系统中管理软件的方法，并提供对系统中所有软件状态信息的查询。通过指定的软件管理机制可以实现不同 Linux 发行版中软件的管理。

8.1 认识软件管理器

随着自由软件的不断发展，Linux 得到了壮大，很多企业和社区将这些软件收集起来制作出不同的 Linux 发行版。一开始，这些 Linux 发行版的软件管理各不相同，后来经过不断完善和发展，逐渐形成了 RPM 和 DPKG 两个主流的软件管理器。

目前 Linux 界主流的软件安装方式就是通过 RPM 和 DPKG 这两种机制。RPM 最早是由 Red Hat 公司开发出来的，由于它的实用性，后来很多发行版也使用这个机制管理软件，包括 CentOS、Fedora 等。DPKG 机制最早是由 Debian Linux 社区开发出来的，它能够实现软件的简单安装和后续的软件管理，代表的发行版有 Debian、Ubuntu。

RPM（RedHat Package Manager）以数据库记录的方式将需要的软件安装到系统中。当用户使用这种机制安装软件时，RPM 会先将软件编译并打包成 RPM 机制的文件，这样该文件里面的默认数据库就记录了这个软件的依赖属性。RPM 会查询软件是否具有依赖属性，如果能满足依赖属性，就会安装该软件。安装软件的时候也会将软件的相关信息写入数据库中，方便后续的软件查询、升级等操作。RPM 依赖属性问题，可以通过 YUM 在线升级工具来进行解决。

DPKG（Debian Packager）是 Debian 软件包管理的基础，通过 DPKG 管理的软件包通常以 .deb 结尾。这个软件包管理机制和 RPM 相似，也可以实现软件的安装、删除、升级等功能。所有源自 Debian 的 Linux 发行版都使用 DPKG 机制。

8.2 RPM 软件包管理器

RPM 软件包管理器主要使用的是 rpm 命令，不过 yum 也可以实现软件的安装和在线升级。在安装软件时需要获取 root 权限，因为这是系统管理员的工作。软件安装完成后，信息会写入/var/lib/rpm 目录的数据库文件里。

8.2.1 【实战案例】安装和卸载软件

在安装 PRM 类型的文件时，系统会先读取文件中记录的设置参数，然后对比 Linux 系统的环境，检测是否有软件属性依赖问题。如果检查合格，RPM 文件就会被安装到系统中。

扫码观看教学视频

rmp 命令的选项大致分为三类，分别是显示类选项、安装类选项和卸载类选项。在安装软件之前可以先查询一下该软件的信息。

语法：

```
rpm [选项] 软件包名称
```

选项说明：

- -q：显示已安装软件的版本。
- -a：显示已安装的 rpm 软件包信息列表。
- -R：显示指定软件包所依赖的 rpm 软件包名称。
- -i：安装软件包。
- -v：显示更详细的安装信息。
- -h：使用#显示安装进度。
- --nodeps：忽略依赖项并安装。
- --force：即使已安装指定的软件包，也会执行覆盖安装。
- -e：卸载安装包。

例 8-1　安装软件

如果不确定想要安装的软件是否已经被安装，可以使用-q 选项查询该软件的信息。在安装软件时，一般会使用-ivh 这三个选项的组合，以同时看到软件安装进度和软件信息。在指定软件名字的时候，可以通过 Tab 键自动补齐软件的名称。

```
[root@mylinux Packages]# rpm -qzziplib      //查询软件信息
packagezziplib is not installed
[root@mylinux Packages]# rpm-ivh zziplib-0.13.68-7.el8.x86_64.rpm     //安装软件
Verifying...                         ################################# [100%]
Preparing...                         ################################# [100%]
Updating / installing...
   1:zziplib-0.13.68-7.el8           ################################# [100%]
```

安装软件时，如果对其他软件包有依赖性，则必须同时安装所需的软件包，否则安装将会停止。用户也可以使用--nodeps 选项忽略依赖关系，但是这种操作可能会使其他情况受到影响。

小白逆袭：挂载光盘

使用 rpm 安装软件时，需要将光盘挂载到/mnt 目录下。我们可以在/mnt 目录下新建一个 cdrom 目录，然后执行 mount -t iso9660 /dev/cdrom /mnt/cdrom 命令，将光盘挂载到/mnt/cdrom 目录下。使用 cd 命令进入/mnt/cdrom/AppStream/Packages 目录中，就可以使用 rpm 安装软件了。

例 8-2　卸载软件

进行软件卸载时，会验证 rpm 软件包之间的依赖性，如果用户要卸载的软件包依赖于其他软件包，则卸载操作将被中断。忽略依赖项时，可以使用它进行卸载，但其他情况会受影响，具体如下。

```
[root@mylinux ~]# rpm -qzziplib      //查询到软件已安装
zziplib-0.13.68-7.el8.x86_64
[root@mylinux ~]# rpm -ezziplib      //卸载软件
[root@mylinux ~]# rpm -qzziplib      //查询到软件未安装
packagezziplib is not installed
```

在卸载软件时，如果存在软件依赖性，一般不要轻易删除互相依赖的软件包。因为不清楚删除后对系统有没有影响。我们可以指定--nodeps 选项忽略依赖关系，但可能会导致相关依赖软件不可用。

无论是安装还是卸载尽量不要使用暴力安装或暴力卸载的方式，也就是尽量不要指定--force 选项强制安装。除非我们清楚使用该选项后会出现的结果，否则会发生很多不可预期的问题。

8.2.2　【实战案例】YUM 工具应用

软件的升级和更新可以使用 YUM 工具来解决。YUM 在线升级工具使用的命令是 yum，它的 RPM 包管理，能够从指定的服务器自动下载 RPM 包并且安装，可以自动处理依赖性关系，并且一次安装所有依赖的软件包，解决了软件的删除、安装和升级问题。使用 YUM 工具很简单，不需要额外的设置，只要保证能正常访问网络就可以使用它。使用 yum 命令需要搭配它的子命令，以实现软件的查询、安装、卸载和升级功能。

扫码观看教学视频

语法：

```
yum [子命令] [软件包名称]
```

yum 的子命令主要分为查询类、安装升级类和卸载类三类，首先介绍查询类的子命令。

查询子命令说明：

- list：显示所有可用的 rpm 软件包信息，类似 rpm -qa。
- list installed：显示已安装的 rpm 软件包。

- info：显示有关指定的 rpm 软件包的详细信息。
- list updates：显示可更新的已安装 rpm 软件包。
- search：使用指定的关键字搜索 rpm 包并显示结果。
- deplist：显示指定的 rpm 包的依赖项信息。

例 8-3　使用 yum 命令查询软件信息

使用 yum 的 info 子命令可以查询软件的安装状态、来源、大小等详细信息。已安装的软件会有 Installed Packages 的提示信息，未安装的软件则是 Available Packages 的提示信息。从本例显示的信息中，我们可以了解这个软件各个方面的信息，具体如下。

```
[root@mylinux ~]# yum infozsh    //查询 zsh 这个软件的信息
Last metadata expiration check: 0:48:30 ago onThu 22 Oct 2020 09:29:49 AM CST.
Available Packages//表示该软件该没有安装
Name         :zsh              //软件名称
Version      :5.5.1            //软件版本
Release      :6.el8_1.2        //软件发布的版本
Arch         :x86_64           //软件的硬件架构
Size         :2.9 M            //软件的大小
Source       :zsh-5.5.1-6.el8_1.2.src.rpm     //软件源
Repo         :BaseOS
Summary      :Powerful interactive shell
URL          :http://zsh.sourceforge.net/
License      :MIT
Description  :Thezsh shell is a command interpreter usable as an interactive
             :login shell and asa shell script command processor.   Zsh
             :resembles theksh shell (the Korn shell), but includes many
             :enhancements. Zsh supports command line editing, built-in
             :spelling correction, programmable command completion, shell
             :functions (with autoloading), a history mechanism, and more.
```

软件的 Description 中描述了软件的作用、可支持的功能等信息，用户可以使用 yum 命令与上述各种子命令组合来显示软件包的信息。

大牛成长之路：RPM 包的种类

RPM 包的封装格式一般有两种：分别是 RPM 和 SRPM。SRPM 也是一种 RPM，但是它包含了编译时的源码文件和一些编译指定的参数文件，使用时需要重新进行编译。

yum 命令的安装升级类子命令就比较简单了。

- install：安装指定的 rpm 软件包，会自动解决依赖问题。
- update：更新所有可以更新的已安装 rpm 软件包，也可以指定单个 rpm 软件包进行更新。

例 8-4　使用 yum 命令安装软件

使用 yum 安装软件很简单，不需要知道软件的位置，也不需要使用 mount 挂载光盘，而且它还会自动解决软件依赖的问题。在使用 yum 安装的过程中，会有询问信息，输入 y 就可以继续安装软件了。成功安装后会有 Complete！的提示信息，具体如下。

```
[root@ mylinux ~]# yum installzziplib      //安装软件
CentOS-8 - AppStream                          1.7 kB/s |4.3 kB    00:02
CentOS-8 - Base                               1.5 kB/s |3.9 kB    00:02
CentOS-8 - Extras                             599  B/s |1.5 kB    00:02
Dependencies resolved.
================================================================================
Package        Arch        Version             Repository        Size
================================================================================
Installing:
zziplib        x86_64      0.13.68-8.el8       AppStream          91 k
Transaction Summary
================================================================================
Install  1 Package         //需要安装 1 个软件
Total downloadsize: 91 k
Installed size: 214 k
Is this ok [y/N]: y        //询问是否继续下载,输入 y 表示同意
Downloading Packages:      //开始下载
zziplib-0.13.68-8.el8.x86_64.rpm               71 kB/s |  91 kB    00:01
-------------------------------------------------------------------------
Total                                          33 kB/s |  91 kB    00:02
Running transaction check
Transaction check succeeded.
Running transaction test
Transaction test succeeded.
Running transaction
  Preparing        :                                          1/1
  Installing       :zziplib-0.13.68-8.el8.x86_64                        1/1
  Runningscriptlet: zziplib-0.13.68-8.el8.x86_64                        1/1
  Verifying        :zziplib-0.13.68-8.el8.x86_64                        1/1
Installed:
zziplib-0.13.68-8.el8.x86_64
Complete!      //完成安装
```

如果需要升级系统中的软件，可以直接使用 yum update 命令升级系统中所有已安装的软件。软件的删除也很简单，yum 关于删除的子命令只有一个，就是 remove。

- remove：卸载指定的 rpm 软件包。

例 8-5　使用 yum 命令卸载软件

本例将介绍如何使用 yum 和它的子命令 remove 卸载之前安装的软件。删除的过程很简单，中间会询问是否继续删除，同意的话输入 y 就可以了，具体如下。

```
[root@ mylinux ~]# yum removezziplib      //卸载软件
Dependencies resolved.
```

```
================================================================================
Package          Arch         Version                  Repository          Size
================================================================================
Removing:     //要卸载的软件
zziplib          x86_64       0.13.68-8.el8            @AppStream         214 k
Transaction Summary
================================================================================
Remove   1 Package
Freed space: 214 k
Is this ok [y/N]: y          //询问是否继续卸载
Running transaction check
Transaction check succeeded.
Running transaction test
Transaction test succeeded.
Running transaction
  Preparing         :                                                       1/1
  Erasing           :zziplib-0.13.68-8.el8.x86_64                           1/1
  Runningscriptlet : zziplib-0.13.68-8.el8.x86_64                           1/1
  Verifying         :zziplib-0.13.68-8.el8.x86_64                           1/1
Removed:
  zziplib-0.13.68-8.el8.x86_64
  Complete!      //完成卸载
```

与 rpm 命令相比，使用 yum 命令管理软件会更便捷。注意使用 yum 升级软件的时候，如果 update 子命令后面指定了软件名称，就只会升级该软件。如果要升级全部的软件，直接使用 yum update 命令即可。

8.2.3 YUM 的配置文件

yum 命令的主要配置文件是/etc/yum.conf 文件，该文件包含了基本的配置信息，例如 yum 执行期间的日志文件规范。yum 的配置文件有主配置文件/etc/yum.conf、资源库配置目录/etc/yum.repos.d。Linux 系统将有关每个软件库的消息存储在/etc/yum.repos.d 目录下的一个单独文件中，这些文件定义了要使用的软件库。

例 8-6　查看软件库文件

本例将介绍如何查看软件库文件，具体如下。

```
[root@mylinux ~]# cd /etc/yum.repos.d
[root@mylinux yum.repos.d]# ll
total 44
-rw-r--r--. 1 root root  731 Aug 14  2019CentOS-AppStream.repo
-rw-r--r--. 1 root root  712 Aug 14  2019CentOS-Base.repo
-rw-r--r--. 1 root root  798 Aug 14  2019CentOS-centosplus.repo
-rw-r--r--. 1 root root 1320 Aug 14  2019CentOS-CR.repo
-rw-r--r--. 1 root root  668 Aug 14  2019CentOS-Debuginfo.repo
```

```
-rw-r--r--. 1 root root  756 Aug 14  2019CentOS-Extras. repo
-rw-r--r--. 1 root root  338 Aug 14  2019CentOS-fasttrack. repo
-rw-r--r--. 1 root root  928 Aug 14  2019CentOS-Media. repo
-rw-r--r--. 1 root root  736 Aug 14  2019CentOS-PowerTools. repo
-rw-r--r--. 1 root root 1382 Aug 14  2019CentOS-Sources. repo
-rw-r--r--. 1 root root  74 Aug 14  2019CentOS-Vault. repo
```

例 8-7　软件库文件中的设置项

下面以 CentOS-Base. repo 文件为例，查看该文件中的设置项，具体如下。

```
[root@ mylinux yum. repos. d]# cat CentOS-Base. repo
#CentOS-Base. repo
#
# The mirror system uses the connecting IP address of the client and the
# update status of each mirror to pick mirrors that are updated to and
# geographically close to the client.  You should use this forCentOS updates
# unless you are manually picking other mirrors.
#
# If themirrorlist = does not work for you, as a fall back you can try the
# remarked outbaseurl = line instead.
#
#    //以上都是该文件的注释信息
[BaseOS]
name = CentOS- $ releasever - Base
mirrorlist = http://mirrorlist. centos. org/? release = $ releasever & arch = $
basearch & repo = BaseOS & infra = $ infra
# baseurl = http://mirror. centos. org/ $ contentdir/ $ releasever/BaseOS/ $
basearch/os/
gpgcheck = 1
enabled = 1
gpgkey = file:///etc/pki/rpm-gpg/RPM-GPG-KEY-centosofficial
```

上面的 CentOS-Base. repo 主要有 7 个设置项，下面分别介绍它们的含义。

- [BaseOS]：表示软件源的名称，中括号里面的名称可以变动，但是 [ ] 不能改动。软件源的名称不能重复，否则会导致 yum 无法找到软件源的相关信息。
- name：记录该软件源的基本信息。
- mirrorlist：指定该软件源可以使用的镜像站。
- baseurl：指定该软件源的实际地址。
- gpgcheck：指定是否需要查看 RPM 文件内的数字签名。该值为 1 时，表示 yum 检查 GPG 签名以验证软件包的授权。
- enabled：表示是否启用该软件源，值为 1 表示启用，值为 0 表示不启用。
- gpgkey：数字签名公钥文件所在的位置，一般使用默认值就可以了。

8.3 进程管理

进程是操作系统中很重要的一个概念，Linux 操作系统中运行的程序都是以进程的形式存在的。进程的不同状态会直接影响系统的运行，系统中始终会有多个进程处于运行状态。有效的进程管理可以发现系统中耗时较多的进程，从而调整系统进程的优先级以及终止无效的进程。

8.3.1 进程和程序

当一个程序被加载到内存中运行时，内存中的相关数据就被称为进程。在学习用户管理时，我们知道了 UID 和 GID。在 Linux 系统中，系统也会赋予进程一个 ID，即 PID（进程标识符）。比如用户执行命令时会创建一个进程，在程序结束时会消失。进程也是有权限的，像文件的权限一样，不同身份的用户执行同一个程序时，系统赋予的权限也不相同。

程序一般放在存储媒介中，比如硬盘、光盘等，以二进制文件的形式存在。程序被系统调用后，该用户的权限、程序的代码等数据都会加载到内存中，系统会赋予这个进程一个 PID。进程和程序的关系可以理解为进程是一个处于运行状态的程序。

进程之间是有相关性的，当我们登录系统后，系统会调用的 Shell 就是 bash，通过这个 bash 可以执行其他命令。系统原先调用的 bash 就称为父进程，而在 bash 环境下执行的其他命令就是子进程。父进程通过 PPID 来判断，子进程可以获取父进程的环境变量。比如我们在当前的 bash 环境下直接执行 bash，就会进入子进程的环境。

例 8-8　查看父进程和子进程

下面将介绍查看父进程和子进程的具体操作。

```
[root@mylinux ~]# bash   //启动子进程
[root@mylinux ~]# ps -l  //查看进程信息
F S   UID    PID  PPID  C PRI  NI ADDR SZ WCHAN  TTY          TIME CMD
0 S     0   2742  2736  0  80   0 -  6635 -      pts/0    00:00:00 bash
0 S     0   5643  2742  0  80   0 -  6603 -      pts/0    00:00:00 bash
0 R     0   5667  5643  0  80   0 - 11188 -      pts/0    00:00:00 ps
```

本例中，第一个 bash 的 PID 和第二个 bash 的 PPID 都是 2742，这就是子进程和父进程。子进程和父进程之间的关系比较复杂，每台主机的进程启动状态都不一样，产生的 PID 也不一样。进程都会通过父进程以复制的方式产生一个相同的子进程，然后复制出来的子进程再来执行实际要执行的进程，然后成为一个子进程。

8.3.2 查询进程信息

进程在系统管理中很重要，关系着系统的运行状态。进程之间是可以相互控制的，通过给进程发送信号告知该进程需要做的事情，就能控制进程。当系统处于十分忙碌的状态并且系统资源紧张的情况下，如何快速分析最耗费资源的进程是很重要的。进程管理也是一个系统管理者的必备技能，当系统发生问题时，我们必须要熟悉进程的管理流程才能更好地分配系统资源。不过，在管理进程之前，我们需要先学会查看进程信息，下面介绍几个和进程相关的命令。

1. ps 命令

ps 命令可以显示当前进程的运行情况，和 Windows 中的任务管理器类似。ps 命令显示的是进程的静态信息。

语法：

```
ps [选项]
```

选项说明：

- -A：列出所有的进程，与-e 具有相同的效果。
- -p：指定 PID（进程 ID）。
- -f：显示详细信息。
- -l：以长格式显示详细信息。
- aux：显示系统中所有的进程信息。

例 8-9　查看进程信息

ps 命令常用的选项主要有-l 和 aux 选项，注意 aux 前面没有-（减号）。单独执行 ps 命令会显示简单的进程信息，具体如下。

```
[root@mylinux ~]# ps
  PID TTY          TIME CMD
 3030 pts/0    00:00:00 su
 3038 pts/0    00:00:00 bash
 3060 pts/0    00:00:00 ps
```

下面将对 PID、TTY、TIME 和 CMD 四个字段的含义进行解释。

- PID：进程 ID，该进程的唯一进程标识号。
- TTY：登录用户的终端。
- TIME：进程的累计执行时间，也就是进程实际使用 CPU 的时间，不是系统时间。
- CMD：触发进程的命令。

例 8-10　只查看自己 bash 相关的进程

PS 命令是比较简单的显示进程信息的方式。使用 ps -l 命令可以只查看自己 bash 相关的进程，具体如下。

```
[root@mylinux ~]# ps -l
F S  UID    PID  PPID  C PRI  NI ADDR SZ WCHAN  TTY          TIME CMD
4 S    0   3030  2821  0  80   0 - 41883  -     pts/0    00:00:00 su
4 S    0   3038  3030  0  80   0 -  6606  -     pts/0    00:00:00 bash
0 R    0   3126  3038  0  80   0 - 11188  -     pts/0    00:00:00 ps
```

下面将对 ps -l 命令相关字段的含义进行解释。

- F：进程标识（process flags），用来说明这个进程的权限，4 表示该进程的权限为 root。
- S：进程状态，主要状态有 5 种状态，S（Sleep）表示正处于睡眠状态的进程，可以被唤醒；R（Running）表示正在运行中的进程；T（stop）表示停止状态，可能是后台暂停或跟踪状态；D 表示不可唤醒的睡眠状态；Z（Zombie）僵尸状态，进程已经终止但无法被删除，还在内存中。

- UID：拥有该进程用户的 UID，该值为 0 表示拥有该进程的用户是 root。
- PID：进程的唯一标识符。
- PPID：该进程的父进程 PID。
- C：表示 CPU 的使用率，单位是百分比。
- PRI 和 NI：表示进程被 CPU 执行的优先级。
- ADDR：表示该进程处于内存的具体部分，-表示该进程是一个 running 的状态。
- SZ：表示该进程使用的内存。
- WCHAN：表示当前进程是否处于运行状态，-表示正在运行中。

例 8-11　查看系统中所有运行的进程信息

TTY、TIME 和 CMD 的含义上面已经介绍过了，这里就不再赘述了。查看系统中所有运行的进程信息可以使用 ps aux 命令，具体如下。

```
[root@mylinux ~]# ps aux
USER        PID %CPU %MEM   VSZ    RSS TTY     STAT START   TIME COMMAND
root          1  0.0  0.4 179020  8780 ?        Ss   14:54  0:01 /usr/lib/syste
root          2  0.0  0.0      0     0 ?        S    14:54  0:00 [kthreadd]
......(中间省略)......
user01     2821  0.0  0.2  24280  4372 pts/0    Ss   14:55  0:00 bash
root       3030  0.0  0.4 167532  8984 pts/0    S    15:02  0:00 su -
root       3038  0.0  0.2  26424  4984 pts/0    S    15:02  0:00 -bash
......(中间省略)......
root       3409  0.0  0.0   7284   796 ?        S    15:36  0:00 sleep 60
root       3410  0.0  0.0      0     0 ?        I    15:36  0:00 [kworker/0:0-a
root       3411  0.0  0.2  57172  3876 pts/0    R+   15:37  0:00 ps aux
```

接下来介绍上面这些字段的含义。

- USER：该进程所属的用户名。
- PID：该进程的 PID。
- %CPU：该进程已经使用的 CPU 资源。
- %MEM：该进程占用的物理内存。
- VSZ：该进程已经使用的虚拟内存，单位为 KB。
- RSS：该进程占用的固定内存，单位为 KB。
- TTY：登录用户的终端。? 表示与终端无关，pts/0 表示由网络连接进入主机的进程，tty1 ~ tty6 表示本机上的登录进程。
- STAT：该进程目前的状态，与 ps -l 命令中的 S 字段含义相同。
- START：该进程被触发启动的时间。
- TIME：该进程实际使用 CPU 运行的时间。
- COMMAND：触发进程的命令。

ps aux 命令会按照 PID 的顺序从 1 开始显示进程信息。另外，我们还需要注意僵尸进程，如果进程的 COM 字段显示的是 < defunct >，就表示该进程是僵尸进程。系统不稳定的时候容易出现僵尸进程，如果产生了僵尸进程，不要使用 kill 命令直接杀掉它，而是让系统来处理。如果一段时间后，系统还是没有删除这个僵尸进程，就需要通过 reboot 重启的方式将该进程杀掉。

2. top 命令

top 命令可以动态查看进程的信息。该命令可以持续地看到进程运行中的变化，实时地显示系统中各个进程的资源占用情况。

语法：

```
top [选项]
```

选项说明：

- -d：后面指定秒数，表示整个进程界面刷新的时间间隔。
- -n：后面指定次数，表示输出信息更新的次数。
- -b：以批量的方式执行 top。
- -i：不显示闲置或僵死的进程信息。

在 top 命令的执行过程中还可以使用下面这些按键。

- ?：显示可以输入的按键。
- q：退出 top 的按键。
- P：根据 CPU 的使用情况排序。
- M：根据占用的内存情况排序。
- T：根据进程使用 CPU 的累计时间（TIME +）排序。

例 8-12　使用 top 查看进程信息

top 命令的执行结果会分为两部分，上半部分是系统运行状态的概况，下半部分是系统中各个进程的详细信息，具体如下。

```
[root@mylinux ~]# top
top - 16:32:17 up  1:37,  1 user,  load average: 0.02, 0.01, 0.00
Tasks: 254 total,  1 running, 253 sleeping,  0 stopped,  0 zombie
%Cpu(s):  2.2 us,  1.5sy,  0.0 ni, 95.8 id,  0.0 wa,  0.5 hi,  0.0 si,  0.0 st
MiB Mem :  1806.1 total,   116.6 free,  1097.9 used,    591.5 buff/cache
MiB Swap:  3072.0 total,  3040.5 free,     31.5 used.    541.2 avail Mem
//上半部分是系统运行状态,下半部分是各进程的详细信息
  PID USER      PR  NI    VIRT    RES    SHR S  %CPU  %MEM     TIME+ COMMAND
 2277 user01    20   0 3406672 212388  69888 S   8.9  11.5   0:50.03 gnome-sh+
 2816 user01    20   0  529956  37644  24616 S   1.7   2.0   0:03.55 gnome-te+
 2224 user01    20   0   82360   4888   3452 S   0.3   0.3   0:00.17 dbus-dae+
    1 root      20   0  179020   8780   4240 S   0.0   0.5   0:01.53systemd
    2 root      20   0       0      0      0 S   0.0   0.0   0:00.00kthreadd
    3 root       0 -20       0      0      0 I   0.0   0.0   0:00.00 rcu_gp
......(以下省略)......
```

在 top 命令输出的上半部分信息中，一般情况下是 5 行信息。

- 第 1 行：top 表示当前的系统时间；up 表示系统自启动以来的累计运行时间；user 表示登录到系统中的当前用户数；load average 表示系统的 3 个平均负载值，分别是 1 分钟、5 分钟和 15 分钟的负载情况。数值越小表示系统越闲。
- 第 2 行：显示进程的概况。total 表示系统中现有进程的总数，running 表示处于运行状态的进程数量，sleeping 表示处于休眠状态的进程数量，stopped 表示暂停运行的进程数量，zombie 表示僵尸进程的数量。
- 第 3 行：主要分析 CPU 的工作状态（以百分比显示）。us 表示用户进程使用的时间，sy 表示系统进程使用的时间，ni 表示执行优先级已更改用户进程的使用时间，id 表示空闲状态的时间，wa 表示等待 I/O 终止的时间，hi 表示硬件中断请求使用的时间，si 表示软件中断请求使用的时间，st 表示使用虚拟化时等待计算其他虚拟化 CPU 所花费的时间。
- 第 4 行：分类统计内存的使用情况。total 表示系统配置的物理内存数量，free 表示空闲内存的数量，used 表示已用内存的数量，buff/cache 表示用作缓冲区的内存数量。
- 第 5 行：统计交换分区的使用情况。total 表示系统总的交换分区大小，free 表示空闲交换分区的大小，used 表示已有交换分区的大小，avail Mem 表示用作缓冲区的交换分区的大小。

下面是 top 命令输出的下半部分字段的含义。

- PID：进程的 ID。
- USER：进程所有者的用户名。
- PR：进程优先级，该值越小表示进程会被越早执行。
- NI：进程优先级的 nice 值，范围为 -20 ~ 19，负值表示高优先级，正值表示低优先级。
- VIRT：进程使用的虚拟内存总量。
- RES：进程使用的未被换出的物理内存大小。
- SHR：进程占用的共享内存总量。
- S：进程当前的状态，与 ps -l 命令中的 S 字段含义相同。
- %CPU：CPU 占用百分比。
- %MEM：进程占用物理内存的百分比。
- TIME+：进程累计占用 CPU 的时间。
- COMMAND：触发进程的命令。

top 命令默认情况下按照 CPU 使用率进行排序，对应按键 P。如果想按照内存使用率排序，则按 M 键即可。退出 top 直接按 q 键就可以了。我们还可以将 top 的显示结果输出到文件中。比如将 top 命令的显示结果更新 3 次，输出到文件中，mytop.txt 文件如果不存在会自动创建。

```
[root@mylinux ~]# top -b -n 3 >/tmp/dir1/mytop.txt
```

3. pstree 命令

pstree 命令以树状形式显示进程之间的相关性。

语法：

```
pstree [选项]
```

选项说明：

- -p：显示进程的 PID。
- -u：显示进程对应的用户名。
- -h：列出树状图时，突出现在执行的程序。
- -A：以 ASCII 字符连接各个进程树。

例 8-13　以树状形式显示进程

不加任何选项执行 pstree 命令，结果会以树状形式从 systemd 进程开始显示，具体如下。

```
[root@mylinux ~]#pstree     //以树状形式显示进程
systemd─┬─ModemManager───2*[{ModemManager}]
        ├─NetworkManager───2*[{NetworkManager}]
        ├─VGAuthService
        ├─accounts-daemon───2*[{accounts-daemon}]
        ├─atd
        ├─auditd─┬─sedispatch
        │        └─2*[{auditd}]
        ├─avahi-daemon───avahi-daemon
        ├─boltd───2*[{boltd}]
        ├─colord───2*[{colord}]
        ├─crond
......(以下省略)......
```

例 8-14　显示进程的 PID 和所属用户

执行 pstree 命时，指定-Apu 选项可以显示进程的 PID 和所属用户，具体如下。

```
[root@mylinux ~]# pstree -Apu
systemd(1)-+-ModemManager(848)-+-{ModemManager}(862)
           |                   `-{ModemManager}(875)
           |-NetworkManager(931)-+-{NetworkManager}(934)
           |                     `-{NetworkManager}(936)
           |-VGAuthService(834)
           |-accounts-daemon(903)-+-{accounts-daemon}(904)
           |                      `-{accounts-daemon}(907)
           |-atd(950)
           |-auditd(799)-+-sedispatch(801)
           |             |-{auditd}(800)
           |             `-{auditd}(802)
           |-avahi-daemon(832,avahi)---avahi-daemon(877)
           |-boltd(1843)-+-{boltd}(1846)
           |             `-{boltd}(1850)
           |-colord(1998,colord)-+-{colord}(2009)
           |                     `-{colord}(2015)
```

```
        |-crond(949)
......(以下省略)......
```

通过 pstree 命令可以知道，所有的进程都在 systemd 进程下面，它的 PID 是 1，表示该进程是 Linux 内核主动调用的第一个进程。

8.3.3 进程优先级

系统中各个进程的执行顺序是不一样的，决定 CPU 优先处理哪一个进程是通过优先级设定的。进程的优先级越高，CPU 就会优先处理哪一个进程。通过前面查询进程的信息，我们知道了 PRI 和 NI 这两个值和进程的优先级有关。

PRI（Priority）是由内核动态调整的，用户无法直接修改 PRI 值，PRI 值越低表示优先级越高。我们可以通过修改 NI（nice）值，调整进程的优先级。nice 值和 PRI 是有相关性的。

```
PRI(新) = PRI(旧) + nice 值
```

nice 值的范围是 -20 ~ 19，当 nice 值为负数时，PRI（新）值会变低，即优先级会变高。root 用户可以修改任何人的 nice 值，修改范围是 -20 ~ 19。普通用户只能调整自己进程的 nice 值，可调范围只是 0 ~ 19，且只能往高处调整 nice 值，这样可以避免普通用户抢占系统资源。

调整某个进程的优先级，就是调整它的 nice 值。修改优先级的方式有两种：nice 命令和 renice 命令。

1. nice 命令

nice 命令可以为一个新执行的进程设置 nice 值，注意不同身份的用户可以修改优先级的范围是不同的。

语法：

```
nice [选项] [命令]
```

选项说明：

- -n：后接数字，范围是 -20 ~ 19。

例 8-15　使用 nice 设置进程优先级

本例使用 root 身份设置 nice 值为 -3，执行 wc 这个进程，& 表示将这个进程放在后台执行。再通过 ps -l 命令查看进程的优先级信息，具体如下。

```
[root@mylinux ~]# nice -n -3 wc &      //修改进程的优先级
[1] 3137
[root@mylinux ~]# ps -l     //查看进程
F S  UID    PID   PPID  C PRI   NI ADDR SZ WCHAN  TTY          TIME CMD
4 S    0   3011   2857  0  80    0 - 41883 -      pts/0    00:00:00 su
4 S    0   3018   3011  0  80    0 -  6606 -      pts/0    00:00:00 bash
4 T    0   3137   3018  0  77   -3 -  1824 -      pts/0    00:00:00 wc
0 R    0   3138   3018  0  80    0 - 11188 -      pts/0    00:00:00 ps
```

原本 bash 的 PRI 值为 80，wc 进程的 PRI 值也应该是 80。由于调整了 wc 这个进程的 nice 值，所以现在 wc 进程的 PRI 值就变成了 77。一般情况下，我们可以将一些备份任务命令的 nice 设置得稍微大一些，因为备份任务比较耗费资源，这样可以分出资源给其他进程使用，让资源分配更公平。

2. renice 命令

renice 命令可以为一个已经存在的进程重新调整 nice 值。

语法：

```
renice [nice 值] [PID]
```

使用 renice 命令为已经存在的进程调整优先级很简单，只要在 renice 命令后面指定想要设置的 nice 值和该进程的 PID 就可以了。

例 8-16　使用 renice 设置进程优先级

在为进程设置优先级之前需要先明确该进程的 PID，然后再通过 renice 命令调整优先级。这里以 wc 进程为例，通过 ps -l 命令可以看到 wc 进程的 PID 是 3137，nice 值是 -3。然后使用 renice 命令重新指定一个新的 nice 值为 5，这样 wc 进程的 nice 值就变成了 5，PRI 值为 85，具体如下。

```
[root@mylinux ~]# ps -l      //先查看进程的 nice 值和 PID
F S   UID   PID  PPID  C PRI  NI ADDR SZ WCHAN  TTY          TIME CMD
4 S     0  3011  2857  0  80   0 - 41883 -      pts/0    00:00:00 su
4 S     0  3018  3011  0  80   0 -  6606 -      pts/0    00:00:00 bash
4 T     0  3137  3018  0  77  -3 -  1824 -      pts/0    00:00:00 wc
0 R     0  3320  3018  0  80   0 - 11188 -      pts/0    00:00:00 ps
[root@mylinux ~]#renice 5 3137      //重新设置 nice 值
3137 (process ID) old priority -3, new priority 5
[root@mylinux ~]# ps -l      //再次查看进程的 nice 值
F S   UID   PID  PPID  C PRI  NI ADDR SZ WCHAN  TTY          TIME CMD
4 S     0  3011  2857  0  80   0 - 41883 -      pts/0    00:00:00 su
4 S     0  3018  3011  0  80   0 -  6606 -      pts/0    00:00:00 bash
4 T     0  3137  3018  0  85   5 -  1824 -      pts/0    00:00:00 wc
0 R     0  3334  3018  0  80   0 - 11188 -      pts/0    00:00:00 ps
```

例 8-17　修改父进程的优先级

如果修改 bash 进程的 nice 值，那么在 bash 父进程之下的子进程 ps 的 nice 值也会跟着改变。nice 值可以通过父进程传递到子进程。bash 进程的 nice 值默认是 0，PRI 值为 80。将 bash 的 nice 值修改为 -6 之后，bash 父进程和子进程 ps 的 nice 都变成了-6，PRI 变成了 74，具体如下。

```
[root@mylinux ~]# ps -l//查看修改之前 bash 和 ps 的进程信息
F S UID   PID  PPID  C PRI  NI ADDR SZ WCHAN  TTY          TIME CMD
4 S   0  3011  2857  0  80   0 - 41883 -      pts/0    00:00:00 su
4 S   0  3018  3011  0  80   0 -  6606 -      pts/0    00:00:00 bash
4 T   0  3137  3018  0  85   5 -  1824 -      pts/0    00:00:00 wc
0 R   0  3334  3018  0  80   0 - 11188 -      pts/0    00:00:00 ps
```

```
[root@mylinux ~]#renice -6 3018      //修改 bash 进程的 nice 值为 -6
3018 (process ID) old priority 0, new priority -6
[root@mylinux ~]# ps -l//查看修改之后 bash 和 ps 的进程信息
F S  UID   PID  PPID  C PRI  NI ADDR SZ WCHAN  TTY          TIME CMD
4 S    0  3011  2857  0  80   0 - 41883 -      pts/0    00:00:00 su
4 S    0  3018  3011  0  74  -6 -  6606 -      pts/0    00:00:00 bash
4 T    0  3137  3018  0  85   5 -  1824 -      pts/0    00:00:00 wc
0 R    0  3388  3018  0  74  -6 - 11188 -      pts/0    00:00:00 ps
```

在修改进程的 nice 值时，要注意 nice 命令和 renice 命令的区别。

8.3.4 任务管理

Linux 系统中，还需要明确的就是任务和进程之间的关系。任务就是在一个命令行上执行的处理单位，如果在一个命令行执行了多个命令，即存在多个进程，系统会将这些进程看成是一项任务。任务分为前台任务和后台任务，前台任务指与键盘和终端屏幕交互并占用键盘和终端屏幕的任务，直到该任务完成；后台任务指不能接收键盘输入的任务，根据设置可能会抑制输出到屏幕的任务，可以同时执行多个任务，而且无法使用 Ctrl + c 组合键终止它。任务在执行的过程中也会有任务号码（job number），要想合理分配这些任务，就需要了解调度任务的命令。

1. jobs 命令

jobs 命令可以查看当前后台任务的情况。

语法：

```
jobs [选项]
```

选项说明：

- -r：只显示正在后台运行的任务。
- -s：只显示正在后台暂停的任务。
- -l：可以显示任务号码、PID 和对应的命令。

例 8-18 查看任务信息

如果想了解当前有多少任务在后台执行，可以使用 jobs 命令。本例中显示的［1］是任务号码，+（加号）表示这项任务是最近被放到后台的。如果是 -（减号）则表示这项任务是最近第二个被放到后台执行的，第三个以后的任务就不会显示 + 或-了。3137 是这项任务对应的 PID，Stopped 表示这项任务是暂停状态，具体如下。

```
[root@mylinux ~]# jobs -l
[1] +   3137 Stopped (tty input)     nice -n -3 wc
```

将命令放到后台执行，可以在命令的最后加上 &，将当前正在执行的任务放到后台暂停可以使用 Ctrl + z 组合键。

2. fg 命令

fg 命令可以将后台任务移到前台来执行。

语法：

```
fg [%任务号码]
```

例 8-19　将后台任务移到前台

本例将 vim 编辑文件 file1 任务放在后台执行，它的作业号码是 2，对应的 PID 是 4452。使用 jobs 命令也可以看到当前有两个后台任务，使用 fg 命令指定任务号码为 2 的任务，将它从后台移到前台来执行。这时就可以使用 vim 编辑器编辑文件 file1 了。编辑完之后，可以保存并退出 vim 编辑器，具体如下。

```
[root@mylinux ~]# vim file1 &//将 vim 放到后台
[2] 4452
[root@mylinux ~]# jobs     //查看后台任务的情况
[1]-  Stopped                  nice -n -3 wc
[2] +   Stopped                vim file1
[root@mylinux ~]# fg %2   //将 vim 移到前台执行
vim file1
```

如果直接执行 fg 命令，后面不指定任何参数，默认会将带有 + 的任务移到前台。

3. bg 命令

bg 命令可以将一个在后台暂停的任务变成继续运行的状态。

语法：

```
bg [%任务号码]
```

例 8-20　将后台暂停的任务变成运行状态

在本例中，执行 wc 命令后，立即按下 Ctrl + z 组合键，暂停该任务，任务号码为 2。在终端同时执行多个命令的时候可以通过；分隔多个命令，jobs；bg %2；jobs 表示先执行 jobs 命令显示后台进程信息，再执行 bg %2 命令将后台暂停的 wc 任务变成运行状态，最后再次执行 jobs 命令查看后台任务的情况，具体如下。

```
[root@mylinux ~]# wc
^Z//按 Ctrl + z 组合键暂停任务
[2] +   Stopped                wc
[root@mylinux ~]# jobs;bg %2;jobs      //同时执行三组命令
[1]-  Stopped                nice -n -3 wc
[2] +   Stopped                wc
[2] + wc &
[1] +   Stopped                nice -n -3 wc
[2]-  Running                  wc &
```

从上面的信息可以看出，执行完 bg %2 命令后，wc 在后台的状态已经由 Stopped 变成了 Running。

8.3.5　计划任务

一般情况下，Linux 系统中都会有一些任务，有的是仅执行一次的任务，有的是循环执行的任务，这些都是计划任务。实现 Linux 中的计划任务需要认识 at 和 crontab 这两个命令，下面将围绕这两个命令来介绍这两种计划任务。

1. at 命令

at 命令可以设置单一的计划任务，即仅执行一次任务。

语法：

```
at [选项] [时间]
```

选项说明：

- -l：列出系统中当前用户的所有 at 计划，相当于 atq 命令。
- -d：取消一个在 at 计划中的任务，相当于 atrm 命令。
- -m：任务执行完成后向用户发送邮件。

at 命令可以指定的时间格式有下面几种。

- HH：MM：定义的是“时：分”，表示在当日的 HH：MM 时刻执行此任务，如果当天的时间已经超过了 HH：MM 时刻，任务会在次日的 HH：MM 时刻执行。
- YYYY-MM-DD：定义的是“年-月-日”，表示在某年某月某日执行此任务。
- midnight、noon：分别表示午夜、中午。
- now：表示目前、现在的时间。
- am、pm：am 表示上午，pm 表示下午。
- today、tomorrow：分别表示今天、明天。
- minutes 、hours、days：分别表示分钟、小时、日。

除了这些时间格式的设置，还可以使用 + 指定关键字，比如在 now 后面使用 + 指定分钟，now +5 minutes 表示在当前时间的 5 分钟后执行此任务。

使用 at 命令必须要确认启动了 atd 服务，CentOS 中是默认启动的状态。确认 atd 服务的状态使用 systemctl status atd 命令，看到 active（running）字样表示该服务是启动状态。重启 atd 服务可以使用 systemctl restart atd 命令。使用 at 命令会产生要运行的任务，这个任务会以文本文件的形式记录在/var/spool/at 目录中。

at 并不是所有用户都有权执行的，/etc/at. allow 和/etc/at. deny 这两个文件可以限制对 at 的使用权限。/etc/at. allow 文件中记录了可以使用 at 的用户，/etc/at. deny 文件中记录了不可以使用 at 的用户。如果这两个文件都不存在，则只有 root 可以使用 at 命令。

例 8-21 设置 at 计划任务

使用 at 制定一个只执行一次的计划，at now +3 minutes 表示在当前时间的 3 分钟后该任务会被执行。date > /tmp/dir1/mytime 是要执行的任务，用户也可以设置其他待执行的任务，此次任务表示将 date 命令的执行结果输出到/tmp/dir1/mytime 文件中，mytime 文件如果不存在会自动创建。结束任务的输入要按 Ctrl + d 组合键，会看到 <EOT> 字样。这时再使用 atq 命令就可以看到这个 at 计划。3 分钟之后可以在/tmp/dir1 目录下的 mytime 文件中看到 date 命令的执行结果，具体如下。

```
[root@mylinux ~]# at now +3 minutes      //设置任务 3 分钟后执行
warning: commands will be executed using /bin/sh
at > date > /tmp/dir1/mytime             //在这里输入要执行的任务
```

```
at > <EOT >                              //按 Ctrl + d 组合键会出现 <EOT> 字样
job 1 at Fri Oct 23 16:13:00 2020
[root@ mylinux dir1]#atq                 //查看 at 计划
1Fri Oct 23 16:13:00 2020 a root
[root@ mylinux dir1]# catmytime
Fri Oct 23 16:13:00 CST 2020
```

at 命令可以让任务在后台执行，如果有需要长时间执行的任务，可以尝试使用这个命令。使用 at 设置计划任务时，还可以利用 atq 命令查询信息，使用 atrm 命令删除一个 at 计划任务。

2. crontab 命令

crontab 命令可以设置循环执行的计划任务。该计划任务是由 cron 系统服务来控制的，它的服务是 crond，默认是启动的状态。

语法：

```
crontab [选项]
```

选项说明：

- -l：显示 crontab 的任务内容。
- -e：编辑 crontab 的任务内容。
- -r：删除所有的 crontab 任务。如果只需要删除一个，可以使用-e 选项编辑。
- -u：后面指定其他用户，只有 root 才可以只用这个选项，帮其他用户建立或删除 crontab 任务。

crontab 命令也有两个配置文件/etc/cron. allow 和/etc/cron. deny，与 at 中对应的两个文件相似。同样的，/etc/cron. allow 的优先级比/etc/cron. deny 高。一般系统默认保留/etc/cron. deny 文件，我们可以将不能执行 crontab 命令的用户记录到这个文件中。当我们使用 crontab 命令设置了循环执行计划任务之后，这项任务就会被记录到/var/spool/cron 目录中。

默认情况下，用户只要不在/etc/cron. deny 文件中，都可以使用 crontab -e 编辑自己的任务。crontab 任务的编辑是有格式要求的，每一行记录一个任务，共有 6 个字段。

- 分钟：范围是 0 ~ 59。
- 小时：范围是 0 ~ 23。
- 日：范围是 1 ~ 31。
- 月：范围是 1 ~ 12。
- 周：范围是 0 ~ 7，0 或 7 表示星期日。
- 命令：需要执行的命令。

前 5 个字段还可以设置为其他特殊符号，比如如果在文件的第一到第五字段中指定 *，则所有数字都将被匹配。

- *（星号）：表示任何时间都可以。
- ,（逗号）：表示分隔时间段。
- -（减号）：表示一段时间范围。
- /（斜线）：表示间隔，后面指定数字，比如每 3 分钟执行一次，可以使用 */3 表示分钟那一个字段。

例 8-22　设置 crontab 任务

使用 crontab -e 编辑任务时，默认会打开 vi 编辑器。编辑的第一个字段 */2 表示每两分钟执行一次，后面的 4 个字段设置为 *，最后一个命令字段表示将 date 命令的执行结果追加到/tmp/dir1/mydate 文件中。执行 crontab -l 命令可以查看 crontab 任务，具体如下。

```
[root@mylinux ~]#crontab -e
*/2 * * * * date >> /tmp/dir1/mydate
[root@mylinux ~]#crontab -l
*/2 * * * * date >> /tmp/dir1/mydate
```

等待一段时间后，可以在/tmp/dir1/mydate 文件中看到 date 命令每两分钟记录的时间信息。如果只想删掉一个任务，可以使用 crontab -e 命令进行编辑。crontab -r 命令可以删除所有的 crontab 数据。

8.4　要点巩固

本章主要介绍了软件包管理的两个工具 RPM 和 YUM 以及有关进程的基础知识。在管理软件时，要注意区别发行版中支持的类型是 RPM 还是 DPKG。本书使用的发行版是 CentOS，因此主要介绍的是 RPM 软件管理器。下面将对本章介绍的内容进行总结。

1）软件安装、卸载和升级的命令：rpm、yum。

2）可以看懂 YUM 的配置文件。

3）查询进程信息的命令：ps、top、pstree。

4）设置进程优先级的命令：nice、renice。

5）查询任务的命令：jobs。

6）管理任务的命令：fg、bg、kill。

7）计划任务的命令：at、crontab。

无论是 RPM 还是 DPKG 机制的软件管理机制，都是对软件的安装、卸载和升级操作。学习其中一种机制之后，另外一种机制也就比较容易上手了。不管是哪一种机制，都需要注意软件的依赖属性。

8.5　技术大牛访谈——关于进程信号

进程之间可以相互控制，这是通过给进程发送信号（Signal）来完成的，信号会告知进程应该要做的事情。信号有很多种类，我们可以通过 man 7 signal 命令查看更多的信号，下面主要介绍一些常见的信号。

- SIGHUP：代号为 1，可以重启被终止的进程，和重新启动类似。
- SIGINT：代号为 2，可以中断一个运行的进程，相当于 Ctrl + C 组合键。
- SIGKILL：代号为 9，可以强制中断运行的进程。
- SIGTERM：代号为 15，通过正常的方式终止进程，为默认值。

- SIGCONT：代号为 18，恢复暂停的进程。
- SIGSTOP：代号为 19，暂停正在运行的进程，相当于 Ctrl + z 组合键。

我们可以使用 kill 命令将信号发送给某个任务或某个进程，比如删除一个任务，可以给它发送一个代号为 9 的 SIGKILL 信号。

```
kill [选项] [信号] [%任务号码]
```

选项说明：

- -l：列出 kill 可以使用的信号。

例 8-23　删除任务

在指定信号的时候，可以指定信号的名称或代号，但是需要在信号的前面加上-（减号）。停止后台的 wc 任务，显示 Killed 表示该项任务被杀死，过一会再执行 jobs 命令，任务号码为 2 的 wc 就会消失不见，具体如下。

```
[root@mylinux ~]# jobs
[1]-  Stopped                 nice -n -3 wc
[2]+  Stopped                 wc    //任务号码为 2
[root@mylinux ~]# kill -9 %2;jobs
[1]-  Stopped                 nice -n -3 wc
[2]+  Stopped                 wc
[2]+  Killed                  wc
```

SIGKILL（代号为 9）的信号通常用来强制删除一个不正常的任务，而 SIGTERM（代号为 15）则用于正常结束一项任务，要注意这两个信号的差别。

第 9 章 Linux 系统设置与维护

Linux 作为一个越来越成熟的系统，在服务器市场、嵌入式设备等方面都取得了巨大的成功，在网络上的应用也越来越多。如果系统受到了攻击，如何很好地维护系统和备份数据是我们需要掌握的技能之一。事实上，从 Linux 诞生起，就被赋予了强大的网络功能。如果想自主配置或者维护 Linux 系统相关参数，就必须熟练掌握 Linux 中相关的配置命令和方法。

9.1 系统的基本设置

Linux 系统中有很多基本设置功能，包括语言、时间、日期、网络等设置，这些基本的系统设置都可以通过命令完成。通过之前的学习，我们已经掌握了一些基本的系统设置技能。下面主要围绕网络、时间、日期和语言这四个方面介绍系统的基本设置。

9.1.1 简单的网络设置

网络在 Linux 系统中是很重要的，用户如果需要设置网络服务器，前提就是先要了解一些网络基础知识。不管是自动获取还是手动设置，都需要下面这几个有关网络的基本设置。

- IP 地址：有手动设置和自动获取（DHCP）两种设置方式，比如 172.16.1.10。
- 子网掩码（netmask）：用来定义网络的重要参数，比如 255.255.0.0。
- 网关（gateway）：用于网络互连，比如 172.16.100.254。
- DNS：域名系统，比如 172.16.100.254。

例 9-1　查看网卡信息

了解了需要设置的网络参数后，还需要知道网卡名称的含义。网卡是用来连接网络的，不同类型的网卡命名规则也不同。我们可以使用 nmcli connection show 命令查看自己系统中的网卡名称，相关内容如下。

```
[root@mylinux ~]#nmcli connection show
NAME    UUID                                  TYPE      DEVICE
ens33   4ce32b00-f8d3-4516-bd3d-3b40962e624e  ethernet  ens33
virbr0  82bc4fe8-67c4-4020-a1d2-b04583caf56d  bridge    virbr0
```

上面显示了两个网卡的信息，我们需要设置的是名为 ens33 的网卡。下面将对这四个字段的含义进行解释。

- NAME：连接代号，一般情况下与后面的 DEVICE 名称相同。
- UUID：特殊的设备代号。
- TYPE：网卡类型，ethernet 表示以太网，bridge 表示网桥。
- DEVICE：网卡名称。

有的主机中显示的可能不是 ens33 这种类型的网卡，接下来解释一下不同类型的网卡含义。下面网卡中的数字只是用于举例说明。

- ens33：表示由主板 BIOS 内置的 PCI-E 接口的网卡。
- eth0：默认的网卡编号，比如 eth2。
- enp2s1：表示 PCI-E 接口的独立网卡，比如 enp2s3。
- eno1：表示由主板内置的网卡。

例 9-2　查看 ens33 网卡信息

如果之前没有设置过网络相关的内容，那么 Linux 系统中的网络参数应该就是自动获取方式。这种方式通过 DHCP 协议分配，使用 nmcli connection show ens33 命令可以查看网卡 ens33 的网络参数，具体如下。

```
[root@mylinux ~]#nmcli connection show ens33
connection.id:                          ens33
connection.uuid:                        4ce32b00-f8d3-4516-bd3d-3b40962e624e
connection.stable-id:                   --
connection.type:                        802-3-ethernet
connection.interface-name:              ens33
connection.autoconnect:                 yes
......(中间省略)......
ipv4.method:                            auto
ipv4.dns:                               --
ipv4.dns-search:                        --
ipv4.dns-options:""
ipv4.dns-priority:                      0
ipv4.addresses:                         --
ipv4.gateway:                           --
ipv4.routes:                            --
......(中间省略)......
IP4.ADDRESS[1]:                         192.168.181.128/24
IP4.GATEWAY:                            192.168.181.2
IP4.ROUTE[1]:                           dst = 0.0.0.0/0, nh = 192.168.181.2, mt>
IP4.ROUTE[2]:                           dst = 192.168.181.0/24, nh = 0.0.0.0, m>
IP4.DNS[1]:                             192.168.181.2
......(以下省略)......
```

在以上的信息中，以 connection 开头的部分显示的是网卡的连接信息，下面将对一些重要参数的含义进行解释。

- connection. autoconnect：表示开机时是否为启动连接，有 yes 和 no 两个值，通常都是 yes。
- ipv4. method：表示网络参数是自动获取还是手动设置，有 auto 和 manual 两个值，auto 表示自动获取，manual 表示手动设置。
- ipv4. dns：表示 DNS 的 IP 地址。
- ipv4. addresses：网卡的 IP 地址和子网掩码，两个值之间用/分隔，比如 192. 168. 2. 2/24。
- ipv4. gateway：网关的 IP 地址。
- IP4. ADDRESS [1]：自动获取的 IP 地址和子网掩码的值，比如本机网卡获取的值是 192. 168. 181. 128/24。
- IP4. GATEWAY：自动获取的网关信息，比如 192. 168. 181. 2。
- IP4. DNS [1]：自动获取的 DNS 信息，比如 192. 168. 181. 2。

例 9-3　修改网卡信息

如果想修改现有网卡的网络参数，可以使用 nmcli connection modify 命令。在每一行后面加上 \ 可以进入交互模式输入有关网络的参数设置，具体如下。

```
[root@ mylinux ~]#nmcli connection modify ens33 \        //修改网卡信息
 > ipv4.method manual \//手动设置
 > ipv4.addresses 172.16.1.10/16 \     //指定 IP 地址
 > ipv4.gateway 172.16.100.254 \       //指定网关
 > ipv4.dns 172.16.100.254             //指定 dns
[root@ mylinux ~]#nmcli connection up ens33     //启用网卡
Connection successfully activated (D-Bus active path: /org/freedesktop/Network-
Manager/ActiveConnection/4)
[root@ mylinux ~]#nmcli connection show ens33     //查看网卡信息
......(以上省略)......
ipv4.method:                          manual
ipv4.dns:                             172.16.100.254
ipv4.dns-search:                      --
ipv4.dns-options:""
ipv4.dns-priority:                    0
ipv4.addresses:                       172.16.1.10/16
ipv4.gateway:                         172.16.100.254
......(以下省略)......
```

另外，我们还可以使用 hostnamectl 命令修改主机名，具体如下。

```
hostnamectl set-hostname [新的主机名]
```

例 9-4　修改主机名

在修改一个新的主机名之前，可以先查看一下当前的主机名称。hostname 命令只能显示主机名，hostnamectl 命令可以显示更多有关主机的信息。在 hostnamectl set-hostname 命令后面指定新的主机名，就可以对主机名进行修改了。

```
[root@mylinux ~]# hostname          //只显示主机名
mylinux.com
[root@mylinux ~]#hostnamectl      //显示详细的主机信息
   Static hostname:mylinux.com
         Icon name: computer-vm
           Chassis: vm
        Machine ID: 89f85dca5fb8432d848bd93c953be893
           Boot ID: 6ac5a3fb6a9e40cc8fd3c30e924f948a
    Virtualization: vmware
  Operating System:CentOS Linux 8 (Core)
       CPE OS Name:cpe:/o:centos:centos:8
            Kernel: Linux 4.18.0-80.el8.x86_64
      Architecture: x86-64
[root@mylinux ~]#hostnamectl set-hostname studylinux.com     //修改主机名
[root@mylinux ~]#hostnamectl
  Static hostname:studylinux.com     //修改后的主机名
......(以下省略)......
```

Linux 中的网络参数主要通过 nmcli 网络管理的命令行工具进行设置，关于这个工具的更多用法将会在后面的章节中详细介绍。

9.1.2　日期和时间设置

我们可以使用 date 命令查看系统的时间和日期，如果需要使用 date 命令修改日期，可以通过 hwclock 修正 BIOS 中记录的时间。下面我们将介绍如何使用 timedatectl 命令进行日期和时间设置。

语法：

```
timedatectl [子命令]
```

子命令说明：

- set-timezone：设置时区位置。
- set-time：设置时间。
- set-ntp：设置网络校时系统。
- list-timezones：列出系统上支持的时区。

例 9-5　显示时区信息

直接执行 timedatectl 命令，可以显示当前的时区和时间等信息，具体如下。

```
[root@mylinux ~]#timedatectl         //显示当前的时区和时间
                Local time: Mon 2020-10-26 14:02:17 CST       //本地时间
            Universal time: Mon 2020-10-26 06:02:17 UTC       //UTC 时间
                  RTC time: Mon 2020-10-26 06:02:17
                 Time zone: Asia/Shanghai (CST, +0800)     //时区
System clock synchronized: no
```

```
          NTP service: inactive
      RTC in local TZ: no
```

例 9-6　修改时区

UTC 时间就是格林尼治标准时间。如果想修改时区，需要提前使用 list-timezones 子命令查询系统是否支持该时区。从上面的信息可以知道当前的时区是 Asia/Shanghai，通过 set-timezone 子命令可以修改当前的时区，具体如下。

```
[root@ mylinux ~]#timedatectl set-timezone "America/New_York"     //修改时区
[root@ mylinux ~]#timedatectl        //查看修改后的信息
              Local time: Mon 2020-10-26 02:11:32 EDT        //本地时间已修改
          Universal time: Mon 2020-10-26 06:11:32 UTC
                RTC time: Mon 2020-10-26 06:11:32
               Time zone:America/New_York (EDT, -0400)     //时区已修改
System clock synchronized: no
              NTP service: inactive
          RTC in local TZ: no
```

当前时区由 Asia/Shanghai 修改为 America/New_York 后，要想回到原来的时区，直接将时区指定为 Asia/Shanghai 就可以了。

如果当前系统时间不准确，可以通过子命令 set-time 指定新的时间，时间格式是“YYYY-MM-DD　hh：mm：ss”，比如 2020-02-26　14：05，格式中的秒数可以不指定。

9.1.3　语系设置

如果用户在安装 CentOS 时选择的是英文环境，那么系统的语系就是英文语系。我们可以通过 echo 和 localectl 命令，查看当前系统的语系。

例 9-7　查看当前系统的语系

使用 echo 和 localectl 命令查看当前系统的语系的相关操作如下。

```
[root@ studylinux ~]# echo $ LANG
en_US. UTF-8
[root@ studylinux ~]#localectl
  System Locale: LANG = en_US. UTF-8
       VC Keymap: us
      X11 Layout: us
```

例 9-8　修改语系

如果使用 locale 或者 locale -a 命令没有看到中文语系 zh_CN. UTF-8，可以执行 yum install -y langpacks-zh_CN 命令安装中文配置。安装后可以使用 vim 编辑器在语系的配置文件/etc/locale. conf 中修改语系，之后需要重启系统，再次查看语系，具体如下。

```
[root@ studylinux ~]#vim /etc/locale. conf      //编辑配置文件
LANG = zh_CN. UTF-8
```

```
[root@ studylinux ~]#reboot                //重启
[root@ studylinux ~]# echo $ LANG          //查看语系
zh_CN. UTF-8
```

例 9-9　临时修改语系

如果不在配置文件中修改语系，可以通过以下面方式临时修改语系，系统重启后就会失效。

```
[root@ studylinux ~]# LANG = "zh_CN. UTF-8"         //修改为中文语系
[root@ studylinux ~]# LANG = "en_US. UTF-8"         //修改为英文语系
```

在配置文件中修改的语系是永久设置，系统重启后依然有效。

9.2　查看系统资源信息

系统中除了一些基本的设置之外，还需要定期检查系统中的资源。在介绍进程的时候，我们了解了查看进程的一些命令，比如 top、ps 等，下面主要介绍一些其他查看系统资源的命令。

1. free 命令

free 命令可以查看系统的内存使用情况。

语法：

```
free [选项]
```

选项说明：

- -b：以 Bytes 为单位显示内存使用情况。
- -k：以 KBytes 为单位显示内存使用情况。
- -m：以 MBytes 为单位显示内存使用情况。
- -g：以 GBytes 为单位显示内存使用情况。
- -h：以合适的单位显示内存使用情况。
- -t：显示物理内存和 swap 的总量。
- -s：后面指定间隔秒数，表示持续观察内存使用情况。
- -c：后面指定次数，显示结果计数次数，与-s 选项一起使用。

例 9-10　查看系统内存的使用情况

如果用户不确定系统内存的使用情况，可以使用 free -h 命令让系统自己指定合适的单位。Mem 是物理内存的使用情况，Swap 是交换分区的使用情况，具体如下。

```
[root@ studylinux ~]# free -h
              total        used        free      shared  buff/cache   available
Mem:           1.8Gi       1.1Gi       100Mi        14Mi       622Mi       549Mi
Swap:          3.0Gi          0B       3.0Gi
```

上面显示了 6 个字段的信息，下面将分别解释它们的含义。

- total：表示总量信息。

- used：表示已经被使用的量。
- free：表示剩余可用的量。
- shared、buff/cache：在已经使用的量中，可以用来作为缓冲及缓存。在系统比较繁忙时，可以被发布然后继续使用。
- available：可用的量。

从这些信息中，我们可以了解 Mem 和 Swap 的使用情况。一般情况下，需要特别注意 Swap 的使用情况。如果 Swap 的 used 字段达到 total 字段的 20% 以上，就说明系统的物理内存不足了。

2. dmesg 命令

dmesg 命令可以查看内核产生的信息。

语法：

```
dmesg [选项]
```

选项说明：

- -s：后面指定缓冲区大小，查询内核缓冲区。
- -n：设置记录信息的层级。

例 9-11　查看内核检测信息

启动系统时，内核会检测系统的硬件信息，我们可以通过 dmesg 命令查看这些检测信息。这个命令显示的信息会比较多，可以通过管道搭配其他命令显示。

```
[root@ studylinux ~]#dmesg | more
[    0.000000] Linux version 4.18.0-80.el8.x86_64 (mockbuild@ kbuilder.bsys.cento
s.org) (gcc version 8.2.1 20180905 (Red Hat 8.2.1-3) (GCC)) #1 SMP Tue Jun 4 09:
19:46 UTC 2019
[    0.000000] Command line: BOOT_IMAGE=(hd0,msdos1)/vmlinuz-4.18.0-80.el8.x86_6
4 root =/dev/mapper/cl-root rocrashkernel = auto resume =/dev/mapper/cl-
swap rd.lvm
.lv=cl/root rd.lvm.lv=cl/swap rhgb quiet
[    0.000000] Disabled fast string operations
......(中间省略)......
[    0.000000] BIOS-e820: [mem 0x0000000000100000-0x000000007fedffff] usable
[    0.000000] BIOS-e820: [mem 0x000000007fee0000-0x000000007fefefff] ACPI data
[    0.000000] BIOS-e820: [mem 0x000000007feff000-0x000000007fefffff] ACPI NVS
[    0.000000] BIOS-e820: [mem 0x000000007ff00000-0x000000007fffffff] usable
[    0.000000] BIOS-e820: [mem 0x00000000f0000000-0x00000000f7ffffff] reserved
--More--
```

例 9-12　查看 sda 的信息

如果想单独查看某个硬件信息，比如查看 sda 的信息，可以通过下面这种方式。

```
[root@ studylinux ~]#dmesg | grep -i sda
[    1.244813] sd 2:0:0:0: [sda] 209715200 512-byte logical blocks: (107 GB/100 GiB)
[    1.244854] sd 2:0:0:0: [sda] Write Protect is off
```

```
[    1.244855] sd 2:0:0:0: [sda] Mode Sense: 61 00 00 00
[    1.244946] sd 2:0:0:0: [sda] Cache data unavailable
[    1.244947] sd 2:0:0:0: [sda] Assuming drive cache: write through
[    1.245780]sda: sda1 sda2
[    1.246843] sd 2:0:0:0: [sda] Attached SCSI disk
[    3.655490] EXT4-fs (sda1): mounted filesystem with ordered data mode. Opts: (null)
```

不管是在系统启动时，还是在系统运行的过程中，内核产生的信息都会被记录到内存的某个区域中。

3. uname 命令

uname 命令可以显示系统和内核的相关信息。

语法：

```
uname [选项]
```

选项说明：

- -s：显示内核名称。
- -r：显示内核版本。
- -p：显示处理器类型（非便携式）。
- -m：显示系统的硬件架构。
- -i：显示硬件平台。
- -a：显示所有和系统相关的信息。

例 9-13　查看系统和内核相关的信息

uname 命令显示的信息比较简单，以下内容中指定-s 显示的是内核名称为 Linux，指定-r 选项显示的是内核版本为 4. 18. 0-80. el8. x86_64，指定-a 选项显示的信息就比较多了。

```
[root@ studylinux ~]#uname -s        //显示内核名称
Linux
[root@ studylinux ~]#uname -r        //显示内核版本
4.18.0-80.el8.x86_64
[root@ studylinux ~]#uname -a        //显示与系统相关的信息
Linuxstudylinux.com 4.18.0-80.el8.x86_64 #1 SMP Tue Jun 4 09:19:46 UTC 2019 x86_64
x86_64 x86_64 GNU/Linux
```

在-a 选项显示的信息中，Linux 表示主机使用的内核名称，studylinux. com 是主机名，4. 18. 0-80. el8. x86_64 是内核版本。后面的日期表示内核版本建立的时间为 2019 年 6 月 4 日，最后显示的信息就是该系统适用的硬件架构平台是 x86_64 以及以上的等级。

4. vmstat 命令

vmstat 命令可以用于检测系统资源的变化情况，使用该命令可以动态看到系统资源的变化情况。

语法：

```
vmstat [选项] [delay [count]]
```

选项说明：

- -a：使用 active 和 inactive 显示内存信息。
- -s：将启动到目前为止导致系统变化的情况列出来。
- -d：列出磁盘的读写总量统计信息。
- -p：显示分区的读写总量统计信息。
- delay：更新之间延迟的秒数。
- count：更新的次数。

例 9-14　检测系统资源

不带任何参数执行 vmstat 命令，在输出的下面这些信息中，包括进程、内存、swap 分区等内容。

```
[root@ studylinux ~]#vmstat
procs -----------memory---------- ---swap-- -----io---- -system-- ------cpu-----
r  b   swpd   free   buff  cache   si   so    bi    bo   in   cs us sy id wa st
1  0      0 104176   4276 633876    0    0    38     3   53   83  0  1 99  0  0
```

例 9-15　动态检测系统资源

在 vmstat 命令后面指定延迟秒数 2 和次数 3，表示每两秒执行一次，共执行 3 次，具体如下。如果不在后面指定次数，这个命令会一直更新结果，直到用户按下 Ctrl + c 组合键为止。

```
[root@ studylinux ~]#vmstat 2 3
procs -----------memory---------- ---swap-- -----io---- -system-- ------cpu-----
r  b   swpd   free   buff  cache   si   so    bi    bo   in   cs us sy id wa st
0  0      0 101932   4276 634100    0    0    36     3   54   84  0  1 99  0  0
0  0      0 101780   4276 634100    0    0     0     0  309  452  1  2 98  0  0
0  0      0 101780   4276 634100    0    0     0     0  122  206  0  1 99  0  0
```

下面分别解释以上这些字段的含义。

- procs：进程字段。该字段下面有 r 和 b 两个参数，r 表示等待运行中的进程数，b 表示不可被唤醒的进程数。这两个参数下面的数字越多，表示系统越忙。
- memory：内存字段。该字段下面有四个参数，分别是 swpd、free、buff 和 cache。swpd 表示虚拟内存被使用的内存容量，free 表示没有被使用的内存容量，buff 用于缓冲存储器，cache 用于高效缓存。
- swap：内存交换分区字段。该字段下面有 si 和 so 两个参数，si 表示从磁盘中将进程取出的容量，so 表示因内存不足而将没用到的进程写入磁盘的 swap 容量。如果这两个参数的值太大，表示内存中的数据在磁盘和内存之间传输过于频繁，系统性能会变差。
- io：磁盘读写字段。该字段下面有 bi 和 bo 两个参数，bi 表示从磁盘读入的区块数量，bo 表示写入到磁盘中的区块数量。这两个参数的值越高，表示系统的 I/O 越忙。
- system：系统字段。该字段下面有 in 和 cs 两个参数，in 表示每秒被中断的进程次数，cs 表示每秒执行的事件切换次数。这两个参数的值越大，表示系统和外部设备之间的沟通越频繁。

- cpu：CPU 字段。该字段下面有五个参数，分别是 us、sy、id、wa 和 st。us 表示非内核层的 CPU 使用情况，sy 表示内核层使用的 CPU 状态，id 表示闲置的状态，wa 表示等待 I/O 时消耗的 CPU 情况，st 表示被虚拟机使用的 CPU 情况。

因为这是在虚拟机中测试的情况，所以并没有出现 CPU 或 I/O 忙碌的状态。如果在服务器比较忙碌的状态使用该命令查看的话，可以看到资源使用最频繁的部分。

5. netstat 命令

netstat 命令可以显示网络状态或 socket 文件，常用于网络监控方面。

语法：

```
netstat [选项]
```

选项说明：

- -t：显示 TCP 网络封包的信息。
- -u：显示 UDP 网络封包的信息
- -n：以端口号的形式显示进程的相关信息。
- -l：显示当前正在网络监听（listen）的服务。
- -p：显示网络服务的 PID。
- -a：列出系统上所有的连接、监听和 socket 信息。

例 9-16　查看网络和进程信息

netstat 命令的输出结果主要分为两个部分，分别是网络部分和本机进程相关的部分，具体如下。

```
[root@ studylinux ~]#netstat
Active Internet connections (w/o servers)        //网络部分
Proto Recv-Q Send-Q Local Address           Foreign Address          State
tcp        0      0 studylinux.com:38806    82.221.107.34.bc.g:http  TIME_WAIT
tcp        0      0 studylinux.com:43934    180.163.198.32:https     TIME_WAIT
tcp        0      0 studylinux.com:33220    ip-81.171.33.201.c:http  TIME_WAIT
......(中间省略)......
Active UNIX domain sockets (w/o servers)        //与本机进程相关的部分
ProtoRefCnt Flags       Type       State         I-Node   Path
unix  22     [ ]         DGRAM                    11015    /run/systemd/journal/dev-log
unix  8      [ ]         DGRAM                    11027    /run/systemd/journal/socket
unix  2      [ ]         DGRAM                    33365    /run/user/42/systemd/notify
......(中间省略)......
unix  3      [ ]         STREAM     CONNECTED     44372    /run/systemd/journal/stdout
unix  2      [ ]         STREAM     CONNECTED     33802
unix  3      [ ]         STREAM     CONNECTED     27538
Active Bluetooth connections (w/o servers)        //蓝牙连接部分
Proto  Destination       Source            State         PSM DCID   SCID      IMTU
OMTU Security
Proto  Destination       Source           State      Channel
```

网络显示的数据主要分为 6 个部分，下面是它们代表的含义。

- Proto：网络封包协议，主要有 TCP 和 UDP 两种。
- Recv-Q：接收队列，该值和下面的 Send-Q 一般都为 0。如果不是 0，则表示软件包正在队列中堆积。
- Send-Q：发送队列。
- Local Address：本地端的主机地址和端口信息。
- Foreign Address：远程主机的地址和端口信息。
- State：连接状态，LISTEN 表示监听，ESTABLISHED 表示建立，TIME_WAIT 表示等待。
- Proto：通常是 unix。
- RefCnt：连接到这个 socket 的进程数。
- Flags：连接的标识。
- Type：socket 存取的类型，主要有 DGRAM 和 STREAM 两种类型。DGRAM 表示无需确认连接，STREAM 表示需要确认连接。
- State：进程之间连接的状态。CONNECTED 表示多个进程之间已经建立的连接。
- I-Node：表示 i 节点。
- Path：表示连接到 socket 的相关进程路径或数据的输出路径。

进程之间是通过 socket 文件来传输数据的，因此查看与进程信息就是查看 socket 文件输出的字段。

例 9-17　指定选项查看网络服务信息

指定-tnlp 多个选项，可以看到 TCP 网络封包、进程端口号、正在网络监听（listen）的服务和网络服务的 PID，具体如下。

```
[root@ studylinux ~]#netstat -tnlp
Active Internet connections (only servers)
Proto  Recv-Q  Send-Q  Local Address     Foreign Address  State   PID/Program name
tcp    0       0       192.168.122.1:53  0.0.0.0:*        LISTEN  1868/dnsmasq
tcp    0       0       0.0.0.0:22        0.0.0.0:*        LISTEN  1019/sshd
tcp    0       0       127.0.0.1:631     0.0.0.0:*        LISTEN  997/cupsd
tcp    0       0       0.0.0.0:111       0.0.0.0:*        LISTEN  1/systemd
tcp6   0       0       :::22             :::*             LISTEN  1019/sshd
tcp6   0       0       ::1:631           :::*             LISTEN  997/cupsd
tcp6   0       0       :::111            :::*             LISTEN  1/systemd
```

以 sshd 服务为例，它的网络封包协议是 TCP，端口号是 22，处于监听状态，最后一个字段显示了 PID 是 1019 以及进程的命令名称。

9.3　认识 systemctl

systemd 负责在系统启动时执行系统设置和服务管理，这个启动服务的机制主要是使用 systemctl 命令来完成。systemctl 负责管理和维护所有的服务，通过将消息发送到 systemd 管理服务的启动（start）和停止（stop）。

systemd 按照单位（unit）管理系统分类，共有 12 种不同的类型，服务（service）也是其中之一。systemd 的主要单位如表 9-1 所示。

表 9-1　systemd 的主要单位（unit）

unit	说　明
service	一般的服务类型，主要是系统服务，启动和停止守护进程
socket	socket 服务，从套接字接收以启动服务
device	设备检测以启动服务
mount	挂载文件系统相关的服务
automount	文件系统自动挂载的服务
target	unit 的集合，执行环境类型
swap	设置交换分区的服务
timer	循环执行的服务

service 是比较常见的一种服务类型，target 也比较重要，通过 systemctl 命令管理不同的操作环境就是管理 target unit。

9.3.1　使用 systemctl 管理服务

一般情况下，服务的启动有两个阶段，分别是开机时是否启动这个服务和当前是否启动该服务。这种服务的管理都可以通过 systemctl 命令来处理。systemctl 命令有很多子命令用于服务的启动、停止和显示服务状态。

语法：

```
systemctl [子命令] [unit]
```

子命令说明：

- start：立即启动 unit。
- restart：立即重新启动 unit。
- stop：立即关闭 unit。
- status：列出 unit 的状态信息。
- enable：启用 unit，使其在系统启动时自动启动。
- disable：禁用 unit，使其在系统启动时不会自动启动。
- reload：在不关闭 unit 的情况下，重新加载配置文件，使设置生效。
- list-units：显示当前启动的 unit。
- list-unit-files：显示系统中所有的 unit。

例 9-18　查看服务的状态

在不确定服务是否启动时，可以使用 status 这个子命令。比如查看 crond. service 这个服务当前的状态，下面这种状态表示 crond 是开机自动启动的当前正在运行状态。

```
[root@ studylinux ~]#systemctl status crond.service        //查看服务的状态
● crond.service - Command Scheduler
```

```
  Loaded: loaded (/usr/lib/systemd/system/crond.service; enabled; vendor prese >
  Active: active (running) since Tue 2020-10-27 08:50:22 CST; 2h 56min ago
Main PID: 1026 (crond)
    Tasks: 1 (limit: 11362)
  Memory: 3.0M
CGroup: /system.slice/crond.service
        └─1026 /usr/sbin/crond -n
Oct 27 08:50:22studylinux.com crond[1026]: (CRON) INFO (running with inotify s >
Oct 27 09:01:01studylinux.com CROND[3111]: (root) CMD (run-parts /etc/cron.hou >
......(以下省略)......
```

在查看服务状态时，重点需要关注的是 Loaded 和 Active 这两行的内容。

- Loaded：表示该服务是否在开机时自动启动。enabled 表示开机自动启动，disabled 表示开机不会自动启动。
- Active：表示该服务的状态。running 表示该服务正在运行状态，dead 表示该服务处于关闭状态。

最后两行内容是这个服务的日志文件信息，分别显示的是时间、信息发送的主机名、服务信息、实际信息内容。

要想关闭一个服务时，不要用 kill 命令的方式，而应该使用 stop 这个子命令，比如关闭 crond 服务，可以执行 systemctl stop crond. service 命令关闭该服务。即使现在关闭了这个服务，当再次开机时，它还是会自动启动，因为 crond. service 的 Loaded 字段记录的是 enabled 状态。

Loaded 这一行记录的状态除了 enabled 和 disabled 之外，还有其他的状态。

- static：表示服务不能自动启动，但是有可能会被其他服务唤醒。
- mask：表示服务被强制注销，无论怎样都不能启动。这种状态并不是删除，可以通过 systemctl unmask 更改到默认状态。

Active 这一行通常会记录如下几种状态。

- active（running）：表示有一个或多个进程正在系统中运行。
- active（waiting）：表示虽然处于运行中，但是需要等待其他事件发生后才能继续运行该服务。
- active（exited）：表示仅执行一次就正常结束的服务。
- inactive：表示该服务当前没有运行。

上面这种方式只能查看一个服务，如果需要查看系统上所有的服务，就需要用到 list-units 和 list-unit-files 子命令。

例 9-19　查看启动的 unit

直接执行 systemctl 命令和执行 systemctl list-units 命令显示的结果相同，具体如下。

```
[root@ studylinux ~]#systemctl list-units      //查看启动的 unit
UNIT                                  LOAD   ACTIVE SUB       DESCRIPTION
proc-sys-fs-binfmt_misc.automount loaded active waiting  Arbitrary Executable >
```

```
sys-devices-pci0000:00-0000:00:07.1-ata2-host1-target1:0:0-1:0:0:0-block-sr0.de>
sys-devices-pci0000:00-0000:00:10.0-host2-target2:0:0-2:0:0:0-block-sda-sda1.de>
sys-devices-pci0000:00-0000:00:10.0-host2-target2:0:0-2:0:0:0-block-sda-sda2.de>
......(中间省略)......
crond.service                  loaded active running   Command Scheduler
cups.service                   loaded active running   CUPS Scheduler
dbus.service                   loaded active running   D-Bus System Message Bus
dracut-shutdown.service        loaded active exited    Restore /run/initramfs on>
firewalld.service              loaded active running   firewalld - dynamic firew>
......(中间省略)......
systemd-tmpfiles-clean.timer   loaded active waiting   Daily Cleanup of Temporar>
unbound-anchor.timer           loaded active waiting   daily update of the root >
LOAD   = Reflects whether the unit definition was properly loaded.
ACTIVE = The high-level unit activation state, i.e. generalization of SUB.
SUB    = The low-level unit activation state, values depend on unit type.
165 loaded units listed. Pass --all to see loaded but inactive units, too.
To show all installed unit files use 'systemctl list-unit-files'.
```

从上面的输出结果可以看到，crond.service 的状态是 running，处于运行状态，防火墙 firewalld.service 的状态也是 running。

执行 systemctl list-units 命令输出了 5 个字段，其中主要的是 UNIT、LOAD 和 ACTIVE 这 3 个字段。

- UNIT：unit 的各种类别。
- LOAD：表示开机时是否会被加载，systemctl 默认显示的都是已加载的 unit。
- ACTIVE：目前的状态。

例 9-20　查看 service 类型的服务

如果只想查看 service 类型的服务，需要在--type = 后面指定 service。如果还想看到没有启动的服务，就加上--all 这个选项，具体如下。

```
[root@studylinux ~]#systemctl list-units --type=service --all
  UNIT                        LOAD      ACTIVE   SUB     DESCRIPTION
  accounts-daemon.service     loaded    active   running Accounts Service
● apparmor.service            not-found inactive dead    apparmor.service
  atd.service                 loaded    active   running Job spooling tools
......(中间省略)......
vmtoolsd.service              loaded    active   running Service for virtual mach>
wpa_supplicant.service        loaded    active   running WPA supplicant
● ypbind.service              not-found inactive dead    ypbind.service
● yppasswdd.service           not-found inactive dead    yppasswdd.service
● ypserv.service              not-found inactive dead    ypserv.service
● ypxfrd.service              not-found inactive dead    ypxfrd.service
```

```
LOAD   = Reflects whether the unit definition was properly loaded.
ACTIVE = The high-level unit activation state, i.e. generalization of SUB.
SUB    = The low-level unit activation state, values depend on unit type.
152 loaded units listed.
To show all installed unit files use 'systemctl list-unit-files'.
```

例 9-21　查看指定的服务

如果想在这些 unit 中找到指定的服务，就要搭配管道和 grep 命令了。比如查找 crond 服务就可以通过下面这种方式。

```
[root@ studylinux ~]#systemctl list-units --type=service --all | grep crond
crond.service
            loaded     active   running Command Scheduler
```

使用 list-unit-files 这个子命令，会将系统上所有的服务全部显示出来。用户可以选择多种方式查看这些不同类型的服务。

大牛成长之路：daemon 和 service

系统为了实现某些功能需要提供一些必要的服务，这个服务指的就是 service。但是提供 service 也需要程序的运行，完成这个 service 的程序就是 daemon。比如执行周期性计划任务服务的程序为 crond 这个 daemon，没有 daemon 就没有 service，其实这两者不需要分得太清楚，有时候说的服务指的是 daemon。

9.3.2　管理 target unit

现在我们已经知道了查看系统上所有服务的方法，本小节主要介绍 target 这个类别。target 还和操作环境有关，比如图形界面、纯命令行界面等。

例 9-22　查看 target unit

使用 systemctl 命令可以看到 target unit 的数量，具体如下。

```
[root@ studylinux ~]#systemctl list-units --type=target --all
  UNIT                       LOAD      ACTIVE   SUB    DESCRIPTION
  basic.target               loaded    active   active Basic System
cryptsetup.target            loaded    active   active Local Encrypted Volumes
● dbus.target                not-found inactive dead   dbus.target
  emergency.target           loaded    inactive dead   Emergency Mode
getty-pre.target             loaded    inactive dead   Login Prompts (Pre)
getty.target                 loaded    active   active Login Prompts
graphical.target             loaded    active   active Graphical Interface
......(中间省略)......
  multi-user.target          loaded    active   active Multi-User System
  network-online.target      loaded    active   active Network is Online
......(中间省略)......
```

```
  rescue.target              loaded    inactive dead   Rescue Mode
rpc_pipefs.target            loaded    active   active rpc_pipefs.target
rpcbind.target               loaded    active   active RPC Port Mapper
  shutdown.target            loaded    inactive dead   Shutdown
  slices.target              loaded    active   active Slices
  sockets.target             loaded    active   active Sockets
sshd-keygen.target           loaded    active   active sshd-keygen.target
  swap.target                loaded    active   active Swap
sysinit.target               loaded    active   active System Initialization
● syslog.target              not-found inactive dead   syslog.target
  time-sync.target           loaded    inactive dead   System Time Synchronized
  timers.target              loaded    active   active Timers
umount.target                loaded    inactive dead   Unmount All Filesystems
LOAD   = Reflects whether the unit definition was properly loaded.
ACTIVE = The high-level unit activation state, i.e. generalization of SUB.
SUB    = The low-level unit activation state, values depend on unit type.
37 loaded units listed.
To show all installed unit files use 'systemctl list-unit-files'.
```

在这些 target unit 中，主要对几个比较重要的 target 进行介绍，如表 9-2 所示

表 9-2　与操作环境有关的 target

target	说　明
emergency. target	紧急处理系统模式，在无法使用 rescue. target 时，可以尝试通过 root 使用这种模式
graphical. target	命令加图形界面模式，包含 multi-user. target 模式
multi-user. target	纯命令模式
rescue. target	紧急救援模式，在无法使用 root 登录系统时，进入此模式可以取得 root 权限维护系统
shutdown. target	关机模式

默认情况下，我们的系统是 graphical. target 模式。与紧急救援模式 rescue. target 相比，emergency. target 模式在更紧急的情况下才会用到。在这些 target 中，比较常用的两个模式就是 graphical. target 和 multi-user. target。

查看系统中的默认模式或者切换不同的模式，我们还可以使用 systemctl 命令。

语法：

```
systemctl [子命令] [unit.target]
```

子命令说明：

- get-default：查看当前的 target。
- set-default：设置指定的 target 为默认的操作模式。
- isolate：切换到指定的 target。

例 9-23　修改默认模式

在修改系统默认模式之前，可以使用 systemctl get-default 命令进行查看。一般情况下，

默认的模式是 graphical. target，使用 set-default 子命令可以将默认模式修改为 multi-user. target，具体如下。

```
[root@ studylinux ~]#systemctl get-default      //查看默认的模式
graphical. target
[root@ studylinux ~]#systemctl set-default multi-user. target      //修改默认模式
Removed /etc/systemd/system/default. target.
Createdsymlink /etc/systemd/system/default. target → /usr/lib/systemd/system/multi-user. target.
[root@ studylinux ~]#systemctl get-default
multi-user. target
```

例 9-24　切换模式

从 graphical. target 模式切换到 multi-user. target 模式，我们可以使用 isolate 这个子命令，具体如下。

```
[root@ studylinux ~]#systemctl isolate multi-user. target      //切换模式
```

若想回到 graphical. target 模式，可以执行 systemctl isolate graphical. target 命令。除了 isolate 提供的切换功能，还有一些命令也可以实现切换操作，如表 9-3 所示。

表 9-3　实现切换操作的命令

命　令	说　明
systemctl poweroff	关机
systemctl reboot	重启
systemctl hibernate	进入休眠模式
systemctl suspend	挂起

休眠（hibernate）和挂起（suspend）是不同的。休眠是将系统的状态数据保存到硬盘后关机。当用户执行唤醒操作时，系统会开始正常运行，将保存在硬盘中的数据恢复回来。唤醒的速度取决于硬盘的速度。挂起只是将系统的状态数据保存在内存中，会关闭大部分的硬件，但不是关机。当用户执行唤醒操作时，数据会从内存中恢复，重新驱动被关闭的硬件并开始正常运行。唤醒的速度相对较快。

9.4　认识日志文件

Linux 的日志文件中记录了系统在不同时间段执行的不同服务等信息，包括用户数据、系统故障提示等。当系统出现问题时，及时查看日志文件可以帮助我们从中找到解决方法。不过日志文件中记录的信息非常繁杂，我们还需要利用一些工具来分析日志文件中有用的信息。

9.4.1　常见的日志文件

日志文件记录的是系统在什么时间、哪一个主机、哪一个服务、执行了什么操作等信息。这些信息可以帮助我们解决系统、网络等方面的问题。日志文件通常只有 root 权限才能查看。不同的 Linux 发行版，日志的文件名称会有所不同。日志文件的产生有两种方式，一种是软件开发商自定义写入的日志文件，另一种是由 Linux 发行版提供的日志文件管理服务统一管理。在 CentOS 中，通过 rsyslog. service 管理日志文件。

下面介绍一些常见的日志文件，如表 9-4 所示。

表 9-4　常见的日志文件

命　　令	说　　明
/var/log/boot. log	只存储此次开机启动的信息，记录的信息包括内核检测和启动的硬件信息和启动各种内核支持的功能
/var/log/cron	记录和 crontab 任务有关的信息
/var/log/lastlog	记录所有账号最近一次登录系统时的相关信息
/var/log/maillog	记录邮件的往来信息
/var/log/messages	记录了系统发生错误或其他重要的信息
/var/log/secure	记录了用户所有的登录信息
/var/log/wtmp	记录了正确登录系统的用户信息

一般情况下，日志文件都会记录的内容有以下几点。

- 日期和时间：事件发生时的日期和时间。
- 主机名：发生事件的主机名。
- 服务名称或命令：启动事件的服务，比如 crond 服务或 su 命令。
- 实际内容。

例 9-25　查看/var/log/messages 文件信息

日志文件中有很多信息值得我们查看，比如查看/var/log/messages 文件中的信息，具体如下。

```
[root@ studylinux ~]# head -n 5 /var/log/messages
Oct 23 10:30:01mylinux rsyslogd[1496]: [origin software = "rsyslogd" swVersion = "8.37.0-9.el8" x-pid = "1496" x-info = "http://www.rsyslog.com"] rsyslogd was HUPed
Oct 23 10:36:41mylinux NetworkManager[966]: <info>  [1603420601.0334] dhcp4 (ens33): address 192.168.181.128
Oct 23 10:36:41mylinux NetworkManager[966]: <info>  [1603420601.0337] dhcp4 (ens33): plen 24
Oct 23 10:36:41mylinux NetworkManager[966]: <info>  [1603420601.0337] dhcp4 (ens33): expires in 1800 seconds
Oct 23 10:36:41mylinux NetworkManager[966]: <info>  [1603420601.0338] dhcp4 (ens33): nameserver '192.168.181.2'
```

其中，第一条记录的含义：10 月 23 日的 10：30 左右，在 mylinux 这台主机上由 rsyslogd 程序产生的信息。

小白逆袭：查看日志文件

要想成为一名好的系统管理员，就要经常查看日志文件，特别是系统出现了下面这几种情况，就需要查看日志文件。

- 感觉系统处于不正常的状态。
- daemon 无法正常启动。
- daemon 执行不顺利。
- 用户无法登录系统。

当然情况并不止这几种，只要感觉系统不太正常时，就可以去查看日志文件。

例 9-26　查看 rsyslog. service 的状态

CentOS 中的日志文件由 rsyslog. service 负责统一管理。默认情况下，系统会默认启动这个服务。执行 systemctl status rsyslog. service 命令可以看到该服务是运行状态，具体如下。

```
[root@ studylinux ~]#systemctl status rsyslog. service
● rsyslog. service - System Logging Service
  Loaded: loaded (/usr/lib/systemd/system/rsyslog. service; enabled; vendor pre >
  Active: active (running) since Tue 2020-10-27 15:27:51 CST; 2h 20min ago
    Docs: man:rsyslogd(8)
          http://www. rsyslog. com/doc/
Main PID: 1576 (rsyslogd)
......(以下省略)......
```

例 9-27　查看配置文件/etc/rsyslog. conf

rsyslog. service 服务的配置文件是/etc/rsyslog. conf，该文件中规定了各种服务的不同等级需要被记录在哪个文件中。在这个文件中，主要看 RULES 下面的内容，#行是注释信息，其余设置主要分为三个部分，分别是服务名称、信息等级和信息记录的文件，具体如下。

```
[root@ mylinux ~]# cat /etc/rsyslog. conf
#rsyslog configuration file
......(中间省略)......
#### RULES ####
# Log all kernel messages to the console.
# Logging much else clutters up the screen.
#kern. *                                                /dev/console
# Log anything (except mail) of level info or higher.
# Don't log private authentication messages!
*. info;mail. none;authpriv. none;cron. none            /var/log/messages
# Theauthpriv file has restricted access.
authpriv. *                                             /var/log/secure
# Log all the mail messages in one place.
```

```
mail.*                                    -/var/log/maillog
# Log cron stuff
cron.*                                    /var/log/cron
# Everybody gets emergency messages
*.emerg                                   :omusrmsg:*
# Save news errors of level crit and higher in a special file.
uucp,news.crit                            /var/log/spooler
# Save boot messages also to boot.log
local7.*                                  /var/log/boot.log
......(以下省略)......
```

Linux 内核的 syslog 支持的服务类型主要有下面这些，具体说明如表 9-5 所示。

表 9-5　支持的服务类别

服务类别	说　明
kern	内核产生的信息
user	用户级别产生的信息
mail	与邮件收发有关的信息
daemon	系统服务产生的信息
auth	与认证/授权有关的信息
syslog	由 syslog 相关协议产生的信息
lpr	和打印相关的信息
news	和新闻组服务器相关的信息
uucp	是 UNIX to UNIX Copy Protocol，早期用于 UNIX 系统中的程序数据交换
cron	和 cron、at 等计划任务相关的信息
authpriv	和 auth 类似，偏向记录账号的私人信息
ftp	和 FTP 协议有关的信息
local0 ~ local7	保留给本机使用的日志文件信息

接下来是信息等级，即使是同一个服务所产生的信息也是有差别的。Linux 内核的 syslog 将信息分成了 8 个主要的等级（等级数值越小，表示等级越高、情况越紧急），如表 9-6 所示。

表 9-6　信息等级

等级数值	信息等级	说　明
0	emerg	紧急情况，表示系统快要宕机，是很严重的错误等级
1	alert	警告等级，表示系统已经存在比较严重的问题
2	crit	比 err 还要严重的等级，是一个临界点，表示错误已经很严重了
3	err	一些重大的错误信息
4	warning	警示信息，可能会有问题，但还不至于影响 daemon 运行
5	notice	正常信息，但还是需要比 info 更关注的信息
6	info	一些基本的信息说明
7	debug	出错时产生的数据

info、notice 和 warning 这三个等级都是传达一些基本信息，不至于造成系统运行困难。等级之间还有一些特殊符号，代表的含义介绍如下。

- .（点）：比点号后面还要严重的等级都会被记录，包含该等级，比较常用。比如 mail. notice 表示关于 mail 的信息，且信息等级大于等于 notice 的都会被记录。
- .＝：表示需要的等级就是后面指定的等级。
- .！：表示除了该等级之外的其他等级都会被记录。

最后就是记录信息的文件名了。信息通常存储在文件中，也有输出到设备的情况，比如打印机等，也可以记录到不同的主机中。存储的文件位置通常是绝对路径，且在/var/log/这个目录里。另外还有一个特殊符号需要我们注意，那就是＊，它表示当前在线的所有人。

了解了这些字段和特殊符号的含义之后，再来看/etc/rsyslog. conf 文件中的内容就比较容易理解了。

- #kern. ＊：虽然该行加了注释，但还是有必要了解的。只要是内核产生的信息都会被记录到/dev/console 文件中。
- ＊. info；mail. none；authpriv. none；cron. none：表示除了 mail、authpriv 和 cron 之外的所有信息都会被记录到/var/log/messages 文件中。这是因为 mail、authpriv 和 cron 产生的信息比较多，而且数据都已经被记录到其他文件中了。
- authpriv. ＊：表示认证方面的信息会被记录到/var/log/secure 文件中。
- mail. ＊：表示与邮件有关的信息会被记录到/var/log/maillog 文件中。该文件前面的-（减号）表示当邮件信息比较多时，先存储在 buffer 中，当数量足够大时，再一次性将所有的数据都写入磁盘。
- cron. ＊：表示和计划任务有关的信息都被记录到/var/log/cron 文件中。
- ＊. emerg：表示产生最严重的错误等级时，该信息会广播给所有用户，希望系统管理员能够快速处理。
- uucp，news. crit：表示与新闻组有关的严重错误信息会被记录到/var/log/spooler 文件中。
- local7. ＊：表示将本机启动时应该显示在屏幕上的信息存储到/var/log/boot. log 文件中。

如果用户有增加日志文件的需求，也可以在/etc/rsyslog. conf 文件中设置。比如需要将所有信息都写入到/var/log/mylog. log 文件中，可以在/etc/rsyslog. conf 文件中写入下述内容。

```
*.info            /var/log/mylog.log
```

之后再执行命令重新启动 rsyslog. service 就可以了。

9.4.2 管理日志文件

在学习计划任务的时候，我们了解了 cron 和 at 这两种方式。本节要介绍的 logrotate 日志文件轮询功能就是在 cron 下面进行的。logrotate 主要针对日志文件进行轮循操作，在/etc/cron. daily/logrotate 文件中记录了它每天要进行的日志轮循操作。logrotate 程序的配置文件是/etc/logrotate. conf，里面规定了一些默认设置。/etc/logrotate. d 目录中的文件都是提供给

/etc/logrotate. conf 读取的，具体如下。

```
[root@ studylinux ~]# cat /etc/logrotate. conf
# see "manlogrotate" for details
# rotate log files weekly
weekly        //每周对日志文件轮循一次
# keep 4 weeks worth of backlogs
rotate 4      //默认保留的日志文件个数
# create new (empty) log files after rotating old ones
create        //建立新的日志文件继续存储信息
# use date as a suffix of the rotated file
dateext        //让被轮循的文件加上日期
# uncomment this if you want your log files compressed
#compress
# RPM packages drop log rotation information into this directory
include /etc/logrotate. d        //读取这个目录下的文件执行轮循任务
# system-specific logs may be also be configured here.
```

logrotate 命令可以对日志文件进行轮循操作。

语法：

```
logrotate [选项] 日志文件
```

选项说明：

- -v：显示 logrotate 命令的执行过程。
- -d：详细显示指令执行过程，便于排错或了解程序执行的情况。
- -f：强制每个日志文件执行轮循操作。

例 9-28　logrotate 轮循日志文件的过程

现在我们来看一下 logrotate 轮循日志文件的过程，具体如下。

```
[root@ studylinux ~]#logrotate -v /etc/logrotate. conf
reading config file /etc/logrotate. conf        //读取配置文件
including /etc/logrotate. d        //读取/etc/logrotate. d 目录下的文件
reading config filebootlog
reading config filebtmp
......(中间省略)......
Creating new state
Creating new state
Handling 20 logs            //总共有 20 个日志文件被记录
......(中间省略)......
rotating pattern: /var/log/cron
/var/log/maillog
/var/log/messages
```

```
    /var/log/secure
    /var/log/spooler
    weekly (4 rotations)
    empty log files are rotated, old logs are removed
    considering log /var/log/cron        //开始处理 cron
    ......(中间省略)......
    considering log /var/log/messages      //开始处理 messages
    ......(中间省略)......
      log does not need rotating (log has been rotated at 2020-10-23 10:30, that is not
week ago yet)                     //新的轮循时间未到,现在还不需要轮循
    ......(以下省略)......
```

整个轮循操作就是这样一步一步进行的，由于 logrotate 的轮循操作已经加入到 crontab 中，所以系统会每天自动检查 logrotate 是否正常。

9.5 备份和恢复

当系统由于各种原因损坏时，提前备份的数据就可以极大地减少我们的损失，而且备份的好坏还会影响系统恢复的进度。备份的数据往往是比较重要的文件，而不是将整个系统都备份。需要备份的数据通常分为两种，一种是系统的基本设置信息，另一种是网络服务的数据。下面列出了需要具体备份的目录。

- /home/整个目录，记录了用户信息。
- /root/整个目录，记录了系统管理员的信息。
- /etc/整个目录，记录了配置文件。
- /var/spool/mail 整个目录，记录了用户邮件往来的信息。
- /var/spool/at 和/var/spool/cron 这两个目录，记录了和计划任务相关的信息。
- 其他 Linux 上面提供的数据库文件。

如果我们的网络软件都是以原厂提供为主，那么大多数配置文件都会保存在/etc/目录中。但是如果是自行安装的软件，还需要备份/usr/local/这个目录。

9.5.1 【实战案例】压缩命令的使用方法

通过对大型文件执行压缩操作，可以降低其磁盘使用量，从而达到降低文件容量的效果。如果需要备份的文件过大，就需要用到压缩命令。

Linux 中的压缩命令很多，不同的命令用到的压缩技术也不相同。掌握一些常用的压缩命令，还可以对文件系统进行备份和恢复。下面将对 Linux 系统中常用压缩命令的具体应用进行介绍。

扫码观看教学视频

1. gzip 命令

gzip 命令是 Linux 系统中常用的压缩和解压缩文件命令，经过该命令压缩后的文件后缀名为 . gz，gzip 命令对文本文件有 60% ~70% 的压缩率。

语法：

```
gzip [选项] 文件名
```

选项说明：

- -c：将压缩的数据输出到屏幕上。
- -d：将压缩文件解压缩。
- -l：显示每一个压缩文件的大小、未压缩文件的大小和名字、压缩比。
- -t：测试压缩文件是否完整。
- -v：显示压缩和解压缩的文件名和压缩比。
- -num：num 表示数字，指定压缩等级。－1 表示压缩速度最快，但压缩比最差；－9 表示压缩速度最慢，但压缩比最好。系统默认的压缩等级是－6。

例 9-29　使用 gzip 命令压缩和解压缩文件

默认情况下，gzip 命令会将原本的文件压缩成 . gz 后缀的文件，源文件就不存在了。将/etc/services 文件复制到/tmp/dir2/目录下，然后使用 gzip 命令压缩文件/tmp/dir2/services，指定-v 选项会显示压缩文件名和压缩比。使用 gzip -d 命令指定压缩文件名就可以解压缩了。压缩前文件大小为 692241，压缩后文件大小为 142549，压缩比是 79. 4%，具体如下。

```
[root@ studylinux etc]# cp services /tmp/dir2          //复制文件
[root@ studylinux etc]# ll /tmp/dir2/services          //查看文件大小为 692241
-rw-r--r--. 1 root root 692241 Oct 28 15:31 /tmp/dir2/services
[root@ studylinux ~]#gzip -v /tmp/dir2/services        //压缩文件
/tmp/dir2/services: 79. 4% -- replaced with /tmp/dir2/services. gz
root@ studylinux ~]# ll /tmp/dir2/services *           //查看压缩文件的大小
-rw-r--r--. 1 root root 142549 Oct 28 15:31 /tmp/dir2/services. gz
[root@ studylinux ~]#gzip -d /tmp/dir2/services. gz//解压缩
```

使用 gzip 命令压缩文件的时候可以直接使用默认的压缩等级，即－6。如果用户想把当前目录下的每个文件都压缩成 . gz 文件，可以使用 gzip ＊命令。

2. bzip2 命令

bzip2 也是压缩文件的命令，可以提供比 gzip 命令还要好的压缩比，用法和 gzip 差不多。经过 bzip2 命令压缩后的文件后缀名为 . bz2。

语法：

```
bzip2 [选项] 文件名
```

选项说明：

- -c：将压缩的数据输出到屏幕上。
- -d：将压缩文件解压缩。
- -k：保留原始文件。
- -v：显示源文件和压缩文件的压缩比等信息。
- -num：同 gzip 命令相同。

例 9-30　使用 bzip2 命令压缩和解压缩文件

使用 bzip2 命令压缩文件时可以指定-k 选项保留源文件，bzip2 命令压缩 services 文件的压缩比是 81.25%，比 gzip 命令的压缩比要高。从文件大小也可以看出 bzip2 命令的压缩比要比 gzip 命令好，尤其适用于大文件。

```
[root@ studylinux ~]#bzip2 -kv /tmp/dir2/services        //压缩文件
  /tmp/dir2/services:   5.334:1,   1.500 bits/byte, 81.25% saved, 692241 in,
129788 out.
[root@ studylinux ~]# ll /tmp/dir2/services*        //查看源文件和压缩文件大小
-rw-r--r--. 1 root root 692241 Oct 28 15:34 /tmp/dir2/services
-rw-r--r--. 1 root root 129788 Oct 28 15:34 /tmp/dir2/services.bz2
-rw-r--r--. 1 root root 142549 Oct 28 15:31 /tmp/dir2/services.gz
[root@ studylinux ~]#bzip2 -d /tmp/dir2/services.bz2     //解压缩
```

bzip2 和 gzip 命令的用法差不多，但文件扩展名不同。使用这两个命令压缩同一个文件可以清楚地对比出不同命令的压缩比。

3. xz 命令

xz 同样是压缩和解压缩文件的命令，该命令比 bzip2 命令的压缩效果更好一些，用法和前两个命令相似。经过 xz 命令压缩后的文件扩展名为 .xz。

语法：

```
xz [选项] 文件名
```

选项说明：

- -c：将压缩的数据输出到屏幕上。
- -d：将压缩文件解压缩。
- -t：测试压缩文件是否完整。
- -l：显示每一个压缩文件的大小、未压缩文件的大小和名字、压缩比。
- -k：保留原始文件。
- -num：同 gzip 命令相同。

例 9-31　使用 xz 命令压缩和解压缩文件

同样使用 xz 命令压缩 services 文件，压缩后的文件大小比前两个命令要小，具体如下。

```
[root@ studylinux ~]# xz -kv /tmp/dir2/services        //压缩文件
/tmp/dir2/services (1/1)
  100 %        103.4KiB / 676.0 KiB = 0.153
[root@ studylinux ~]# ll /tmp/dir2/services*        //查看源文件和压缩文件大小
-rw-r--r--. 1 root root 692241 Oct 28 15:34 /tmp/dir2/services
-rw-r--r--. 1 root root 129788 Oct 28 15:34 /tmp/dir2/services.bz2
-rw-r--r--. 1 root root 142549 Oct 28 15:31 /tmp/dir2/services.gz
-rw-r--r--. 1 root root 105872 Oct 28 15:34 /tmp/dir2/services.xz
[root@ studylinux ~]# xz -d /tmp/dir2/services.xz       //解压缩
```

与前两个压缩命令相比，xz 的压缩比更高，不过压缩花费的时间也会长一些。如果不考虑时间成本的话，使用 xz 命令压缩文件会比较好。

大牛成长之路：压缩文件扩展名

虽然 Linux 中的文件属性和文件名并没有绝对关系，但是为了对应压缩命令，在文件后面加对应的扩展名还是很有必要的。

- . gz：gzip 命令的压缩文件。
- . zip：zip 命令的压缩文件。
- . bz2：bzip2 命令的压缩文件。
- . xz：xz 命令的压缩文件。
- . tar：经过 tar 打包过的文件，并没有压缩。
- . tar. gz：经过 tar 打包过的文件，并经过 gzip 命令的压缩。
- . tar. bz2：经过 tar 打包过的文件，并经过 bzip2 命令的压缩。
- . tar. xz：经过 tar 打包过的文件，并经过 xz 命令的压缩。

gzip 和 bzip2 等命令仅能针对一个目录中的所有文件分别进行压缩，而 tar 可以将很多文件打包成一个文件，然后再利用压缩技术压缩文件，这样会更方便。

9. 5. 2　【实战案例】备份数据

在进行数据备份的时候，要选择比较重要的数据进行备份，比如文件系统、重要的目录等。CentOS 7 之后默认使用的文件系统是 xfs，所以在备份文件系统时可以选择 xfsdump（备份）和 xfsrestore（恢复），还有可以备份重要目录的 tar 命令。下面主要介绍这几个命令的用法。

扫码观看教学视频

1. tar 命令

tar 命令用于将多个目录或文件打包成一个大文件，打包后的文件支持 gzip、bzip2 和 xz 命令对文件进行压缩。tar 命令本身不具有压缩功能，它是调用支持压缩功能的命令实现压缩文件的。tar 命令的用法非常广泛，这里只是介绍几个常用的用法。

语法：

```
tar [选项] 文件名
```

选项说明：

- -c：创建打包文件。
- -t：查看打包文件中包含的文件名。
- -v：显示压缩或解压缩过程中的文件名。
- -x：解压缩文件。
- -z：通过 gzip 命令压缩或解压缩文件，文件扩展名为 . tar. gz。
- -j：通过 bzip2 命令压缩或解压缩文件，文件扩展名为 . tar. bz2。
- -J：通过 xz 命令压缩或解压缩文件，文件扩展名为 . tar. xz。

- -f：后面指定要被处理的文件名。
- -p：保留文件原本的权限和属性。
- -P：允许文件使用根目录/，即保留绝对路径。
- -C：后面指定目录，表示在特定的目录中解压缩。

在上面这些选项中，-c、-t 和-x 不可以同时出现在同一个命令行中，-z、-j 和-J 不可以同时出现在同一个命令行中。另外，在使用-f 选项时要特别注意，-f 选项后面紧跟的一定是文件名。我们可以将-f 和文件名单独指定，比如 tar -jcv -f /root/etc. tar. bz2 /etc。也可以在指定多个选项时，将-f 放在最后一个选项的位置，比如 tar -jcvf /root/etc. tar. bz2 /etc。不过，将-f 选项独立出来可以避免由于选项顺序造成的错误。

例 9-32　备份/etc 目录下的文件

tar 命令后面指定的-jpcv 选项表示使用 bzip2 命令压缩、保留文件的原本权限和属性、将/etc 目录中的文件打包成一个文件、在压缩的过程中显示文件名。-f 后面指定的 etc. tar. bz2 文件名是自己指定的，不过文件扩展名的格式要正确，表示在当前目录（/root）下创建 etc. tar. bz2 文件，/etc 是要备份的目录。下面以/etc 目录中的数据为例进行备份。

```
[root@ studylinux ~]# tar -jpcv -f etc. tar. bz2 /etc      //备份/etc 目录下的文件
tar: Removing leading '/' from member names      //警告信息
/etc/
/etc/mtab
/etc/fstab
......(中间省略)......
/etc/hostname
/etc/sudo. conf
/etc/locale. conf
```

在备份的过程中，出现了警告信息，提示删除了文件名开头的/，这样做保证了安全性。因为如果不去掉/，解压缩后的文件就是绝对路径，这些文件会被放到/etc 目录中，这样就替换了原来/etc 目录中的数据。特别是当这些旧数据替换了/etc 目录中的新数据时，损失就很大了。

例 9-33　解压缩

解压缩的时候，需要明确解压缩的目录，这个目录需要提前创建好。本例是将压缩好的 etc. tar. bz2 文件解压缩到/tmp/etc 目录中。在解压缩的时候常常使用-C 选项指定解压缩的目录，具体如下。

```
[root@ studylinux ~]# tar -jxv -f etc. tar. bz2 -C /tmp/etc        //解压缩
etc/
etc/mtab
etc/fstab
......(中间省略)......
etc/hostname
etc/sudo. conf
etc/locale. conf
```

可以看到解压缩后的文件没有根目录。使用这种方式，备份的文件就会在这个指定的目录下进行解压缩操作。

2. xfsdump 命令

xfsdump 命令只能备份 xfs 文件系统，不支持没有挂载的文件系统备份。如果用户想使用该命令备份文件系统，一定要确保该文件系统是挂载状态。使用该命令执行备份操作时，需要 root 权限。

语法：

```
xfsdump [选项] 文件系统
```

选项说明：

- -l：后面指定备份级别，有 0 ~ 9 共 10 个级别。默认是 0，表示完整备份。
- -f：后面指定自定义的文件，是备份文件系统的存储位置。
- -L：后面指定标签 session label，表示每次备份的 session 标头，比如对该文件系统的简易说明。
- -M：后面指定设备标签 media label，表示存储媒介的标头，比如对该媒介的简单说明。
- -I：显示当前备份文件系统的信息状态，数据从/var/lib/xfsdump/inventory 中读取，通常用于备份操作后查看信息的状态。

在使用 xfsdump 命令备份文件系统时要确保是 xfs 文件系统，且已经挂载。下面是将/dev/sdb1 分区格式化为 xfs 文件系统后，挂载到了/data/xfs 目录上。在备份数据之前需要复制一些数据到/data/xfs 目录中，以便测试。使用 df 命令可以看到/data/xfs 挂载点的整体使用情况。

在使用 xfsdump 命令备份文件系统时，-l 后面指定 0 表示备份等级是完整备份。-L 后面指定的 dump_sdb1 是 session label 的名称，-M 后面指定的 sdb1_d 是 media label 的名称。如果不指定这两个参数，会进入交互模式，输入这两个参数。-f 后面指定的/srv/sdb1_xfs. dump 是自定义的一个文件名，用于存储备份的数据。最后的/data/xfs 就是要备份的文件系统挂载点了。

```
[root@ studylinux ~]# mount /dev/sdb1 /data/xfs      //挂载文件系统
[root@ studylinux ~]# df -h /data/xfs        //查看文件系统的整体情况
Filesystem        Size   Used Avail Use% Mounted on
/dev/sdb1         3.0G    55M  3.0G    2% /data/xfs
[root@ studylinux ~]#xfsdump -l 0 -L dump_sdb1 -M sdb1_d -f /srv/sdb1_xfs. dump /da-
ta/xfs        //完整备份文件系统
xfsdump: using file dump (drive_simple) strategy
xfsdump: version 3.1.8 (dump format 3.0) - type ^C for status and control
xfsdump: level 0 dump of studylinux. com:/data/xfs       //开始备份/data/xfs
xfsdump: dump date: Thu Oct 29 10:12:30 2020
xfsdump: session id: 11891393-bc06-40c4-9861-8aa91dc9b3e5      //此次备份的 ID
```

```
xfsdump: session label: "dump_sdb1"          //session label 的名称
xfsdump: ino map phase 1: constructing initial dump list
xfsdump: ino map phase 2: skipping (no pruning necessary)
xfsdump: ino map phase 3: skipping (only one dump stream)
xfsdump: ino map construction complete
xfsdump: estimated dump size: 407104 bytes
xfsdump: creating dump session media file 0 (media 0, file 0)
xfsdump: dumping ino map
xfsdump: dumping directories
xfsdump: dumping non-directory files
xfsdump: ending media file
xfsdump: media file size 413440 bytes
xfsdump: dump size (non-dir files) : 389800 bytes
xfsdump: dump complete: 10 seconds elapsed
xfsdump: Dump Summary:
xfsdump:   stream 0 /srv/sdb1_xfs.dump OK (success)
xfsdump: Dump Status: SUCCESS          //完成备份
```

备份完成后，会建立/srv/sdb1_xfs.dump 文件，这里文件将整个/data/xfs 都备份下来了。备份等级被记录为 level 0，这种和备份相关的信息都会被记录在/var/lib/xfsdump/inventory 中。在此基础上进行第二次备份就是增量备份，备份等级就是 level 1，第三次备份就是 level 2。

小白逆袭：完整备份和增量备份

使用 xfsdump 命令第一次备份文件系统时一定是完整备份，在 xfsdump 中定义为 level0，备份级别是 0。完整备份可以把指定备份目录完整地复制下来。增量备份是第二次或之后的备份，只会备份与第一次完整备份有差异的文件。

例 9-34　查看备份的信息状态

在进行增量备份之前，我们先来看一下完整备份后的一些信息。从本例输出的信息中可以看到，/srv/sdb1_xfs.dump 文件已经生成。/var/lib/xfsdump/inventory 中的数据是使用 xfsdump 命令后产生的。执行 xfsdump -I 命令，可以看到备份后的信息状态。这些数据都是从/var/lib/xfsdump/inventory 中读取出来的，具体如下。

```
[root@studylinux ~]# ll /srv/sdb1_xfs.dump
-rw-r--r--. 1 root root 413440 Oct 29 10:12 /srv/sdb1_xfs.dump
[root@studylinux ~]# ll /var/lib/xfsdump/inventory
total 16
-rw-r--r--. 1 root root 5080 Oct 29 10:12 4f7d40a9-4a2f-4998-af73-f0d1e4756ff2.StObj
-rw-r--r--.  1  root  root  312  Oct  29  10: 12  b0ba79ae-eaca- 4637-
998e-d7ed238f9560.InvIndex
```

```
-rw-r--r--. 1 root root  576 Oct 29 10:12 fstab
[root@ studylinux ~]#xfsdump -I            //查看备份的信息状态
file system 0:
fs id:b0ba79ae-eaca-4637-998e-d7ed238f9560
session 0:       // session 0 的备份数据
mount point:studylinux. com:/data/xfs      //挂载点
device:      studylinux. com:/dev/sdb1     //设备名
time:        Thu Oct 29 10:12:30 2020      //时间
session label:"dump_sdb1"                  //session label 名称
session id:11891393-bc06-40c4-9861-8aa91dc9b3e5
level:       0                             //备份等级
resumed:NO
subtree:NO
streams:1
stream 0:
    pathname:    /srv/sdb1_xfs. dump          //备份数据的存储路径
    start:       ino 131 offset 0
    end:         ino 135 offset 0
    interrupted:NO
    media files:1
    media file 0:
        mfile index:  0
        mfile type:   data
        mfile size:   413440
        mfile start:  ino 131 offset 0
        mfile end:    ino 135 offset 0
        media label:  "sdb1_d"
        media id:     d0d8fe3b-fb4b-4c84-9049-ee48c336f66c
xfsdump: Dump Status: SUCCESS
```

例 9-35　增量备份数据

要想体现出增量备份和完整备份的差别，需要在/data/xfs 中新增一些数据。在进行新增备份时，-l 选项后面需要指定数字 1，-L 和-M 选项后面分别指定不同的名称，-f 后面指定一个新的文件名称，具体如下。

```
[root@ studylinux ~]#xfsdump -l 1 -L dump2 -M d2 -f /srv/sdb1_xfs. dump1 /data/xfs
xfsdump: using file dump (drive_simple) strategy
xfsdump: version 3. 1. 8 (dump format 3. 0) - type ^C for status and control
xfsdump: level 1 incremental dump of studylinux. com:/data/xfs based on level 0 dump
begun Thu Oct 29 10:12:30 2020
xfsdump: dump date: Thu Oct 29 11:03:02 2020
```

```
xfsdump: session id: 86a04ac6-58dc-4ae2-a441-dca31ff634d4
xfsdump: session label: "dump2"
xfsdump: ino map phase 1: constructing initial dump list
......(中间省略)......
xfsdump:  stream 0 /srv/sdb1_xfs.dump1 OK (success)
xfsdump: Dump Status: SUCCESS
```

例 9-36　查看两次备份的信息

备份了两次，分别是完整备份和新增备份。在产生的两个备份文件中，第二个文件/srv/sdb1_xfs.dump1 明显比第一个文件/srv/sdb1_xfs.dump 小。使用 xfsdump -I 命令可以看到两个 session 的信息，session 0 是第一次完整备份的信息，session 1 是第二次增量备份的信息，具体如下。

```
[root@studylinux ~]# ll /srv/sdb1_xfs.dump*   //查看两个备份文件
-rw-r--r--. 1 root root 413440 Oct 29 10:12 /srv/sdb1_xfs.dump
-rw-r--r--. 1 root root  87664 Oct 29 11:03 /srv/sdb1_xfs.dump1
[root@studylinux ~]#xfsdump -I      //查看两次备份的信息
file system 0:
fs id:b0ba79ae-eaca-4637-998e-d7ed238f9560
session 0:        //第一次完整备份的信息
    mount point:studylinux.com:/data/xfs
    device:      studylinux.com:/dev/sdb1
    time:        Thu Oct 29 10:12:30 2020
    session label:  "dump_sdb1"
    session id:11891393-bc06-40c4-9861-8aa91dc9b3e5
    level:       0
......(中间省略)......
        media label:"sdb1_d"
        media id:    d0d8fe3b-fb4b-4c84-9049-ee48c336f66c
session 1:          //第二次新增备份的信息
    mount point:studylinux.com:/data/xfs
    device:      studylinux.com:/dev/sdb1
    time:        Thu Oct 29 11:03:02 2020
    session label:  "dump2"
    session id: 86a04ac6-58dc-4ae2-a441-dca31ff634d4
    level:       1
    resumed:NO
    subtree:NO
    streams:1
    stream 0:
        pathname:     /srv/sdb1_xfs.dump1
        start:        ino 135 offset 0
```

```
    end:     ino 136 offset 0
    interrupted:NO
    media files:1
    media file 0:
        mfile index:0
        mfile type: data
        mfile size: 87664
        mfile start:ino 135 offset 0
        mfile end:  ino 136 offset 0
        media label:"d2"
        media id:   af98e4a3-913b-419d-b255-878414fb17bb
xfsdump: Dump Status: SUCCESS
```

使用这种方式就可以只备份有差异的数据部分，节省了存储空间，也有利于我们后续执行对文件系统的恢复操作。

3. xfsrestore 命令

xfsrestore 命令可以恢复系统的重要数据。使用 xfsdump 备份的文件系统只能通过 xfsrestore 命令进行解析。

语法：

```
xfsdump [选项] 待恢复目录
```

选项说明：

- -f：后面指定备份的文件。
- -s：后面指定特定目录，表示只恢复某个文件或目录中的数据。
- -i：进入交互模式（一般情况下不需要）。
- -I：查询备份的数据，与 xfsdump -I 的输出相同。
- -L：后面指定 session label。

例 9-37　恢复完整备份数据

因为 xfsdump 和 xfsrestore 命令都会用到/var/lib/xfsdump/inventory 中的数据，所以它们的-I 选项输出的内容也相同。在恢复备份数据时，先从备份等级为 0 的数据开始（完整备份数据），即从 level 0 的数据开始恢复。-f 选项后面指定的/srv/sdb1_xfs. dump 文件是完整备份时生成的文件，-L 选项后面指定的是 level 0 的 session label 名称 dump_sdb1，具体如下。

```
[root@ studylinux ~]#xfsrestore -f /srv/sdb1_xfs. dump -L dump_sdb1 /data/xfs
xfsrestore: using file dump (drive_simple) strategy
xfsrestore: version 3.1.8 (dump format 3.0) - type ^C for status and control
xfsrestore: using online session inventory
xfsrestore: searching media for directory dump
xfsrestore: examining media file 0
xfsrestore: reading directories
xfsrestore: 1 directories and 4 entries processed
```

```
xfsrestore: directory post-processing
xfsrestore: restoring non-directory files
xfsrestore: restore complete: 0 seconds elapsed
xfsrestore: Restore Summary:
xfsrestore:  stream 0 /srv/sdb1_xfs.dump OK (success)
xfsrestore: Restore Status: SUCCESS
```

例 9-38　将备份数据恢复到其他目录下

我们也可以将备份数据恢复到其他目录下。在/tmp 目录下新建一个目录，用于存放恢复的数据。diff -r 命令可以比较两个目录中文件的差异，通过该命令可以知道/data/xfs 文件比/tmp/xfs 文件多了一个名为 mytop.txt 的文本文件，具体如下。

```
[root@studylinux ~]# mkdir /tmp/xfs
[root@studylinux ~]#xfsrestore -f /srv/sdb1_xfs.dump -L dump_sdb1 /tmp/xfs
xfsrestore: using file dump (drive_simple) strategy
xfsrestore: version 3.1.8 (dump format 3.0) - type ^C for status and control
xfsrestore: using online session inventory
......(中间省略)......
xfsrestore:  stream 0 /srv/sdb1_xfs.dump OK (success)
xfsrestore: Restore Status: SUCCESS
[root@studylinux ~]# diff -r /data/xfs /tmp/xfs   //比较两个目录中的数据差异
Only in /data/xfs: mytop.txt
```

例 9-39　恢复单独的文件或目录

如果只想恢复单独的文件或目录，可以加上-s 选项。比如将其中一个文件 services.gz 恢复到/tmp/dir1 目录中，就可以像下面这样做。

```
[root@studylinux ~]#xfsrestore -f /srv/sdb1_xfs.dump -L dump_sdb1 -s services.gz
/tmp/dir1
```

例 9-40　恢复增量备份数据

-f 选项后面指定的/srv/sdb1_xfs.dump1 文件是增量备份产生的那个数据文件，后面的/tmp/xfs 是数据要恢复的位置，我们还是将数据恢复到/tmp/xfs 目录中。恢复好完整备份的数据后，下面继续恢复增量备份数据。

```
[root@studylinux ~]#xfsrestore -f /srv/sdb1_xfs.dump1 /tmp/xfs
xfsrestore: using file dump (drive_simple) strategy
xfsrestore: version 3.1.8 (dump format 3.0) - type ^C for status and control
xfsrestore: searching media for dump
xfsrestore: examining media file 0
xfsrestore: dump description:
xfsrestore: hostname: studylinux.com
```

```
xfsrestore: mount point: /data/xfs
xfsrestore: volume: /dev/sdb1
xfsrestore: session time: Thu Oct 29 11:03:02 2020
xfsrestore: level: 1
xfsrestore: session label: "dump2"
xfsrestore: media label: "d2"
......(中间省略)......
xfsrestore:  stream 0 /srv/sdb1_xfs.dump1 OK (success)
xfsrestore: Restore Status: SUCCESS
```

像上面这样操作就可以恢复完整备份和增量备份的数据了。关于 xfsdump 和 xfsrestore 命令更复杂的用法，可以使用 man 查询。

9.6　要点巩固

本章主要介绍了 Linux 系统上的基本设置、systemctl 的使用、日志文件、备份和恢复操作等内容，这些内容可以帮助我们更加了解 Linux 系统，下面对一些常用系统设置和维护的工具和命令进行总结。

1）可以使用 nmcli 工具查看网络参数并进行简单的 IP 设置。

2）设置日期和时间的相关命令：timedatectl。

3）查看系统资源的命令：free、dmesg、uname、vmstat、netstat。

4）管理服务的命令：systemctl。

5）管理日志文件的命令：logrotate。

6）压缩命令：gzip、bzip2、xz。

7）备份数据的命令：tar、xfsdump、xfsrestore。

9.7　技术大牛访谈——运行级别

Linux 系统中有 7 个运行级别（runlevel），在终端输入 runlevel 命令会显示先前和当前的运行级别。N 表示之前的 runlevel，若系统一直使用的运行级别是 5，这里显示的是 N，5 是当前的运行级别，具体如下。

```
[root@ studylinux ~]#runlevel
N 5
```

执行 man runlevel 命令可以看到更多有关 runlevel 的信息，表 9-7 是这 7 个运行级别的说明。

表 9-7　运行级别说明

运行级别	说　　明
0	系统关机模式 poweroff. target，系统的默认运行级别不能设为 0，否则不能正常启动
1	救援模式 rescue. target，用于系统维护，禁止远程登录，仅限 root 使用

（续）

运行级别	说　明
2	多用户模式 multi-user. target，没有 NFS 网络支持
3	完整的多用户模式 multi-user. target，有 NFS 网络支持
4	系统未使用，保留
5	图形化模式 graphical. target，默认运行级别
6	重启模式 reboot. target，不能设置为默认运行级别

如果用户想要更改运行级别，则使用 init 命令在后面指定运行级别就可以了。比如 init 3 表示指定运行级别为 3，即从当前的图形化模式切换到多用户模式。

第 10 章 网络和路由管理

Linux 强大的网络功能，使其在服务器领域比较卓越。对于服务器而言，维护服务器比搭建服务器更困难。在学习搭建服务器之前，我们需要对网络有一些基本的认识并且能够进行网络地址规划、配置网络和路由。

10.1 认识计算机网络模型

网络可以将不同的计算机或网络设备通过网线或无线网络技术连接起来，使数据可以通过网络介质进行传输。通过标准的通信协议，连接整个网络的过程是比较复杂的。完整的网络连接过程需要分为多个不同的层次，每个层次都有各自的功能，这些不同的层次形成了计算机网络模型，它是各层协议以及层次之间端口的集合。计算机网络模型有 OSI 七层网络模型和 TCP/IP 四层网络模型。

10.1.1 OSI 七层网络模型

OSI 七层网络模型是国际标准化组织（ISO）提出的开放式系统互联（Open System Interconnection，OSI）参考模型，是一个逻辑上的定义。OSI 从逻辑上把网络模型分成了 7 层，接近硬件的层次为底层，接近应用程序的层次为高层，如图 10-1 所示。

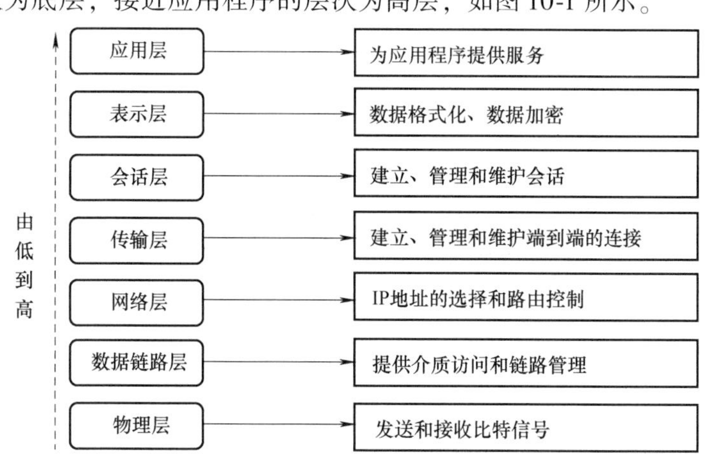

图 10-1 OSI 七层网络模型

从上图中可以看到，OSI 七层网络模型由低到高分别是物理层、数据链路层、网络层、传输层、会话层、表示层和应用层。下面介绍这 7 个层次各自具有的功能，如表 10-1 所示。

表 10-1　七层模型各个层次的功能

层次名称	说　明
物理层	Physical Layer，利用物理传输媒介（双绞线、同轴电缆、光纤等）实现透明的比特流传输。物理层的任务就是为上层数据链路层提供物理连接
数据链路层	Data-Link Layer，负责在两个相邻结点之间的链路上实现无差错的数据帧传输。数据链路层就是把一条有可能出错的实际链路变成让网络层看起来像不会出错的数据链路。实现的主要功能有帧同步、差错控制、流量控制、寻址等
网络层	Network Layer，传输的单位是分组（Packet），主要任务是为要传输的分组选择一条合适的路径，使发送分组能够正确无误地按照给定的目的地址找到目的主机，交付给目的主机的传输层
传输层	TransportLayer，主要任务是通过通信子网的特性，最佳地利用网络资源，并以可靠与经济的方式在两个端系统的会话层之间建立一条连接通道，以透明地传输报文。传输层向上一层提供了可靠的端到端服务，使会话层不知道传输层以下的数据通信细节
会话层	SessionLayer，在会话层以及以上各层中，数据的传输都以报文为单位，会话层不参与具体的传输，它提供包括访问验证和会话管理在内的建立以及维护应用之间的通信机制
表示层	PresentationLayer，主要解决用户信息的语法表示问题。表示层将要交换的数据从适合某一用户的抽象语法，转换为适合 OSI 内部表示使用的传送语法，即提供格式化的表示和转换数据服务
应用层	ApplicationLayer，是 OSI 参考模型的最高层。应用层确定进程之间通信的性质，以满足用户的需求以及提供网络与用户软件之间的接口服务

OSI 七层网络模型只是一个参考模型，比较适合用来学习网络传输方面的概念，实现实际的联网程序代码是很困难的。

10.1.2　TCP/IP 四层模型

由于 OSI 七层网络模型的架构非常严谨，不适合实际程序的编写，因此在此基础上发展出了 TCP/IP 四层模型。TCP/IP 将会话层、表示层和应用层合并成了一个应用层，物理层和数据链路层合并成了网络接口层。OSI 七层网络模型和 TCP/IP 四层模型的对比情况如图 10-2 所示。

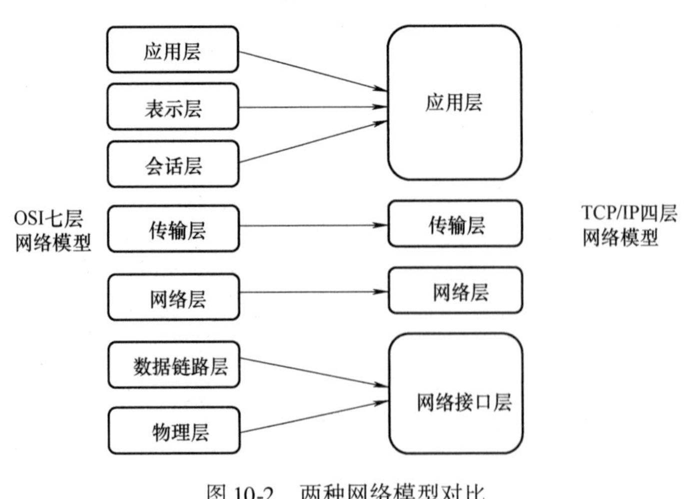

图 10-2　两种网络模型对比

TCP/IP 由七层简化成了四层，这四层具有的功能也发生了相应的变化。TCP/IP 四层模型各个层次的功能如表 10-2 所示。

表 10-2　四层模型各个层次的功能

层次名称	说　明
网络接口层	TCP/IP 标准并没有定义具体的网络接口协议，比较灵活，以便适应各种网络类型，包括了可使用 TCP/IP 与物理网络进行通信的协议
网络层	主要功能是处理来自传输层的分组，将分组形成数据包（IP 数据包），并为该数据包在不同的网络之间进行路径选择，最终将数据包从源主机发送到目的主机，常用的协议有 IP、ICMP
传输层	主要负责主机到主机之间的端对端可靠通信，常用的协议有 TCP、UDP
应用层	是最高层，提供网络服务，比如文件传输、远程登录、域名服务和简单网络管理等

TCP/IP 中的应用层和用户关系比较密切，网络接口层、网络层和传输层这三层的数据主要是操作系统提供的，我们重点需要了解的是围绕这三层有关的网络基础知识。比如网络接口层主要和硬件相关、网络层主要的是 IP 协议等。

小白逆袭：网络类型

由于节点距离、连接线缆的差异等网络差异，根据网络的大小范围定义了下面几种网络类型。

局域网（Local Area Network，LAN）：节点之间的传输距离比较近（一栋大楼或一个校区），网络速度较快，相对比较可靠。传输介质可以使用较贵一点的材料，比如光纤。

广域网（Wide Area Network，WAN）：传输距离比较远（城市和城市之间），但网络速度慢，可靠性比较低，传输介质的成本也比较低廉。

城域网（Metropolitan Area Network，MAN）：传输距离限制在一座城市范围内，网络传输时延较小，该网络类型比较少被提及。

在网络模型的不同层次中，每一层都有各自传输数据的特点。在下面的章节中，将主要根据 TCP/IP 四层网络模型介绍每一层的代表协议和数据的封装格式。

10.2　TCP/IP 各层分析

TCP/IP 使用的也是 OSI 七层协议的逻辑，在分析 TCP/IP 四层网络模型时，这两种不同的网络模型具有协议之间的相关性。TCP/IP（Transmission Control Protocol/Internet Protocol，传输控制协议/网际协议）不仅仅指的是 TCP 和 IP 这两个协议，它是一个由 FTP、SMTP、TCP、UDP、IP 等协议构成的协议簇，只是因为在 TCP/IP 协议中 TCP 协议和 IP 协议最具代表性，所以被称为 TCP/IP 协议。接下来分析各层之间的协议和数据封装格式。

10.2.1　TCP/IP 网络接口层

网络接口层是 TCP/IP 四层网络模型的最底层，与硬件的关系比较密切。这一层会介绍一个重要的协议，即 CSMA/CD 协议，以及数据在该层的封装格式。在广域网中可以连接网络的方式有下面几种。

- 电话拨号连接：早期的电话拨号上网方式，使用 PPP（Point-to-Point，点对点）协议，这种方式速度非常慢。拨号上网之后，就不能打电话聊天了。
- ISDN 调制解调器：利用电话线路连接网络，连接的两端需要 ISDN（Integrated Services Digital Network，综合服务数字网络）调制解调器提供连接功能，速度可以成倍增长。
- ADSL 上网：也是通过电话线拨号上网，不过使用的是电话的高频部分，可以上网的同时打电话。这种方式采用的是 ADSL（Asymmetric Digital Subscriber Line，非对称数字用户线路）上网，同样需要调制解调器，不过使用的协议是 PPPoE（PPP over Ethernet，基于以太网的点对点通信协议）。
- 电缆调制解调器上网：使用有线电视使用的电缆作为网路信号介质，通常具有区域性。

在局域网中经常使用的就是以太网，它已经成为国际公认的标准。在以太网的传输世界中，如果想要提升原有的传输速度，除了需要升级网卡，还需要升级主机之间的网线、交换器等设备。以太网常用的网线接头是 RJ-45，这种接头根据线序的不同分成了 568A 和 568B 两种接头。根据这两种接头的类型，网线可以分成交叉线和直连线。

- 交叉线：网线的两个接头分别是 568A 和 568B，用于连接两台主机的网卡。
- 直连线：网线两端的接头都是 568A 或 568B，用于网卡和集线器之间的连接。

大牛成长之路：数据传输单位 Mbps

我们常常看到的 Mbps 的全称是 Million bits per second，即每秒传输百万位（比特）数量的数据。Mbps = Mb/s，而 MB/s 中的 MB 表示 Million Bytes（百万字节），它们的关系是 1MB/s = 8Mbps = 8Mb/s。

以太网的传输通过以太网网卡，这个网卡的卡号是独一无二的，即 MAC（Media Access Control）地址。以太网网卡之间通过 CSMA/CD（Carrier Sense Multiple Access with Collision Detection，载波监听多路访问/冲突检测）协议传输数据。下面是该协议的工作流程。

- 首先进行载波监听。想发送信息包的节点要确保没有其他节点在使用共享介质，所以该节点先要监听信道上的动静，即先听后说。
- 如果信道在一定时段内没有动静，那么该节点就开始传输数据，即无声则讲。
- 如果信道一直很忙碌，就一直监听信道，直到出现最小的 IFG（帧间缝隙）时段时，该节点才开始发送它的数据，即有空就说。
- 接下来是冲突检测。如果两个节点或更多的节点都在监听和等待发送，然后在信道空时同时决定立即（几乎同时）开始发送数据，此时就会发生冲突，这会使双方信息包受到损坏。以太网在传输过程中会不断地监听信道，以检测这种碰撞冲突的情况，即边听边说。
- 如果一个节点在传输期间检测出碰撞冲突，会立即停止该次传输，并向信道发出拥挤信号，以确保其他所有节点也发现该冲突，从而放弃可能一直在接收的受损数据包，即冲突停止，一次只能一人。

- 多路存取，在等待一段时间后，想发送的节点试图进行新的发送。这时会采用二进制指数退避策略算法来决定，不同的节点试图再次发送数据前要等待一段时间，即随机延迟。
- 然后继续开始循环，开始进行载波监听。

CSMA/CD 发送的数据单位是数据帧，MAC 数据帧的封装格式如表 10-3 所示。

表 10-3　MAC 数据帧的封装格式

格式	前导码	目的地址	源地址	长度	数据	帧校验序列
占用字节数/B	8	6	6	2	46 ~ 1500	4

数据帧中的数据最大容量可以达到 1500Bytes，最小数据容量 46Bytes 是根据 CSMA/CD 机制算出来的。

10.2.2　TCP/IP 网络层

网络层主要介绍的就是 IP，以及与网络相关的路由。IP 地址的格式想必大家都不陌生吧。IP 有两个版本，目前使用最广泛的是 IPv4（Internet Protocol version 4，因特网协议第四版），还有一种是为解决 IPv4 版本地址不足而发展出来的下一代网络地址，即 IPv6。本小节主要介绍 IPv4 版本的 IP 数据包。IP 封装数据的格式比网络接口层复杂。

TCP/IP 协议定义了在因特网上传输的包，称为 IP 数据报（IP Datagram）。这是一个与硬件无关的虚拟包，由首部和数据两部分组成，如图 10-3 所示。

首部	数据部分

图 10-3　IP 数据报

其中，首部包含固定部分和可变部分。固定部分从版本号到目的 IP 地址共 160 位，即 20 字节。可变部分就是选项，这里可以填充一些可选字段。IP 数据封装格式如图 10-4 所示。

<table>
<tr><td>版本号
(4位)</td><td>首部长度
(4位)</td><td>服务类型
(8位)</td><td colspan="2">总长度
(16位)</td></tr>
<tr><td colspan="3">标识
(16位)</td><td>标志
(3位)</td><td>片偏移
(13位)</td></tr>
<tr><td colspan="2">生存时间
(8位)</td><td>协议
(8位)</td><td colspan="2">头部校验
(16位)</td></tr>
<tr><td colspan="5">源IP地址（32位）</td></tr>
<tr><td colspan="5">目的IP地址（32位）</td></tr>
<tr><td colspan="5">选项（可变部分）</td></tr>
<tr><td colspan="5">数据</td></tr>
</table>

图 10-4　IP 数据的封装格式

从 IP 数据报的首部可以知道源 IP、目的 IP 地址、生存时间和协议，根据这些信息，就可以知道这个 IP 数据将被传送到的目的地。

1. IP 地址的范围

我们熟悉的 IP 地址是由 4 个十进制数字组成，中间使用 .（点）分隔，这就是点分十进制标记法，比如 192.168.181.128。其实 IP 地址是由 32 个 0 个 1 组成的一串数字，不过为了便于人们记忆和书写，就将二进制的 IP 地址换算成了十进制的 IP 地址。IP 地址的范围从 0.0.0.0 到 255.255.255.255，IP 地址的二进制和十进制范围如表 10-4 所示。

表 10-4　IP 地址范围

范围	二 进 制	十 进 制
最小	00000000.00000000.00000000.00000000	0.0.0.0
最大	11111111.11111111.11111111.11111111	255.255.255.255

IP 地址分为网络号码和主机号码两部分，前三组数字是网络号码，最后一组数字就是主机号码。网络号码表示该 IP 属于互联网的哪一个网络，主机号码表示该 IP 属于该网络的哪一台主机，两者是主从关系。比如 192.168.181.128 这个 IP 地址的网络号码是 192.168.181，主机号码是 128。在同一个物理网段内，主机的 IP 地址具有相同的网络号码，并且主机号码是不重复的。比如 192.168.181.0、192.168.181.1、192.168.181.2 一直到 192.168.181.255 这些 IP 地址都属于同一个网段。同一个网段内的 IP 地址不能拥有相同的主机号码，否则会造成 IP 地址冲突。当所有主机都通过同一个网络设备连接在一起，那么这些主机在物理设备上就是连接在一起的，这种情况下这些主机就属于同一个物理网段。

下面列出了 IP 地址在同一个网段和不同网段的意义。

- 在同一网段内，网络号码是不变的，主机号码是不能重复的。
- 主机号码不可以同时为 0 也不能同时为 1，即不能同是 00000000 或 11111111。换算成十进制就是不能是 0 或 255。比如 192.168.181.0（主机号码全部为 0）和 192.168.181.255（主机号码全部为 1）不能作为网段内主机的 IP 地址，即该网段内可供主机使用的 IP 范围是 192.168.181.1 到 192.168.181.254。
- 主机号码全为 0 表示整个网段的 IP 地址（Network IP），全为 1 表示广播地址（Broadcast IP）。
- 在相同网段中的主机（IP 地址不重复）可以直接在局域网内通过广播进行网络的连接。
- 不同网段的主机不能通过广播的方式连接，需要通过路由器才能将两个不同的网络连接起来。

IP 网段分为 5 个等级，每个等级的范围主要和 IP 地址的前几位有关（32 个二进制数值）。划分等级之后，我们就能快速地从 IP 地址的第一个十进制数大概知道这个 IP 地址所属的等级。IP 网段的 5 个等级分别是 A、B、C、D 和 E，表 10-5 是它们根据网络地址划分的网段表示方式。

表 10-5　IP 网段等级

网段等级	网段划分	说　明
A 类	0xxxxxxx.xxxxxxxx.xxxxxxxx.xxxxxxxx （0.0.0.0～27.255.255.255）	其中 0xxxxxxx 是网络号码，后面三个字段是主机号码。网络号码开头是 0

（续）

网段等级	网段划分	说　明
B 类	10xxxxxx. xxxxxxxx. xxxxxxxx. xxxxxxxx（128. 0. 0. 0 ~ 191. 255. 255. 255）	其中 10xxxxxx. xxxxxxxx 是网络号码，后面两个字段是主机号码。网络号码开头是 10
C 类	110xxxxx. xxxxxxxx. xxxxxxxx. xxxxxxxx（192. 0. 0. 0 ~ 223. 255. 255. 255）	其中 110xxxxx. xxxxxxxx. xxxxxxxx 是网络号码，最后一个字段是主机号码。网络号码开头是 110
D 类	1110xxxx. xxxxxxxx. xxxxxxxx. xxxxxxxx	组播地址，网络号码开头是 1110
E 类	1111xxxx. xxxxxxxx. xxxxxxxx. xxxxxxxx	保留地址，网络号码开头是 1111

上面这 5 类 IP 地址中，我们会用到的是 A、B、C 这三类。D 类是组播地址，该类地址的网络号码在 224 到 239 之间，一般用于多路广播用户。E 类是保留地址，该类地址的网络号码在 240 到 255 之间。

2. 公共 IP 地址和私有 IP 地址

下面了解一下什么是公共 IP 地址和私有 IP 地址。

- 公共 IP 地址（Public IP）：是由 InterNIC（Internet Network Information Center，国际互联网络信息中心）统一规划的 IP，这种 IP 才能连接 Internet。
- 私有 IP 地址（Private IP）：是私有或保留的 IP，不能直接连接 Internet，主要用于局域网络内的主机连接规划。

在 A、B、C 这三个类别中各自保留了一段区域作为私有 IP 网段，下面是私有 IP 网段的范围。

- A 类：10. 0. 0. 0 ~ 10. 255. 255. 255。
- B 类：172. 16. 0. 0 ~ 172. 31. 255. 255。
- C 类：192. 168. 0. 0 ~ 192. 168. 255. 255。

这三段 IP 不能直接作为 Internet 上面的连接使用，只能作为内部私有网络的 IP 地址使用。通过特定的设置，也可以使私有 IP 的计算机连上 Internet。还有一个特殊的 IP 地址就是回送地址（localhost）127. 0. 0. 1，一般用于测试。比如 ping 127. 0. 0. 1 可以测试本机 TCP/IP 是否正常。

获取 IP 地址的方式主要有手动配置和自动获取（DHCP），手动配置可以设置 IP 相关参数和配置文件，自动获取是主机自行设置从服务器那里获取的网络参数。

10. 2. 3　TCP/IP 传输层

网络层的 IP 数据包只负责将数据传输到目标主机中，至于会不会被正确接收就是传输层的任务了。传输层有两个数据包很重要，分别是面向连接的 TCP 数据包和无连接的 UDP 数据包。数据是否可以被正确地送到目标主机和这两个数据包有关。

1. TCP 协议

传输层最常见的就是将数据打包成 TCP 数据包，这个 TCP 数据包必须要放入 IP 的数据包中才可以。TCP 数据包的首部和实际数据的格式如图 10-5 所示。

TCP 首部也是由很多部分构成，比如源端口、目标端口等。网络接口层的 MAC 数据包、网络层的 IP 数据包和传输层的 TCP 数据包三者之间的关系如图 10-6 所示。

<table>
<tr><td colspan="3">源端口（16位）</td><td>目标端口（16位）</td></tr>
<tr><td colspan="4">序列号（32位）</td></tr>
<tr><td colspan="4">确认号（32位）</td></tr>
<tr><td>数据偏移量
（4位）</td><td>保留
（6位）</td><td>标志
（6位）</td><td>窗口
（16位）</td></tr>
<tr><td colspan="3"></td><td></td></tr>
<tr><td colspan="4">选项（可变部分）</td></tr>
<tr><td colspan="4">数据</td></tr>
</table>

图 10-5　TCP 数据包格式

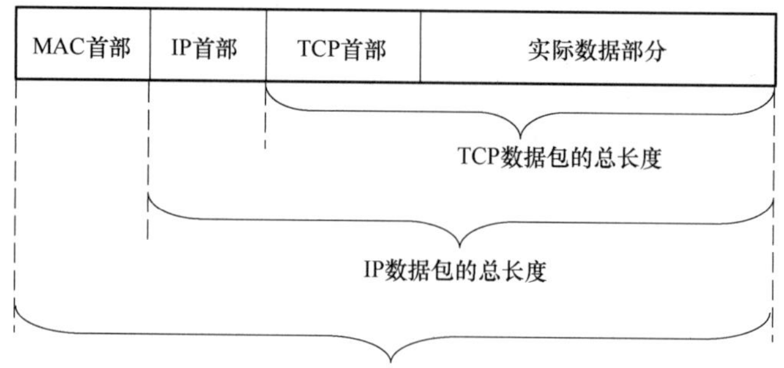

图 10-6　各数据包之间的关系

在 TCP 数据包中，最重要的就是源端口和目标端口。它们相当于两台主机中的通道，用于传输数据。目前已经有很多规范好的端口（port）供网络服务软件使用。Linux 中将端口和各服务之间对应的端口号记录到了/etc/services 文件中，表 10-6 列出了常见的端口号和对应的服务。

表 10-6　常见端口号和对应的服务

端　口　号	对应的服务	说　　明
21	FTP	File Transfer Protocol，文件传输协议
22	SSH	Secure Shell，安全的远程连接服务
25	SMTP	Simple Mail Transfer Protocol，简单邮件传输协议，主要用于发送邮件
53	DNS	Domain Name Server，域名服务器，主要用于域名解析
80	HTTP	HyperText Transport Protocol，超文本传输协议，主要用于在 WWW 服务上传输信息的协议
110	POP3	Post Office Protocol Version 3，邮局协议 3，用于接收邮件

需要注意的是，启动小于 1024 的端口号时必须是 root 身份。TCP 之所以被称作可靠的传输协议，主要是因为 TCP 的三次握手机制。三次握手就是在数据包连接的过程中，建立连接之前需要通过三个确认动作。

- 客户端与服务器端连接时需要发送一个请求连接的数据包，随机获取一个大于 1024

的端口。发送的 TCP 首部必须有 SYN 的主动连接和需要 Seq。

- 服务器端接收并确认该数据包后，会传送一个带有 ACK 的数据包给客户端，并开始等待客户端给服务器端的回应。
- 客户端接收后，会再次发送一个确认数据包给服务器。
- 服务器可以接收该确认数据包后就可以建立连接了。

网络是双向的，无论是服务器端还是客户端都需要通过 SYN 和 ACK 来建立连接，共会有三次会话。这种机制在建立网络连接时是比较可靠的。

2. UDP 协议

UDP 是用户数据包协议，与 TCP 不同。UDP 提供不可靠的传输，在 UDP 传送数据的过程中，接收端不会回应发送端，所以数据包并没有一个比较严格的检查机制。不过，由于 TCP 是可靠传输，需要三次握手，所以传输数据的速度比较慢。而 UDP 不需要确认对方是否正确接收了数据包，所以传输速度比较快。

目前，有很多软件都是同时提供 TCP 和 UDP 的传输协议，这样可以同时兼顾速度和可靠性。由于 UDP 没有一个严格的检查机制，所以数据包的格式相对简单一些，如图 10-7 所示。

源端口（16位）	目标端口（16位）
信息长度（16位）	校验和（16位）
数据	

图 10-7　UDP 数据包的格式

至于应用层，与底层的关系不那么密切，主要和用户端比较密切。TCP/IP 四层网络模型各层对应的协议如图 10-8 所示。

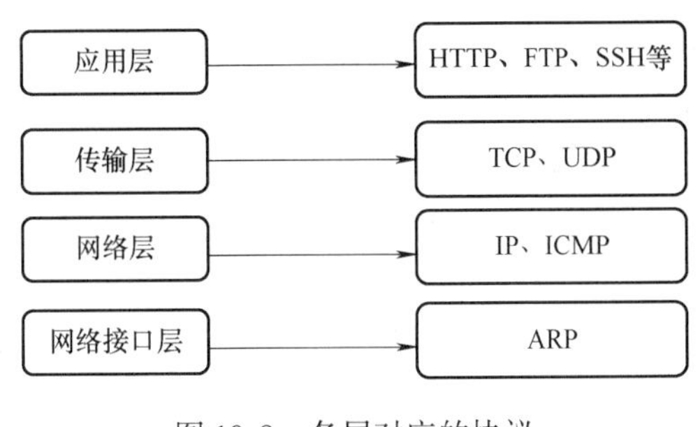

图 10-8　各层对应的协议

TCP/IP 协议能够迅速发展起来并成为实际上的标准，是它恰好适应了世界范围内数据通信的需要，有如下几个特点。

- 协议标准是完全开放的，可以供用户免费使用。而且还独立于特定的计算机硬件与操作系统，可以运行在广域网，更适合互联网。
- 网络地址统一分配，网络中每一设备和终端都具有一个唯一的地址。
- 可以提供多种多样可靠的网络服务。

10.3　网络设置

在 Linux 系统中，网络管理是 Linux 系统管理的重中之重。在掌握了 Linux 基础命令之后，学会配置网络，才能继续之后的网站搭建。我们主要使用 NetworkManager 来管理和配置网络参数并设置路由。

10.3.1 认识 NetworkManager

NetworkManager（网络管理器）是管理和监控网络设置的守护进程，由管理系统网络连接的程序和允许用户管理网络连接的客户端程序组成。无论是有线还是无线，都可以使用户轻松管理。对于无线网络设置，网络管理器可以自动切换到最安全的无线网络。使用网络管理器程序可以自由切换网络模式，简化网络管理程序。

在使用 NetworkManager 管理网络时，有两种设置方法，一种是 nmtui（NetworkManager Text User Interface，网络管理文本用户界面），另一种是 nmcli（NetworkManager Command Line Interface，网络管理命令行界面）。我们主要学习如何使用 nmcli 的方式管理网络。

nmcli 是网络管理的命令行工具，通过控制台或终端管理 NetworkManager。nmcli 是 CentOS 7 之后的管理命令，可以完成所有的网络配置，并写入配置文件中。

语法：

```
nmcli [选项] [对象] [子命令]
```

选项说明：

- -t：简洁输出。
- -p：以可读格式输出。
- -c：颜色开关，控制颜色输出，默认是启用状态。
- -w：设置超时时间。

nmcli 有很多可以管理网络的对象，我们可以指定不同的对象管理网络的不同部分。

- networking：管理整个网络。
- general：用于显示 NetworkManager 的状态和权限。
- device：查看和管理设备。
- connection：管理连接。

每一个对象都有用于管理网络的子命令，下面分别介绍这些对象和子命令的用法。

1. networking 子命令

nmcli networking 用于查询网络管理器的网络状态，启用或禁用整个网络。networking 可以简写为 n，通过简写这些命令的名称可以简化网络命令的管理操作。

语法：

```
nmcli networking [子命令]
```

子命令说明：

- on：启用所有接口。
- off：禁用所有接口。
- connectivity：显示当前状态。

connectivity 子命令可以显示当前网络状态，可以简写为 c。通过 on 或 off 可以指定整个网络的状态。默认情况下，网络是开启状态。

例 10-1 设置网络状态

设置网络状态的具体内容如下。

```
[root@ studylinux ~]# nmcli networking connectivity    //显示网络状态
full
[root@ studylinux ~]# nmcli n c    //简写
full
[root@ studylinux ~]# nmcli networking off    //禁用网络连接
[root@ studylinux ~]# nmcli n c
limited
[root@ studylinux ~]# nmcli networking on    //开启网络连接
[root@ studylinux ~]# nmcli n c
full
```

connectivity 子命令可以显示各种状态的网络，下面是不同的网络状态和含义。

- full：可以访问连接到的网络。
- limited：已连接到网络，但是不能上网。
- none：没有连接到任何网络。
- portal：认证前不能上网。
- unknown：无法确认网络连接。

在上面的输出结果中，当前的默认网络状态为 full，表示连接到可访问的网络。指定 off 关闭网络后的网络显示状态为 limited，表示已连接到网络，但是不能上网。指定 on 开启网络，网络状态再次显示为 full。

小白逆袭：简写命令

nmcli 中的对象和对应的子命令可以简写，以便简化操作。比如 nmcli networking connectivity 可以简化成 nmcli n c，nmcli general status 可以简化成 nmcli g s。

2. general 子命令

nmcli general 用于显示 NetworkManager 的状态和权限，允许获取并更改主机名、查看和更改日志级别和域。

语法：

```
nmcli general [子命令]
```

子命令说明：

- status：显示 NetworkManager 的整体状态。
- hostname：显示和设置主机名。
- permissions：显示当前用户对 NetworkManager 可允许的操作权限。
- logging：显示和更改日志级别和域。

在显示的 NetworkManager 整体状态中，包括 WIFI、WWAN 等状态。指定 hostname 可以修改主机名，更改后的主机名称会写入/etc/hostname 文件中。之前介绍过的 hostname 和 hostnamectl 命令都可以用于显示主机名。nmcli general permissions 命令显示了对 NetworkManager 可操作的权限。

例 10-2　显示信息并设置主机名

显示信息并设置主机名的具体内容如下。

```
[root@ studylinux ~]# nmcli general status          //显示网络管理器的整体状态
STATE      CONNECTIVITY  WIFI-HW  WIFI     WWAN-HW  WWAN
connected  full          enabledenabled  enabled  enabled
[root@ studylinux ~]# nmcli general hostname        //显示主机名
studylinux.com
[root@ studylinux ~]# nmcli general hostname  mylinux.com       //修改主机名
[root@ studylinux ~]# nmcli general hostname
mylinux.com
[root@ studylinux ~]# nmcli general permissions      //显示可允许的操作权限
PERMISSION                                                        VALUE
org.freedesktop.NetworkManager.enable-disable-network             yes
org.freedesktop.NetworkManager.enable-disable-wifi                yes
org.freedesktop.NetworkManager.enable-disable-wwan                yes
org.freedesktop.NetworkManager.enable-disable-wimax               yes
org.freedesktop.NetworkManager.sleep-wake                         yes
org.freedesktop.NetworkManager.network-control                    yes
org.freedesktop.NetworkManager.wifi.share.protected               yes
org.freedesktop.NetworkManager.wifi.share.open                    yes
org.freedesktop.NetworkManager.settings.modify.system             yes
org.freedesktop.NetworkManager.settings.modify.own                yes
org.freedesktop.NetworkManager.settings.modify.hostname           yes
org.freedesktop.NetworkManager.settings.modify.global-dns         yes
org.freedesktop.NetworkManager.reload                             yes
org.freedesktop.NetworkManager.checkpoint-rollback                yes
org.freedesktop.NetworkManager.enable-disable-statistics          yes
org.freedesktop.NetworkManager.enable-disable-connectivity-check  yes
```

3. device 子命令

nmcli device 用于显示和管理设备，它有很多功能，比如连接 WiFi、创建热点等。

语法：

```
nmcli device [子命令]
```

子命令说明：

- status：显示网络设备的状态。
- show：显示网络设备的详细信息。
- wifi：显示可用的接入点。
- connect：连接到指定的网络设备。
- disconnect：断开指定的网络设备。
- delete：删除指定的网络设备。

例 10-3　显示网络设备信息

默认情况下 ens33 是处于连接状态的，在 nmcli device show 命令后面指定具体的网卡可以看到该网卡的详细信息，比如设备名称、IP 地址、网关等，具体如下。

```
[root@ studylinux ~]# nmcli device status        //显示网络设备状态
DEVICE       TYPE       STATE       CONNECTION
ens33        ethernet   connected   ens33
virbr0       bridge     connected   virbr0
lo           loopback   unmanaged   --
virbr0-nic   tun        unmanaged   --
[root@ studylinux ~]# nmcli device show ens33      //显示 ens33 的详细信息
GENERAL.DEVICE:                         ens33
GENERAL.TYPE:                           ethernet
GENERAL.HWADDR:                         00:0C:29:B2:75:F7
GENERAL.MTU:                            1500
GENERAL.STATE:                          100 (connected)
GENERAL.CONNECTION:                     ens33
GENERAL.CON-PATH:                       /org/freedesktop/NetworkManager/ActiveC>
WIRED-PROPERTIES.CARRIER:               on
IP4.ADDRESS[1]:                         192.168.181.128/24
IP4.GATEWAY:                            192.168.181.2
IP4.ROUTE[1]:dst = 0.0.0.0/0, nh = 192.168.181.2, mt>
IP4.ROUTE[2]:dst = 192.168.181.0/24, nh = 0.0.0.0, m>
IP4.DNS[1]:                             192.168.181.2
IP4.DOMAIN[1]:localdomain
......(以下省略)......
```

例 10-4　设置网卡连接状态

使用 disconnect 子命令断开 ens33 的连接后，可以看到该网卡的连接状态变成了 disconnected（已断开）。重新连接该网卡使用 connect 子命令就可以了，具体如下。

```
[root@ studylinux ~]# nmcli device disconnect ens33        //断开 ens33 的连接
Device 'ens33' successfully disconnected.
[root@ studylinux ~]# nmcli device status              //显示 ens33 已断开
DEVICE      TYPE       STATE          CONNECTION
virbr0      bridge     connected      virbr0
ens33       ethernet   disconnected   --
loloopback  unmanaged --
virbr0-nic  tun        unmanaged      --
[root@ studylinux ~]# nmcli device connect ens33      //重新连接 ens33
Device 'ens33' successfully activated with '4ce32b00-f8d3-4516-bd3d-3b40962e624e'.
[root@ studylinux ~]# nmcli device status               //显示 ens33 已连接
```

```
DEVICE      TYPE      STATE      CONNECTION
ens33       ethernet  connected  ens33
virbr0      bridge    connected  virbr0
lo          loopback  unmanaged  --
virbr0-nic  tun       unmanaged  --
```

4. connection 子命令

nmcli connection 用于连接的添加、修改和删除等管理操作，是经常使用的子命令。

语法：

```
nmcli connection [子命令]
```

子命令说明：

- show：列出连接信息。
- up：启用指定的连接。
- down：禁用指定的连接。
- add：添加新的连接。
- edit：交互式编辑现有连接。
- modify：编辑现有连接。
- delete：删除现有连接。
- reload：重新加载现有连接。
- load：重新加载指定的文件。

例 10-5　查看简单的连接信息

通过指定 connection 对象的 show 命令，可以查看简单的连接信息，指定具体的设备可以看到有关该设备的详细信息。如果只看有关某一个方面的信息，可以配合管道和 grep 命令，比如只看与 ipv4 有关的信息。此时 ens33 的 IP 地址是自动获取方式，ipv4. method 的值为 auto，具体如下。

```
[root@ studylinux ~]# nmcli connection show       //显示连接信息
NAME    UUID                                  TYPE      DEVICE
ens33   4ce32b00-f8d3-4516-bd3d-3b40962e624e  ethernet  ens33
virbr0  93ac64fd-5461-4f48-a348-f0cc5493d5a5  bridge    virbr0
[root@ studylinux ~]# nmcli connection show ens33 | grep ipv4
//显示 ens33 的 ipv4 信息
ipv4. method:                         auto     //自动获取 IP 地址
ipv4. dns:                            --
ipv4. dns-search:                     --
ipv4. dns-options:                    ""
ipv4. dns-priority:                   0
ipv4. addresses:                      --
ipv4. gateway:                        --
ipv4. routes:                         --
...... (中间省略)......
```

```
    ipv4.never-default:                    no
    ipv4.may-fail:                         yes
    ipv4.dad-timeout:                      -1 (default)
```

例 10-6　设置 IP 地址

通过指定 connection 对象的 modify 命令，将 IP 地址和网关由自动获取（auto）更改为手动设置（manual），指定的 IP 信息为 172.16.0.10/16，表示 IP 地址是 172.16.0.10，子网掩码是 255.255.0.0。网关 ipv4.gateway 设置为 172.16.255.254，具体如下。

```
    [root@studylinux ~]# nmcli connection modify ens33 ipv4.method manual
ipv4.addresses 172.16.0.10/16 ipv4.gateway 172.16.255.254    //手动设置 IP 地址
    [root@studylinux ~]# nmcli connection show ens33 |grep ipv4    //查看 IP 地址
    ipv4.method:                           manual
    ipv4.dns:                              --
    ipv4.dns-search:                       --
    ipv4.dns-options:                      ""
    ipv4.dns-priority:                     0
    ipv4.addresses:                        172.16.0.10/16
    ipv4.gateway:                          172.16.255.254
    ipv4.routes:                           --
    ipv4.route-metric:                     -1
    ......(以下省略)......
```

例 10-7　添加和删除 IP 地址

使用 + 可以以手动方式为同一设备添加多个 IP 地址，比如 ens33 已经有一个 IP 地址是 172.16.0.10/16，我们还可以再添加一个 IP 地址 172.16.0.20/16。删除之前添加的 IP 地址使用-就可以了，具体如下。

```
    [root@studylinux ~]# nmcli connection modify ens33 ipv4.method manual +
ipv4.addresses 172.16.0.20/16    //添加一个 IP 地址
    [root@studylinux ~]# nmcli connection show ens33 |grep ipv4
    ipv4.method:                           manual
    ipv4.dns:                              --
    ipv4.dns-search:                       --
    ipv4.dns-options:                      ""
    ipv4.dns-priority:                     0
    ipv4.addresses:                        172.16.0.10/16, 172.16.0.20/16
    ipv4.gateway:                          172.16.255.254
    ......(以下省略)......
    [root@studylinux ~]# nmcli connection modify ens33 ipv4.method manual -
ipv4.addresses 172.16.0.20/16    //删除一个 IP 地址
    [root@studylinux ~]# nmcli connection show ens33 |grep ipv4
    ipv4.method:                           manual
```

```
ipv4.dns:                              --
ipv4.dns-search:                       --
ipv4.dns-options:                      ""
ipv4.dns-priority:                     0
ipv4.addresses:                        172.16.0.10/16
ipv4.gateway:                          172.16.255.254
......(以下省略)......
```

例 10-8　网卡的交互编辑模式

通过指定 connection 对象的 edit 命令，可以进行指定网卡的交互编辑模式。进入交互式编辑界面会显示 nmcli >字样，在这里输入 print all 会显示 ens33 的所有设置信息，输入 print ipv4 只显示和 ipv4 有关的信息，具体如下。

```
[root@ studylinux ~]# nmcli connection edit ens33      //进入交互模式
===|nmcli interactive connection editor |===
Editing existing '802-3-ethernet' connection: 'ens33'
Type 'help' or '? ' for available commands.
Type 'print' to show all the connection properties.
Type 'describe [<setting>.<prop>]' for detailed property description.
You may edit the following settings: connection, 802-3-ethernet (ethernet), 802-1x,
dcb, sriov, ethtool, match, ipv4, ipv6, tc, proxy
nmcli> print ipv4        //只显示和 ipv4 有关的信息
['ipv4' setting values]
ipv4.method:                           manual
ipv4.dns:                              --
ipv4.dns-search:                       --
ipv4.dns-options:""
ipv4.dns-priority:                     0
ipv4.addresses:                        172.16.0.10/16
ipv4.gateway:                          172.16.255.254
......(中间省略)......
ipv4.dad-timeout:                       -1 (default)
```

例 10-9　进入特定设置项

输入 goto ipv4 表示跳转到 ipv4 这个设置项中，显示 nmcli ipv4 >字样表示已经进入 ipv4 的设置项，在这里可以设置有关 ipv4 的各种属性，比如查看 method 属性，显示 IP 地址的设置方式为手动设置。如果想返回到 nmcli >中，需要执行 back 命令。

```
nmcli> goto ipv4      //跳转到 ipv4 的设置项中
You may edit the following properties: method, dns, dns-search, dns-options, dns-
priority, addresses, gateway, routes, route-metric, route-table, ignore-auto-routes,
ignore-auto-dns, dhcp-client-id, dhcp-timeout, dhcp-send-hostname, dhcp-hostname, dhcp-
fqdn, never-default, may-fail, dad-timeout
```

```
nmcli ipv4 >            //进入 ipv4 的设置项
nmcli ipv4 > print method     //查看 method 属性
ipv4.method: manual
nmcli ipv4 > back     //退出当前设置项
nmcli >
```

想要设置某一项，可以使用 set 命令；若删除某项设置，可以用 remove 命令。更改设置后执行 save 命令可以保存设置，quit 命令表示退出交互模式。

10.3.2　网络管理命令

Linux 系统中提供了许多用于网络管理的命令，例如 ip 命令、ifconfig 等。利用这些命令，可以有效地管理网络，当网络出现故障时可以快速进行诊断。iproute2 和 net-tools 这两个软件包都是 Linux 系统中用于网络配置的工具，只不过 iproute2 是新一代工具包，执行效率会更高。iproute2 软件包提供了很多增强功能的命令，这里主要介绍该软件包中 ip 命令的使用方法。

1. ip 命令

ip 命令用于显示和设置网络接口、路由、ARP 缓存、网络名称空间等，该命令替代了常规的 ifconfig 命令，并且具有更多的功能。

语法：

```
ip [选项] [对象] [子命令]
```

选项说明：

- -s：显示详细信息。
- -h：输出可读的信息。
- -r：显示 DNS 名称。

ip 命令将操作的目标指定为对象，下面是对象的相关说明。

对象说明：

- address：显示 ip 地址和属性信息并更改。
- link：查看和管理网络接口状态。
- maddress：组播 ip 地址管理。
- neighbour：显示和管理相邻的 arp 表。
- help：显示每个对象的帮助信息。

使用 ip 命令的 address 对象，可以显示 ip 地址和属性信息。在输入命令时可以使用命令的简写形式，ip address 可以简写为 ip a。

例 10-10　显示所有设备的 IP 地址

使用 ip 命令显示所有设备的 IP 地址，具体如下。

```
[root@ studylinux ~]# ip address     //显示所有设备的 IP 地址
1: lo: <LOOPBACK,UP,LOWER_UP> mtu 65536 qdisc noqueue state UNKNOWN group default
qlen 1000
    link/loopback 00:00:00:00:00:00 brd 00:00:00:00:00:00
```

```
        inet 127.0.0.1/8 scope host lo
            valid_lft forever preferred_lft forever
        inet6 ::1/128 scope host
            valid_lft forever preferred_lft forever
    2: ens33: <BROADCAST,MULTICAST,UP,LOWER_UP> mtu 1500 qdisc fq_codel state UP
group default qlen 1000
        link/ether 00:0c:29:b2:75:f7brd ff:ff:ff:ff:ff:ff
    inet   192.168.181.128/24   brd   192.168.181.255   scope   global   dynamic
noprefixroute ens33
        valid_lft 1796sec preferred_lft 1796sec
    inet6 fe80::9352:a50:7a2d:b1c4/64 scope linknoprefixroute
        valid_lft forever preferred_lft forever
    3:virbr0: <NO-CARRIER,BROADCAST,MULTICAST,UP> mtu 1500 qdisc noqueue state DOWN
group default qlen 1000
        link/ether 52:54:00:c8:6b:92brd ff:ff:ff:ff:ff:ff
        inet 192.168.122.1/24 brd 192.168.122.255 scope global virbr0
            valid_lft forever preferred_lft forever
4:virbr0-nic: <BROADCAST,MULTICAST> mtu 1500 qdisc fq_codel master virbr0 state DOWN
group default qlen 1000
        link/ether 52:54:00:c8:6b:92brd ff:ff:ff:ff:ff:ff
```

例 10-11　显示 ens33 的详细信息

执行 ip address show dev ens33 命令可以单独查看 ens33 的信息，包括 ens33 的 IP 地址和 MAC 地址，具体如下。

```
    [root@ studylinux ~]# ip address show dev ens33        //显示 ens33 的详细信息
    2: ens33: <BROADCAST,MULTICAST,UP,LOWER_UP> mtu 1500 qdisc fq_codel state UP
group default qlen 1000
        link/ether 00:0c:29:b2:75:f7brd ff:ff:ff:ff:ff:ff
        inet 192.168.181.128/24 brd 192.168.181.255 scope global dynamic noprefixroute ens33
            valid_lft 1441sec preferred_lft 1441sec
        inet6 fe80::9352:a50:7a2d:b1c4/64 scope linknoprefixroute
            valid_lft forever preferred_lft forever
```

例 10-12　使用 ip address add 设置 IP 地址

使用 ip 命令的 address 对象的 add 和 del 命令，可以分别进行 ip 地址的添加和删除操作，具体如下。

```
    [root@ studylinux ~]# ip address add 172.16.0.30/16 dev ens33      //添加 IP 地址
    [root@ studylinux ~]# ip address show dev ens33
    2: ens33: <BROADCAST,MULTICAST,UP,LOWER_UP> mtu 1500 qdisc fq_codel state UP
group default qlen 1000
        link/ether 00:0c:29:b2:75:f7brd ff:ff:ff:ff:ff:ff
```

```
    inet 192.168.181.128/24 brd 192.168.181.255 scope global dynamic noprefixroute ens33
       valid_lft 1042sec preferred_lft 1042sec
    inet 172.16.0.30/16 scope global ens33
       valid_lft forever preferred_lft forever
    inet6 fe80::9352:a50:7a2d:b1c4/64 scope linknoprefixroute
       valid_lft forever preferred_lft forever
[root@ studylinux ~]# ip address del 172.16.0.30/16 dev ens33      //删除 IP 地址
```

指定 ip 命令的 neighbour 对象可以显示和管理 arp 表。直接执行 ip neigh 命令用于显示 arp 表，向 arp 表中添加和删除 arp 记录，可以使用 add 和 del 子命令。

2. ping 命令

ping 命令用于测试主机之间的连通性，执行该命令会向目标主机发送 ICMP 数据包进行检查响应。如果可以接收到响应，表示网络在物理连接是连通的，否则可能会出现物理故障。

语法：

```
ping [选项] IP 地址或主机名
```

选项说明：

- -c：指定要发送的数据包数量。
- -i：指定传输间隔，以秒为单位，默认为 1 秒。

例 10-13　测试主机之间的连通性

ping 命令最常用的选项是-c，不指定选项的情况下 ping 主机的 IP 地址，数据包会一直传送，直到按下 Ctrl + c 组合键才会结束。使用-c 选项指定发送 3 个数据包，使用 ping 命令测试到 172.17.0.10 主机的连通性。结果显示发送了 3 个数据包（3 packets transmitted），接收了 3 个（3 received），丢失 0 个（0% packet loss），具体如下。

```
[root@ mylinux ~]# ping -c 3 172.17.0.10
PING 172.17.0.10 (172.17.0.10) 56(84) bytes of data.
64 bytes from 172.17.0.10:icmp_seq=1 ttl=63 time=1.11 ms
64 bytes from 172.17.0.10:icmp_seq=2 ttl=63 time=1.92 ms
64 bytes from 172.17.0.10:icmp_seq=3 ttl=63 time=0.682 ms
--- 172.17.0.10 ping statistics ---
3 packets transmitted,3 received, 0% packet loss, time 6ms
rtt min/avg/max/mdev = 0.682/1.238/1.922/0.514 ms
```

上面这种输出结果表明两台主机之间可以连通。如果发送的数据包全部丢失，就表示主机之间不连通。

10.3.3　路由管理

主机之间通过网络进行数据传输，网络由若干个节点组成。源主机通过网络节点将数据传送到目标主机，每一个节点就是一个路由，根据路由规则进行数据传输。如果没有路由，数据的传输将无法高效、快速地完成。在数据传输的过程中通过对路由控制管理，可以提高主机之间的数据传输效率。在进行路由管理之前，我们需要明确下面几个概念。

- 路由：跨越从源主机到目标主机的一个互联网络来转发数据包的过程。
- 路由器：能够将数据包转发到正确的目的地，并在转发的过程中选择最佳路径的设备。
- 路由表：在路由器中维护的路由条目，路由器根据路由表进行路径选择。
- 直连路由：当在路由器上配置了接口的 IP 地址，并且接口状态为 up 的时候，路由表中就出现直连路由项。
- 静态路由：是由管理员手工配置的、单向的。
- 默认路由：当路由器在路由表中找不到目标网络的路由条目时，路由器把请求转发到默认路由接口。在所有路由类型中，默认路由的优先级最低。

在管理路由时，通常使用路由命令中的 ip route 命令，可以显示、添加和删除路由信息等操作。

显示路由表的命令如下。

```
ip route show
```

添加和删除默认路由表记录的命令如下。

```
ip route {add |del} default via 网关
```

添加和删除路由表记录，可以省略“via 网关”，命令如下。

```
ip route {add |del}目标 via 网关
```

例 10-14　显示路由信息

ip route show 命令（简写形式为 ip r）和 route 命令都可以显示主机的路由表。ip 命令的执行结果中显示了默认网关的 IP 地址和路由表记录。route 命令的执行结果中显示了目的网络、网关、网络掩码等信息，具体如下。

```
[root@ mylinux ~]# ip r
default via 192.168.11.2 dev ens33 protodhcp metric 100
192.168.11.0/24 dev ens33 proto kernel scope linksrc 192.168.11.128 metric 100
192.168
.122.0/24 devvirbr0 proto kernel scope link src 192.168.122.1 linkdown
[root@ mylinux ~]# route
Kernel IP routing table
Destination     Gateway         Genmask         Flags Metric Ref    Use Iface
default         _gateway        0.0.0.0         UG    100    0        0 ens33
192.168.11.0    0.0.0.0         255.255.255.0   U     100    0        0 ens33
192.168.122.0   0.0.0.0         255.255.255.0   U     0      0        0 virbr0
```

下面对执行 route 命令输出字段的含义进行介绍。

- Destination：目标网络或目标主机。
- Gateway：网关。
- Genmask：网络掩码。

- Flags：标志字段，主要标志有：U 表示路由有效（Up），H 表示目的地为主机（Host），G 表示网关（Gateway），! 表示路由被拒绝（Reject）。
- Metric：到目的地的跳数（经过的路由器数）。
- Ref：此路由的引用数（Linux 内核中未使用）。
- Use：已引用此路由的次数。
- Iface：此路由中使用的网络接口。

例 10-15　删除和添加默认网关

本例将对如何删除和添加默认网关的操作进行介绍。已知该主机的默认网关是 192.168.11.2，使用 ip route del 指定默认网关参数可以删除默认网关，添加默认网关使用 add 子命令。

```
[root@mylinux ~]# ip route del default via 192.168.11.2   //删除默认网关
[root@mylinux ~]# ip r
192.168.11.0/24 dev ens33 proto kernel scope linksrc 192.168.11.128 metric 100
192.168.122.0/24 devvirbr0 proto kernel scope link src 192.168.122.1 linkdown
[root@mylinux ~]# ip route add default via 192.168.11.2   //添加默认网关
[root@mylinux ~]# ip r
default via 192.168.11.2 dev ens33
192.168.11.0/24 dev ens33 proto kernel scope linksrc 192.168.11.128 metric 100
192.168.122.0/24 devvirbr0 proto kernel scope link src 192.168.122.1 linkdown
```

删除和添加路由信息后，路由表中对应的记录也会随之删除或增加。

10.3.4　【实战案例】不同网段的主机通信

同一个网段中的主机相互连通不需要设置路由转发，但是不同网段之间的主机通信需要开启路由转发功能。本例以三台虚拟机作为测试对象，两台作为不同网段中的主机，一台作为路由转发功能的主机。作为路由转发功能的主机需要添加多张网卡，起到中转的作用。

扫码观看教学视频

- myCentOS：主机 1，主机名为 mylinux.com，网卡 ens33 的 IP 地址为 172.16.0.10/16。
- myCentOS2：主机 2，主机名为 mylinux2.com，网卡 ens33 的 IP 地址为 172.16.255.254/16，网卡 ens36 的 IP 地址为 172.17.255.254/16，网卡 ens37 的 IP 地址为 192.168.20.235/24，网关为 192.168.20.254。
- myCentOS3：主机 3，主机名为 mylinux3.com，网卡 ens33 的 IP 地址为 172.17.0.10/16。

虚拟机中默认只有一个启用的网卡 ens33，主机 2 还需要额外添加两个网卡。在主机 2 关闭的状态下，单击“编辑虚拟机设置”按钮，打开“虚拟机设置”对话框，单击该对话框中的“添加”按钮，选择“网络适配器”，单击“完成”按钮。按照此方法依次添加两个网卡，系统默认新添加的两个网卡名称分别为 ens36 和 ens37。

例 10-16　连接网卡

使用 nmcli device status 命令可以看到新添加的这两个网卡处于 disconnected 状态，需要执行 nmcli device connect 命令分别指定两个新网卡建立连接，具体如下。

```
[root@mylinux2 ~]#nmcli device status     //查看新网卡的状态
DEVICE      TYPE      STATE        CONNECTION
ens33       ethernet  connected    ens33
virbr0      bridge    connected    virbr0
ens36       ethernet  disconnected --
ens37       ethernet  disconnected --
lo          loopback  unmanaged    --
virbr0-nic  tun       unmanaged    --
[root@mylinux2 ~]#nmcli device connect ens36     //连接网卡 ens36
Device 'ens36' successfully activated with '26ae1503-4aec-4a3a-8018-a898dc9c2472'
.
[root@mylinux2 ~]#nmcli device connect ens37       //连接网卡 ens37
Device 'ens37' successfully activated with '294b6843-06db-4b1d-aa73-46c87402afa1'
.
```

例 10-17　重新启用网卡

分别为三个处于 connected 状态的网卡设置 IP 地址，然后执行 nmcli connection reload 命令重新加载现有连接，分别重新启用三个网卡，具体如下。

```
[root@mylinux2 ~]#nmcli con modify ens33 ipv4.method manual ipv4.addresses
172.16.255.254/16
[root@mylinux2 ~]#nmcli con modify ens36 ipv4.method manual ipv4.addresses
172.17.255.254/16
[root@mylinux2 ~]#nmcli con modify ens37 ipv4.method manual ipv4.addresses
192.168.20.235/24 ipv4.gateway 192.168.20.254
[root@mylinux2 ~]#nmcli connection reload          //重新加载
[root@mylinux2 ~]#nmcli connection up ens33        //启用网卡 ens33
Connection successfully activated (D-Bus active path: /org/freedesktop/Network-
Manager/ActiveConnection/6)
[root@mylinux2 ~]#nmcli connection up ens36        //启用网卡 ens36
Connection successfully activated (D-Bus active path: /org/freedesktop/Network-
Manager/ActiveConnection/7)
[root@mylinux2 ~]#nmcli connection up ens37        //启用网卡 ens37
Connection successfully activated (D-Bus active path: /org/freedesktop/Network-
Manager/ActiveConnection/8)
```

例 10-18　设置路由转发

路由转发需要在主机 2 中进行设置。使用 sysctl net.ipv4.ip_forward 命令可以查看 net.ipv4.ip_forward 的值。该值为 1 表示开启路由转发，值为 0 表示关闭路由转发。如果你的 net.ipv4.ip_forward 值为 0，需要在/proc/sys/net/ipv4/ip_forward 文件中将 0 更改为 1，具体如下。

```
[root@mylinux2 ~]#sysctl net.ipv4.ip_forward      //路由转发
net.ipv4.ip_forward = 1
```

例 10-19 ping 主机 1 的 IP 地址

之后分别设置主机 1 和主机 3 的 IP 地址和主机名。在主机 2 中使用 ping 命令测试对主机 1 的连通性，结果表明可以连通，具体如下。

```
[root@mylinux2 ~]# ping -c 3 172.16.0.10          //ping 主机 1 的 IP 地址
PING 172.16.0.10 (172.16.0.10) 56(84) bytes of data.
64 bytes from 172.16.0.10:icmp_seq=1 ttl=64 time=0.532 ms
64 bytes from 172.16.0.10:icmp_seq=2 ttl=64 time=0.379 ms
64 bytes from 172.16.0.10:icmp_seq=3 ttl=64 time=0.366 ms
--- 172.16.0.10 ping statistics ---
3 packets transmitted, 3 received, 0% packet loss, time 86ms
rtt min/avg/max/mdev = 0.366/0.425/0.532/0.079 ms
```

例 10-20 ping 不同主机的 IP 地址

在主机 1 中先使用 ping 命令测试到 172.16.255.254 的连通性，结果表明可以连通。之后可以 ping 不同网段的主机 IP 地址，即 ping 主机 3 的 IP 地址 172.17.0.10。数据包显示没有丢失，接收了已发送的全部数据包，表明不同网段之间的主机可以通信，具体如下。

```
[root@mylinux ~]# ping -c 3 172.16.255.254          //ping 主机 2 中 ens33 网卡的 IP 地址
PING 172.16.255.254 (172.16.255.254) 56(84) bytes of data.
64 bytes from 172.16.255.254:icmp_seq=1 ttl=64 time=0.519 ms
64 bytes from 172.16.255.254:icmp_seq=2 ttl=64 time=0.321 ms
64 bytes from 172.16.255.254:icmp_seq=3 ttl=64 time=0.370 ms
--- 172.16.255.254 ping statistics ---
3 packets transmitted, 3 received, 0% packet loss, time 84ms
rtt min/avg/max/mdev = 0.321/0.403/0.519/0.085 ms
[root@mylinux ~]# ping -c 3 172.17.0.10          //ping 主机 3 的 IP 地址
PING 172.17.0.10 (172.17.0.10) 56(84) bytes of data.
64 bytes from 172.17.0.10:icmp_seq=1 ttl=63 time=1.11 ms
64 bytes from 172.17.0.10:icmp_seq=2 ttl=63 time=1.92 ms
64 bytes from 172.17.0.10:icmp_seq=3 ttl=63 time=0.682 ms
--- 172.17.0.10 ping statistics ---
3 packets transmitted, 3 received, 0% packet loss, time 6ms
rtt min/avg/max/mdev = 0.682/1.238/1.922/0.514 ms
```

例 10-21 ping 主机 1 的 IP 地址

同样在主机 3 中使用 ping 命令测试到主机 1 的连通性，结果表明以连通，具体如下。

```
[root@mylinux3 ~]# ping -c 3 172.16.0.10          //ping 主机 1 的 IP 地址
PING 172.16.0.10 (172.16.0.10) 56(84) bytes of data.
64 bytes from 172.16.0.10:icmp_seq=1 ttl=63 time=0.824 ms
64 bytes from 172.16.0.10:icmp_seq=2 ttl=63 time=0.692 ms
64 bytes from 172.16.0.10:icmp_seq=3 ttl=63 time=0.810 ms
```

```
--- 172.16.0.10 ping statistics ---
3 packets transmitted, 3 received, 0% packet loss, time 78ms
rtt min/avg/max/mdev = 0.692/0.775/0.824/0.063 ms
```

在这三台虚拟机中，主机1和主机3各自处于不同的网段，想要相互ping通就需要路由转发。因此，在这里主机2实现了路由转发功能。

10.4 要点巩固

本章主要介绍了网络方面的基础知识和管理命令，其中包括IP地址的设置、路由设置等，下面将对网络管理中的命令进行总结。

1）NetworkManager 网络管理器 nmcli 命令的4个对象：networking、general、device 和 connection。

2）ip 命令及其对象：address、link、maddress、neighbour 和 help。

3）测试网络连通性命令：ping。

4）路由设置命令：ip route。

在使用nmcli管理网络时，要熟悉IP地址等网络参数的配置方法，比如手动设置IP地址和网关信息，可以按照 nmcli connection modify ens33 ipv4.method manual ipv4.addresses 172.16.0.10/16 ipv4.gateway 172.16.255.254 这种格式进行设置。

nmcli 命令和 ip 命令都有对应的对象和子命令，针对网络配置都有不同的用法，在配置的时候注意不要弄混淆。

10.5 技术大牛访谈——克隆虚拟机

在需要用到多台虚拟机的情况下，再新建虚拟机是一件比较麻烦的事情。这时我们可以使用 VMware Workstation 的克隆功能，在原有虚拟机的基础上克隆出多台虚拟机。在执行克隆操作之前需要关闭虚拟机。在 VMware Workstation 的管理界面执行“虚拟机”，“管理”，“克隆”命令，开始执行克隆操作，如图10-9所示。

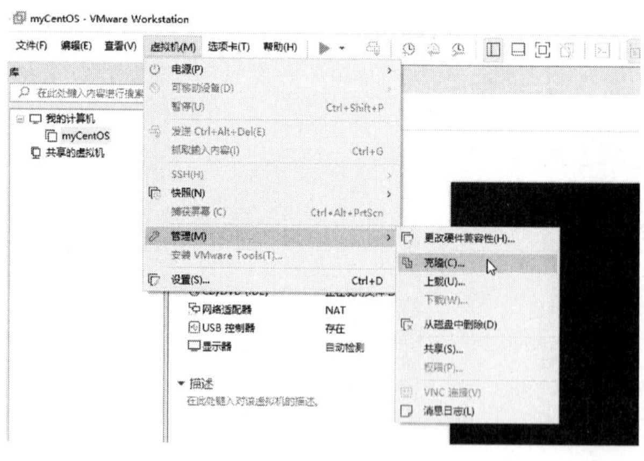

图10-9 克隆虚拟机

接着会出现“克隆虚拟机向导”对话框，单击“下一步”按钮，如图 10-10 所示。在克隆源中保持默认设置，即选择克隆自虚拟机中的当前状态，单击“下一步”按钮，如图 10-11 所示。

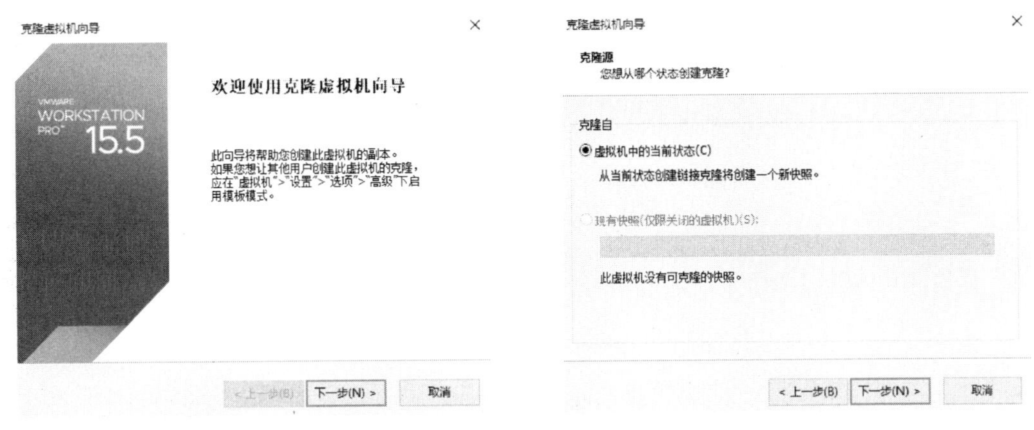

图 10-10　克隆虚拟机向导

图 10-11　选择克隆源

在“克隆类型”中选中“创建完整克隆”单选按钮，单击“下一步”按钮，如图 10-12 所示。在“新虚拟机名称”中设置新虚拟机的名称和保存位置，设置完成后单击“完成”按钮，如图 10-13 所示。

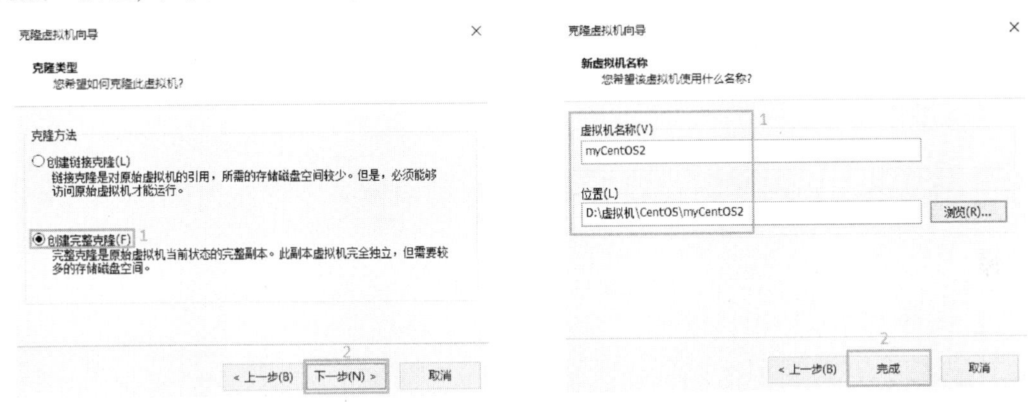

图 10-12　选择克隆类型

图 10-13　设置虚拟机名称和位置

之后开始进入克隆操作，如图 10-14 所示。克隆完成后单击“关闭”按钮，完成克隆操作，如图 10-15 所示。

这时克隆出来的新虚拟机 myCentOS2 中的设置和 myCentOS 中一样，我们还需要重新设置 myCentOS2 中的主机名和 IP 地址，以免造成冲突。启动新虚拟机 myCentOS2，使用 vim 编辑器编辑配置文件/etc/hostname 修改主机名，将原有主机名 mylinux. com 修改为 mylinux2. com。保存退出 vim 之后，还需要重启虚拟机才能使配置生效。

接下来就是设置 IP 地址了。如果不想使用命令修改 IP 地址，可以直接在 ens33 的配置文件中修改 IP 地址。使用 vim 编辑器打开配置文件/etc/sysconfig/network-scripts/ifcfg-ens33，将 IPADDR 字段的值指定为 172. 16. 0. 20。myCentOS 中的 IP 地址是 172. 16. 0. 10，所以新的虚拟机需要将 IP 地址修改为其他值。

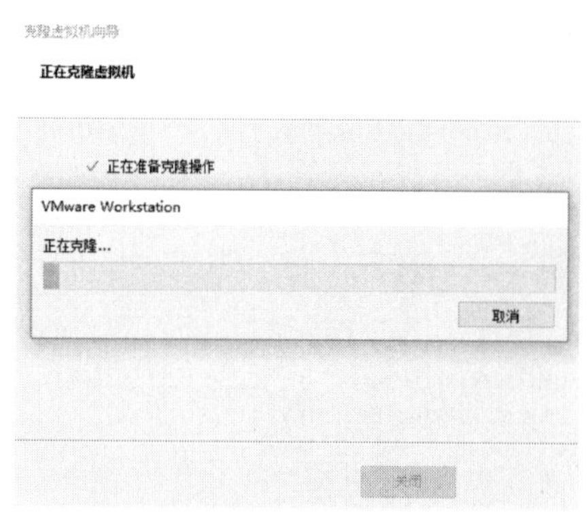

图 10-14　进入克隆操作

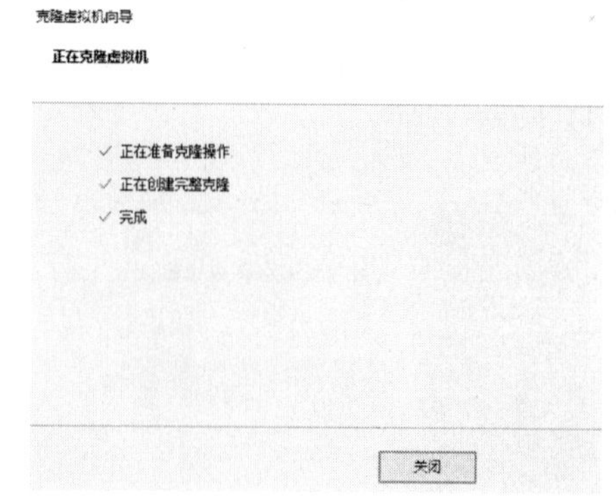

图 10-15　完成克隆

将主机名和 IP 地址设置完毕后，还需要重启网络服务。重启网卡之前一定要执行 nmcli connection reload 命令重新载入一下配置文件，接着执行 nmcli connection up ens33 命令重启网卡即可。

在/etc/hosts 配置文件中，可以设置主机名和 IP 地址的对应关系。使用 vim 在/etc/hosts 文件中进行以下设置，可以使用 ping 命令 ping 主机名测试两台主机之间的连通性。

```
172.16.0.10mylinux.com        //原有主机的 IP 地址和主机名
172.16.0.20mylinux2.com       //新主机的 IP 地址和主机名
```

例 10-22　ping 主机的 IP 地址和主机名

myCentOS 的 IP 地址为 172.16.0.10，在 myCentOS 中使用 ping 命令 ping 目标主机 myCentOS2 的 IP 地址 172.16.0.20 和主机名 mylinux2.com，测试两台主机之间的连通性。下面的输出结果表示两台主机之间可以连通。

```
[root@mylinux ~]# ping -c 3 172.16.0.20        //ping 主机 myCentOS2 的 IP 地址
PING 172.16.0.20 (172.16.0.20) 56(84) bytes of data.
64 bytes from 172.16.0.20:icmp_seq=1 ttl=64 time=0.475 ms
64 bytes from 172.16.0.20:icmp_seq=2 ttl=64 time=0.286 ms
64 bytes from 172.16.0.20:icmp_seq=3 ttl=64 time=0.421 ms
--- 172.16.0.20 ping statistics ---
3 packets transmitted, 3 received, 0% packet loss, time 50ms
rtt min/avg/max/mdev = 0.286/0.394/0.475/0.079 ms
[root@mylinux ~]# ping -c 3 mylinux2.com        //ping 主机 myCentOS2 的主机名
PINGmylinux2.com (172.16.0.20) 56(84) bytes of data.
64 bytes frommylinux2.com (172.16.0.20): icmp_seq=1 ttl=64 time=0.496 ms
64 bytes frommylinux2.com (172.16.0.20): icmp_seq=2 ttl=64 time=0.404 ms
64 bytes frommylinux2.com (172.16.0.20): icmp_seq=3 ttl=64 time=0.343 ms
--- mylinux2.com ping statistics ---
3 packets transmitted, 3 received, 0% packet loss, time 74ms
rtt min/avg/max/mdev = 0.343/0.414/0.496/0.065 ms
```

我们可以使用同样的方法在 myCentOS2 中测试对 myCentOS 的连通性，结果是可以 ping 通的状态。这两台主机在同一个网段，所以可以 ping 通。如果是不同网段中的主机，比如 172.17.0.10，还需要设置路由才能 ping 通。

第 11 章 Linux 网络安全技术

计算机网络安全一直是一个比较热门的话题，现在受到了大家越来越多的关注。Linux 是类 UNIX 的操作系统，具有 UNIX 的所有特性，在安全性上与 UNIX 一样具有非常严谨的体系结构。由于 Linux 系统的开源导致了系统的安全性问题，计算机中的安全问题主要是针对信息泄露与窃听的对策、入侵防御、入侵检测和入侵后的对策。

11.1 网络安全基本概念

网络安全就是为数据处理系统建立和采取的技术和安全保护，保护计算机硬件和软件数据不因偶然和恶意的原因而遭到破坏。计算机安全的定义包含物理安全和逻辑安全两方面的内容，逻辑安全的内容可理解为我们常说的信息安全，是指对信息的保密性、完整性和可用性的保护，而网络安全性的含义是信息安全的引申，即网络安全是对网络信息保密性、完整性和可用性的保护。

11.1.1 安全防护目标和对象

作为系统管理员需要清楚地了解 Linux 系统可能会遇到的攻击类型和对应的防范措施，一旦发现系统中存在安全漏洞，应该立即采取措施修复漏洞。系统的安全防护有以下几个方面。

- 保密性：信息不泄露给非授权用户，即信息只供授权的用户使用。
- 完整性：数据未经授权不能进行改变，即信息在存储或传输过程中保持不被修改、不被破坏、不会丢失。
- 可用性：可被授权用户访问并按需求使用，即在需要时能否存取所需的信息。
- 可控制性：对信息的传播路径、范围及内容具有控制能力。
- 不可抵赖性：对自己的行为及对行为发生的时间不可抵赖。通过进行身份认证和数字签名可以避免对交易行为的抵赖，通过数字时间戳可以避免对行为发生的抵赖。

网络防护需要保证下面这些对象的安全。

- 物理安全：各种设备、主机和机房环境。
- 系统安全：主机或设备的操作系统。

- 应用安全：各种网络服务和应用程序。
- 网络安全：对网络访问的控制和防火墙规则。
- 数据安全：信息的备份与恢复、加密与解密。
- 管理安全：各种保障性的规范、流程和方法。

11.1.2 常见安全攻击

任何非法授权的行为都是攻击行为，攻击的范围可以从简单的使服务器无法提供正常服务到完全破坏、控制服务器。在网络上成功实施的攻击级别在于用户采取的安全措施是否充足。常见的安全攻击有以下几种。

- 信息泄露：发生信息泄露就是主机资源遭到了窃听，这是网络攻击中比较常用的手段之一。
- 消息篡改：一个合法消息的某些部分被改变或删除，消息被延迟或改变顺序，使消息被未授权用户使用。
- 假冒：从某个人或系统发出含有其他实体身份信息的数据，冒用其他人的身份，从而以欺骗的方式获取一些合法用户的权利和特权。
- 拒绝服务：影响对通信设备的正常使用，有可能造成管理被无条件中断。通常会对整个网络实施破坏，以达到降低性能、中断服务的目的。
- 提升权限：通过系统漏洞执行远程代码以获取系统中的权限，然后通过特权命令进一步得到 root 权限，来达到控制主机的目的。

在使用系统的过程中，用户即使采用了适当的措施防止外来入侵，但是由于软件漏洞，仍然会有入侵系统的可能性。这种情况下，必须以最快的速度检测到入侵，最大限度地减少损害。

11.2 防火墙

防火墙存在于计算机系统和网络之间，用于判定网络中的远程用户是否有权访问计算机中的资源。一个正确配置的防火墙可以极大地增加系统的安全性。防火墙作为网络安全措施中的重要组成部分，受到人们的普遍关注。

11.2.1 防火墙的概念

防火墙是一种位于内部网络与外部网络之间的网络安全系统，是一种网络数据的过滤方式。Linux 系统以其公开的源代码、强大稳定的网络功能和大量的免费资源受到业界的普遍赞扬。Linux 防火墙其实是操作系统本身自带的一个功能模块。

网络安全除了需要注意软件的漏洞和安全通知之外，还需要学会自己设置系统中防火墙机制。防火墙通过定义一些规则，管理数据包。防火墙本身就是为了保护系统网络安全的一种机制，所以我们需要了解它的一些包过滤规则。防火墙、局域网和 Internet 之间的关系如图 11-1 所示。

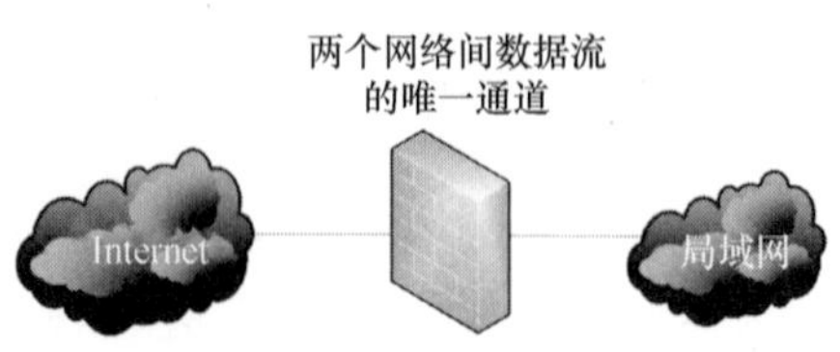

图 11-1 防火墙的作用

防火墙根据防范方式和防护重点的不同分为很多种类，主要有数据包过滤防火墙和应用层防火墙。

- 数据包过滤防火墙：检查范围是一个数据包，对内存及 CPU 性能要求低。但是无法对连接中的数据进行更精确的过滤操作。
- 应用层防火墙：安全性高，提供应用层的安全。但是性能比较差，只支持有限的应用，不透明，不建立连接状态表，网络层保护较弱。

相比企业内网，外部的网络环境更为复杂，掌握一种防火墙的管理工具可以满足日常的管理需求。防火墙通常有下面几种常见的结构。

- 单机防火墙：单机防火墙保护本机，凡是进出本机的数据包，都会受到这个防火墙的监控，达到维护本机安全的目的。
- 网关式防火墙：布置在网关位置的防火墙，保护的范围是整个网络。
- 透明防火墙：简单来说，透明防火墙就是一个网桥设备，并且在网桥设备上赋予了过滤器的功能。好处是，网桥是工作在 L2 的网络设备，不会有任何路由问题。

11.2.2　【实战案例】firewalld 配置应用

在 CentOS 7 之前的版本中，系统默认使用 iptables 管理防火墙。在 CentOS 7 以及之后的版本默认使用 firewalld 管理防火墙。本小节主要介绍如何使用 firewalld 管理工具配置防火墙规则。firewalld 有命令行界面和图形用户界面两种管理方式。与之前的防火墙管理工具相比，firewalld 新增了 zone（区域）的概念，而且支持动态更新，不用重启服务。zone 就是 firewalld 中包含的防火墙策略集合，用户可以根据实际需求选择合适的策略集合，实现策略的快速切换。

扫码观看教学视频

firewalld 中常见的区域及说明如表 10-1 所示。

表 10-1　区域说明

区　域	说　明
public	firewalld 默认的 zone，用于不受信任的公共场所，不信任网络中其他计算机，允许特定的服务（ssh、dhcpv6-client）流入
work	用于工作网络，网络中的其他计算机通常是可信任的，允许特定的服务（ssh、ipp-client）流入
home	用于家庭网络，允许特定的服务（ssh、dhcpv6-client、ipp-client、mdns）流入
internal	用于内部网络，与 home 区域相同
external	用于外部网络，启用伪装，允许特定的服务（ssh）流入
trusted	允许所有网络连接，信任网络中的所有计算机
drop	丢弃所有进入的数据包，不做任何响应，仅允许内部到外部的连接
block	拒绝所有进入的数据包，返回 ICMP 消息
dmz	允许非军事区中的计算机有限地被外界网络访问，仅允许选定的传入连接。DMZ 是内外网络之间增加的一层网络，起到缓冲作用

过滤规则优先级决定了数据包由哪个 zone 来处理。firewalld 在命令行界面使用 firewall-cmd 命令设置防火墙规则，该命令的选项相对比较长，不过可以使用 Tab 键自动补齐，还是比较友好的。

语法：

```
firewall-cmd [选项]
```

选项说明：

- --get-default-zone：显示默认区域。
- --state：显示防火墙状态。
- --set-default-zone = 区域：将默认区域更改为指定区域。
- --list-all-zones：显示所有区域及其配置信息的列表。
- --list-all：显示当前区域及其配置信息的列表。
- --get-zones：显示可用区域。
- --list-services：显示区域中允许的服务。
- --add-service = 服务名称：添加区域中允许的服务。
- --remove-service = 服务名称：拒绝区域中允许的服务。
- --add-port = 端口号/协议：设置默认区域中允许的端口。
- --remove-port = 端口号/协议：设置默认区域中不允许的端口。
- --query-port = 端口/协议：查询端口是否开放。
- --permanent：永久生效，否则重启后会失效。
- --reload：使永久生效的配置规则立即生效，会覆盖当前的规则。
- --get-zone-of-interface = 网卡名称：查看网卡所属的区域。
- --add-interface = 网卡名称：将网卡加入某个区域。
- --remove-interface = 网卡名称：从区域中删除网卡。
- --change-interface = 网卡名称：修改网卡所属的区域。

例 11-1　查看防火墙的状态

使用 systemctl 命令和 firewall-cmd 命令都可以看到防火墙当前是 running 的状态。下面我们先来查看防火墙的状态和当前使用的默认 zone。

```
[root@mylinux ~]# systemctl status firewalld      //查看防火墙的状态
● firewalld.service - firewalld - dynamic firewall daemon
   Loaded: loaded (/usr/lib/systemd/system/firewalld.service; enabled; vendor p>
   Active: active (running) since Tue 2020-11-03 09:03:57 CST; 2h 32min ago
     Docs:man:firewalld(1)
 Main PID: 946 (firewalld)
     Tasks: 2 (limit: 11362)
   Memory: 32.1M
 CGroup: /system.slice/firewalld.service
           └─946 /usr/libexec/platform-python -s /usr/sbin/firewalld --nofork ->
 Nov 03 09:03:55mylinux.com systemd[1]: Starting firewalld - dynamic firewall d>
```

```
Nov 03 09:03:57mylinux.com systemd[1]: Started firewalld - dynamic firewall da>
[root@mylinux ~]# firewall-cmd --state          //查看防火墙的状态
running
```

firewall-cmd 可以动态地修改单条规则，在用户体验上比 iptables 人性化一些。firewall-cmd 和 iptables 这种防火墙管理工具都需要通过内核的 netfilter 来实现。

小白逆袭：防火墙管理

下面是使用 systemctl 管理防火墙的一些命令。

- 安装防火墙：yum install firewalld firewall-config。
- 启动防火墙：systemctl start　firewalld。
- 查看防火墙状态：systemctl status firewalld。
- 停止防火墙：systemctl disable firewalld。
- 禁用防火墙：systemctl stop firewalld。

例 11-2　查看当前区域

当前默认的 zone 是 public，在这个区域中允许的服务是 cockpit、dhcpv6-client 和 ssh。其中，ssh 与远程登录有关，具体如下。

```
[root@mylinux ~]# firewall-cmd --get-default-zone   //查看当前使用的区域
public
[root@mylinux ~]# firewall-cmd --list-services      //查看当前区域中允许的服务
cockpitdhcpv6-client ssh
```

例 11-3　配置服务

在配置防火墙规则时，默认是当前生效模式，系统重启后会失效。如果需要让配置永久生效，需要加上--permanent 选项并重启系统才能自动生效。如果想让策略立即生效，需要执行 firewall-cmd --reload 命令使永久生效的配置规则立即生效。将 HTTP 服务加入默认的 public 区域，并永久生效。执行 firewall-cmd --reload 命令使该条配置立即生效。

```
[root@mylinux ~]# firewall-cmd --zone=public  --add-service=http --permanent
success                                          //永久生效
[root@mylinux ~]# firewall-cmd --list-services
cockpitdhcpv6-client ssh
[root@mylinux ~]# firewall-cmd --reload          //使配置规则立即生效
success
[root@mylinux ~]# firewall-cmd --list-services
cockpitdhcpv6-client http ssh                    //http 已经加入该区域
```

例 11-4　配置端口

查询 80 端口默认不开放，显示为 no，ssh 服务允许访问，显示为 yes。使用--add-port 选项可以添加 80 端口，显示已允许 80 端口访问，具体如下。

```
[root@mylinux ~]# firewall-cmd --query-port=80/tcp     //查询 80 端口是否开放
no
```

```
[root@mylinux ~]# firewall-cmd --query-service=ssh      //查询是否允许 ssh 服务
yes
[root@mylinux ~]# firewall-cmd --add-port=80/tcp      //添加 80 端口
success
[root@mylinux ~]# firewall-cmd --query-port=80/tcp      //已允许 80 端口访问
yes
```

例 11-5　设置端口永久生效规则

将 22 号端口添加到 public 区域中，--zone = public 表示指定添加的区域为 public，--add-port = 22/tcp 表示指定的端口号是 22，协议是 TCP，在指定协议时使用小写的形式，具体如下。

```
[root@mylinux ~]# firewall-cmd --list-all
public (active)
  target: default
icmp-block-inversion: no
  interfaces: ens33
  sources:
  services: cockpitdhcpv6-client http ssh      // public 区域中允许访问的服务
  ports:      //还没有端口
  protocols:
  masquerade: no
  forward-ports:
  source-ports:
icmp-blocks:
  rich rules:
[root@mylinux ~]# firewall-cmd --zone=public --add-port=22/tcp --permanent
success      //添加端口
[root@mylinux ~]# firewall-cmd --reload      //使永久设置立即生效
success
[root@mylinux ~]# firewall-cmd --list-all
public (active)
  target: default
icmp-block-inversion: no
  interfaces: ens33
  sources:
  services: cockpitdhcpv6-client http ssh
  ports: 22/tcp      //22 号端口已添加
  protocols:
  masquerade: no
  forward-ports:
  source-ports:
icmp-blocks:
  rich rules:
```

firewall-cmd 和 iptables 的作用都是维护规则，真正让这些规则起作用的是内核中的 netfilter，不过 firewall-cmd 和 iptables 两种管理工具的使用方法不同。

11.3　网络加密技术

加密技术是电子商务采取的一种基本安全措施，交易双方可根据实际需求在信息交换阶段使用。加密技术分为对称加密和非对称加密。系统和网络安全始终是系统维护中最重要的部分，有效的数据加密可以解决许多安全隐患，增强系统的安全性。

11.3.1　对称加密

对称加密又称私钥加密，即信息的发送方和接收方用同一个密钥去加密和解密数据。对称加密的最大优势是加密和解密速度快，适合对大量数据进行加密，但密钥管理困难。如果进行通信的双方能够确保专用密钥在密钥交换阶段未曾泄露，那么机密性和报文完整性就可以通过这种加密方法加密机密信息、随报文一起发送报文摘要或报文散列值来实现。对称加密的优缺点如下。

- 优点：速度快、效率高，适合加密大量的数据。
- 缺点：密钥过多，密钥分发困难，数据来源无法确认。

对称加密使用 gpg 命令，当执行该命令时，gpg-agent 守护程序会自动启动。gpg-agent 用于管理 gpg 私钥的守护程序，针对每个用户启动，并且执行 gpg 命令的用户是有效用户。gpg-agent 使用 gpg 命令加密时会将 gpg 生成的私钥保存在自己的内存中，使用 gpg 命令解密时会将 gpg-agent 持有的私钥传递给 gpg 命令。

语法：

```
gpg [选项] 文件
```

选项说明：

- -c、--symmetric：使用密码短语和对称密钥密码加密默认密码。
- -v、--version：显示 gpg 版本、许可证、支持的加密算法等信息，支持的加密算法有 IDEA、3DES、CAST5 等。
- -d、--decrypt：解密数据。
- -o、--output：指定输出文件。
- -a、--armor：以 ASCII 码格式加密。

例 11-6　查看 gpg 信息

使用 gpg 命令，可以显示 gpg 的版本、许可证和算法，具体如下。

```
[root@mylinux ~]# gpg --version
gpg (GnuPG) 2.2.9
libgcrypt 1.8.3
Copyright (C) 2018 Free Software Foundation, Inc.
LicenseGPLv3 +: GNU GPL version 3 or later <https://gnu.org/licenses/gpl.html>
This is free software: you are free to change and redistribute it.
```

```
There is NO WARRANTY, to the extent permitted by law.
Home: /root/.gnupg
Supported algorithms:
Pubkey: RSA, ELG, DSA, ECDH, ECDSA, EDDSA
Cipher: IDEA, 3DES, CAST5, BLOWFISH, AES, AES192, AES256, TWOFISH,
        CAMELLIA128, CAMELLIA192, CAMELLIA256
Hash: SHA1, RIPEMD160, SHA256, SHA384, SHA512, SHA224
Compression: Uncompressed, ZIP, ZLIB, BZIP2
```

例 11-7　加密文件 outfile

我们可以使用 gpg 命令指定-c 选项对 outfile 文件进行加密。加密后会在当前目录中生成一个扩展名为 . gpg 的文件，具体如下。

```
[root@mylinux ~]# gpg -c outfile          //加密文件 outfile
[root@mylinux ~]# ll outfile *
-rw-r--r--. 1 root root  34 Oct 20 15:36 outfile
-rw-r--r--. 1 root root 106 Nov  3 15:42 outfile.gpg    //新生成的加密文件
```

在加密文件的过程中需要输入两次密码，然后才会生成加密文件 outfile. gpg。第一次输入密码后使用↓键使光标跳转到 < OK > 选项上，按 Enter 键，如图 11-2 所示。

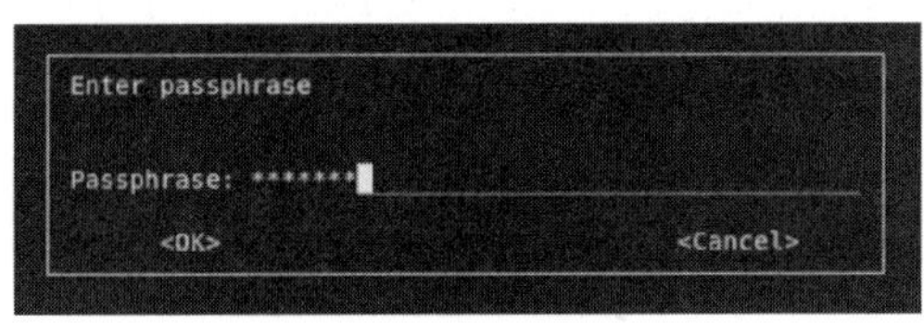

图 11-2　输入密码

输入的密码不要过于简单，正确地输入第一次密码之后，再次输入密码，选择 < OK > 选项后，按 Enter 键，如图 11-3 所示。

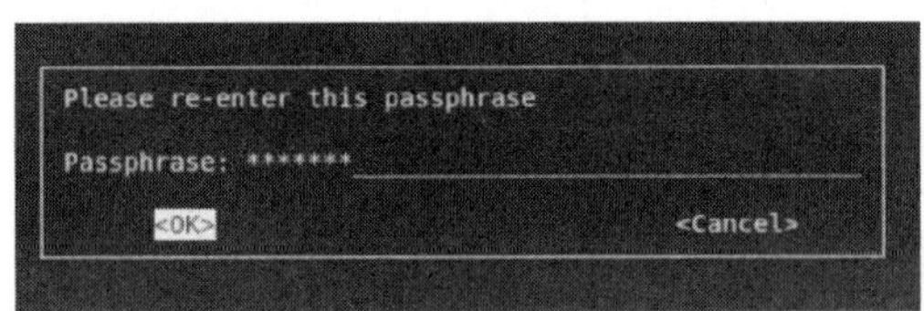

图 11-3　再次输入密码

例 11-8　解密文件

加密过后的文件使用 cat 命令查看只会显示乱码。以上加密文件的操作是在主机名为 mylinux. com 的主机上进行的，接下来在另一台主机中通过远程登录对加密文件进行解密。-o选项后面指定的文件名是解密后生成的解密文件，文件名可以指定为其他名称。-d 选项后面的文件是需要解密的文件。解密时需要输入加密时的密码，具体如下。

```
[root@mylinux2 ~]#ssh 172.16.0.10     //远程登录到主机 mylinux.com 中
root@172.16.0.10's password:          //输入主机 mylinux.com 的 root 密码
```

```
Activate the web console with:systemctl enable --now cockpit.socket
Last login: Tue Nov  3 14:53:12 2020
[root@mylinux ~]# gpg -o mygpgtest -d outfile.gpg     //解密文件
gpg: AES encrypted data
gpg: encrypted with 1 passphrase
[root@mylinux ~]# ll mygpgtest outfile*
-rw-r--r--. 1 root root  34 Nov  3 15:46 mygpgtest
-rw-r--r--. 1 root root  34 Oct 20 15:36 outfile
-rw-r--r--. 1 root root 106 Nov  3 15:42 outfile.gpg
[root@mylinux ~]# exit
logout
Connection to 172.16.0.10 closed.
[root@mylinux2 ~]#
```

解密后会生成解密文件 mygpgtest，该文件中的内容和源文件 outfile 中的内容相同。退出远程登录回到自己主机上，输入 exit 命令即可。

11.3.2　非对称加密

非对称加密又称公钥加密，使用一对密钥分别完成加密和解密操作，其中一个公开发布，即公钥；另一个由用户自己秘密保存，即私钥。信息交换的过程是：甲方生成一对密钥并将其中的一把作为公钥向其他交易方公开，得到该公钥的乙方使用该密钥对信息进行加密后再发送给甲方，甲方再用自己保存的私钥对加密信息进行解密，这种方式的优缺点如下。

- 优点：解决了对称加密无法确认数据来源、密钥过多的缺点。
- 缺点：加密效率低、速度慢、密码长，适合加密较小的数据。

接下来介绍如何使用 gpg 命令的其他选项进行非对称加密操作。

- --gen-key：生成一副新的密钥对。
- --list-keys：列出密钥。
- --list-sigs：列出密钥和签名。
- --list-secret-keys：列出私钥。
- --export：导出密钥。
- -e、--encrypt：加密数据。
- -a、--armor：以 ASCII 码格式加密。
- -r、--recipient：后面指定用户，表示为某个用户加密。

例 11-9　生成新的密钥对

在进行公钥加密操作时，执行 gpg --gen-key 命令生成新的密钥对。在 Real name 字段需要输入自定义的用户名，并在 Email address 字段后面输入邮箱。在生成密钥对的过程中还需要输入密码，密码不能过于简单，具体如下。

```
[root@mylinux ~]# gpg --gen-key      //生成新的密钥对
gpg (GnuPG) 2.2.9; Copyright (C) 2018 Free Software Foundation, Inc.
```

```
This is free software: you are free to change and redistribute it.
There is NO WARRANTY, to the extent permitted by law.
Note: Use "gpg --full-generate-key" for a full featured key generation dialog.
GnuPG needs to construct a user ID to identify your key.
Real name:userx                    //输入用户名
Email address:userx@163.com        //输入邮箱
You selected this USER-ID:
    "userx <userx@163.com>"
Change (N)ame, (E)mail, or (O)kay/(Q)uit? O     //输入 O
We need to generate a lot of random bytes. It is a good idea to perform
some other action (type on the keyboard, move the mouse, utilize the
disks) during the prime generation; this gives the random number
generator a better chance to gain enough entropy.
We need to generate a lot of random bytes. It is a good idea to perform
some other action (type on the keyboard, move the mouse, utilize the
disks) during the prime generation; this gives the random number
generator a better chance to gain enough entropy.
gpg: key B098E0EC1C02F8B8 marked as ultimately trusted
gpg: directory '/root/.gnupg/openpgp-revocs.d' created
gpg: revocation certificate stored as '/root/.gnupg/openpgp-revocs.d/
787E894369EA33028AA318C0B098E0EC1C02F8B8.rev'
public and secret key created and signed.
pub   rsa2048 2020-11-03 [SC] [expires: 2022-11-03]
      787E894369EA33028AA318C0B098E0EC1C02F8B8
uid                      userx <userx@163.com>
sub   rsa2048 2020-11-03 [E] [expires: 2022-11-03]
```

例 11-10　查看已有的密钥

执行 gpg --list-keys 命令可以查看已有的密钥，这里会有公钥和私钥的信息。

```
[root@mylinux ~]# gpg --list-keys   //查看已有的密钥
gpg: checking the trustdb
gpg: marginals needed: 3  completes needed: 1  trust model: pgp
gpg: depth: 0  valid:  1  signed:  0  trust: 0-, 0q, 0n, 0m, 0f, 1u
gpg: next trustdb check due at 2022-11-03
/root/.gnupg/pubring.kbx
------------------------
pub   rsa2048 2020-11-03 [SC] [expires: 2022-11-03]
      787E894369EA33028AA318C0B098E0EC1C02F8B8
uid           [ultimate] userx <userx@163.com>
sub   rsa2048 2020-11-03 [E] [expires: 2022-11-03]
```

例 11-11 加密文件

对 index. html 文件进行加密，-e 选项表示加密数据，-a 表示创建 ASCII 的输出，在-r 选项后面指定加密的用户名。之后会生成一个 index. html. asc 的加密文件，该文件和源文件相比，文件大小相差很大，具体如下。

```
[root@mylinux ~]# ll index.html
-rw-r--r--. 1 root root 115 Oct 16 16:20 index.html
[root@mylinux ~]# gpg -ea -r userx index.html        //加密文件
[root@mylinux ~]# ll index*
-rw-r--r--. 1 root root 115 Oct 16 16:20 index.html
-rw-r--r--. 1 root root 651 Nov  3 17:01 index.html.asc
```

例 11-12 查看加密文件

使用 cat 查看加密文件，可以看到加密之后的文件内容已经经过加密操作了，具体如下。

```
[root@mylinux ~]# cat index.html.asc     //查看加密文件
-----BEGIN PGP MESSAGE-----
hQEMA3q3m5Y/I6/WAQf/ar7hTxNBCKearnSEs3pyvaBudTmpeNk2KMDVWvfWySff
J/ad7Ut1QTysLfeXGJWQ0tEVV5goug9pFCrDtc2DIl/Utui/hmik8+xH9ipRGgDC
jlxFIss5MpbQhee9fY0zVVGldJOwTd4AOeCK3xrfgQSh7qRXDjkXVccIKp/tMNLM
VoZMu4CLLf3SIYIdPhIqv0ToWj8lBE5YtB8YR5dgivdFVVMgvNJkRTl100U3F5G4
EfkqpdAARvC/3Pu/70Ob01ntKaC5F6tDvN37ayHNWjTR5lJ+PC3hbrnGu9HOYBwo
T0e7iDHgY7x0uGc2BSV6/ioPhBC2Rve15i8eeHghMdKgASoVhJ8Iq1isMbQRh6Pp
Y4lEFI88+JCUi85RkLjc/c9tOJEnQ67CEctDmP7QsQP1Okaq2n81B+3Ob7MA0Grv
XG5+KuypjVxC4ZQdLrZbQ1AkgA5lZaRU6yvWDriIssao8a77aFkmTJ7bx1Mt0rvf
/AkApb/XT/HW6SKSFdjCI8bU0ALExhqJhkYolUReFx/MuiLmIjH8b1SpzviQLhYy
tA==
=pzj3
-----END PGP MESSAGE-----
```

例 11-13 解密文件

-o 选项后面指定的是解密后输出的文件，-d 后面指定的是加密文件。对文件解密后，可以看到三个文件的大小变化，具体如下。

```
[root@mylinux ~]# gpg -o myindexgpg -d index.html.asc     //解密文件
gpg: encrypted with 2048-bit RSA key, ID 7AB79B963F23AFD6, created 2020-11-03
      "userx <userx@163.com>"
[root@mylinux ~]# ll index*  myindexgpg
-rw-r--r--. 1 root root 115 Oct 16 16:20 index.html
-rw-r--r--. 1 root root 651 Nov  3 17:01 index.html.asc
-rw-r--r--. 1 root root 115 Nov  3 17:04 myindexgpg
```

解密时需要输入解密密码，才能解密成功。密码就是之前我们创建钥匙对时输入的密码。如果想要和其他用户使用这个加密方法进行通信，需要把自己的公钥导出，发给其他用户。然后他们把这个公钥导入，再使用前面加密的方法用这个公钥加密数据并且发送给回来，再用自己的私钥解密，得到解密后的原始数据，这也是公钥加密通信中使用的常用方法。

11.4 SSH 远程登录

SSH（Secure Shell，安全的 Shell）是一种网络协议，可以为远程登录会话和其他的网络服务提供安全的协议。使用 SSH 协议，我们可以从本地主机登录到网络上的另外一台主机。远程登录的方式有很多，这里主要介绍使用 ssh 命令登录的方式。这种方式可以对通信的内容进行加密，是基于口令和密钥的安全验证。因此，使用 ssh 命令的远程登录方式安全性更高，CentOS 中默认安装了 SSHD。

扫码观看教学视频

在远程登录目标主机之前，需要确认启动 SSHD。另外，SSHD 在初始设定中使用的端口是 22 号。使用 systemctl status sshd 命令可以确认 sshd 的状态，默认是运行状态。SSH 服务的配置文件为/etc/ssh/sshd_config，用户可以修改这个配置文件来实现想要的 SSH 服务。

11.4.1 【实战案例】Linux 主机之间的远程登录

在 Linux 系统中进行远程登录时，需要两台虚拟机。一台作为客户端，另一台作为服务器端。在进行远程连接之前，这两台主机之间需要相互 ping 通，以下是客户端和服务器端的相关信息。

- 客户端 host01：主机名为 mylinux2. com，IP 地址为 192. 168. 20. 235。
- 服务器端 host00：主机名为 mylinux. com，IP 地址为 172. 16. 0. 10。

例 11-14　指定 IP 地址远程登录

在客户端使用 ssh 命令指定服务器端的 IP 地址，可以远程登录到服务器端的主机中。首次远程登录时会有确认连接的提示信息，输入 yes 表示确认连接。还需要输入服务器端的 root 密码。登录之后可以在服务器中进行相应的操作，退出远程登录时输入 exit 命令就能回到自己的主机中了，具体如下。

```
[root@mylinux2 ~]#ssh 172.16.0.10      //指定 IP 地址远程登录
The authenticity of host '172.16.0.10 (172.16.0.10)' can't be established.
ECDSA key fingerprint is SHA256:Gu+Cd+2jrxrBLdS8tXOfby6Zc2w0KAgfYs9s5hx+dqw.
Are you sure you want to continue connecting (yes/no)? yes      //确认连接
Warning: Permanently added '172.16.0.10' (ECDSA) to the list of known hosts.
root@172.16.0.10's password:      //输入 host00 的 root 密码
Activate the web console with:systemctl enable --now cockpit.socket
Last login: Tue Nov  3 09:04:55 2020
[root@mylinux ~]# hostname      //服务器端的主机名
mylinux.com
[root@mylinux ~]# exit      //退出远程登录
```

```
logout
Connection to 172.16.0.10 closed.
[root@mylinux2 ~]# hostname        //回到自己的主机中
mylinux2.com
```

例 11-15　指定主机名远程登录

我们同样可以指定主机名进行远程登录的操作。主机名需要和 IP 地址对应，否则远程登录会失败。

```
[root@mylinux2 ~]#ssh mylinux.com            //指定主机名远程登录
The authenticity of host 'mylinux.com (172.16.0.10)' can't be established.
ECDSA key fingerprint is SHA256:Gu+Cd+2jrxrBLdS8tXOfby6Zc2w0KAgfYs9s5hx+dqw.
Are you sure you want to continue connecting (yes/no)? yes      //确认连接
Warning: Permanently added 'mylinux.com' (ECDSA) to the list of known hosts.
root@mylinux.com's password:        //输入 host00 的 root 密码
Activate the web console with:systemctl enable --now cockpit.socket
Last login: Tue Nov  3 14:26:40 2020 from 172.16.255.254
[root@mylinux ~]# hostname
mylinux.com
[root@mylinux ~]# exit
logout
Connection tomylinux.com closed.
```

例 11-16　从 host00 登录到 host01

在 host00 中远程登录到 host01 主机中，使用 ssh 命令指定 host01 的 IP 地址。hostname 命令的执行结果显示当前主机名是 mylinux2. com，表示已经成功登录到 host01 中。退出登录后的主机名又变成了自己的主机名，具体如下。

```
[root@mylinux ~]# ssh 192.168.20.235
The authenticity of host '192.168.20.235 (192.168.20.235)' can't be established.
ECDSA key fingerprint is SHA256:Gu+Cd+2jrxrBLdS8tXOfby6Zc2w0KAgfYs9s5hx+dqw.
Are you sure you want to continue connecting (yes/no)? yes      //确认连接
Warning: Permanently added '192.168.20.235' (ECDSA) to the list of known hosts.
root@192.168.20.235's password:        //输入
Activate the web console with:systemctl enable --now cockpit.socket
Last login: Tue Nov  3 14:26:15 2020
[root@mylinux2 ~]# hostname
mylinux2.com
[root@mylinux2 ~]# exit
logout
Connection to 192.168.20.235 closed.
[root@mylinux ~]# hostname
mylinux.com
```

大牛成长之路：SSH 安全认证

SSH 服务还支持一种安全认证机制，即密钥认证。之前都是使用 FTP 或 Telnet 进行远程登录。SSH 协议可以提供两种安全验证的方法，一种是基于口令的验证，即通过用户名和密码验证登录；另一种是基于密钥的验证，即需要在本地生成密钥对，然后把密钥对中的公钥传到服务器中，并与服务器中的公钥对比。

11.4.2 【实战案例】Windows 主机远程登录到 Linux 服务器

远程登录除了可以在 Linux 主机之间，还可以从 Windows 主机远程登录到 Linux 主机。不过需要在 Windows 主机中安装一个客户端软件 PuTTY，我们可以在浏览器中输入 https://www.putty.org/网址来下载这个软件。在 Windows 主机中测试到 Linux 主机的连通性，如图 11-4 所示。使用 ping 命令发送了三个数据包，可以成功发送和接收，表示 Windows 主机和 Linux 服务器之间是相互连通的。

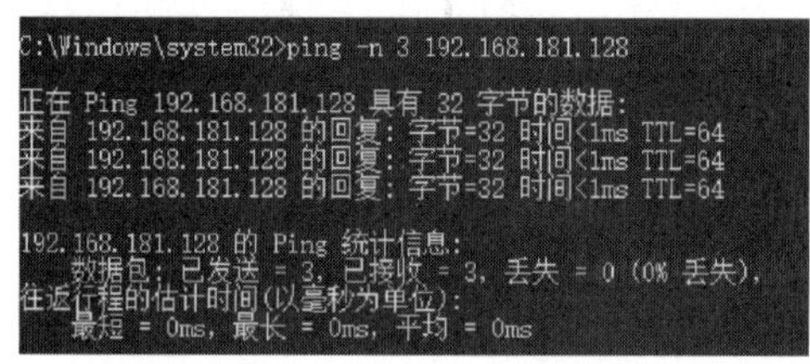
```
C:\Windows\system32>ping -n 3 192.168.181.128

正在 Ping 192.168.181.128 具有 32 字节的数据:
来自 192.168.181.128 的回复: 字节=32 时间<1ms TTL=64
来自 192.168.181.128 的回复: 字节=32 时间<1ms TTL=64
来自 192.168.181.128 的回复: 字节=32 时间<1ms TTL=64

192.168.181.128 的 Ping 统计信息:
    数据包: 已发送 = 3, 已接收 = 3, 丢失 = 0 (0% 丢失),
往返行程的估计时间(以毫秒为单位):
    最短 = 0ms, 最长 = 0ms, 平均 = 0ms
```

图 11-4　测试连通性

启动 PuTTY 软件之后，在 Host Name（or IP Address）文本框中输入服务器端的 IP 地址，端口号默认是 22，然后单击“Open”按钮开始远程连接，如图 11-5 所示。

第一次使用 PuTTY 进行远程登录时，会弹出一个安全警告对话框，直接单击“是”按钮，如图 11-6 所示。

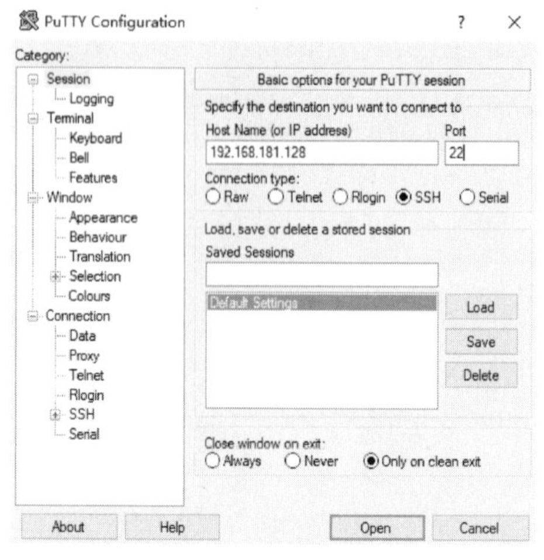

图 11-5　设置 IP 地址和端口

图 11-6　安全警告

在登录界面输入用户名 root 和密码，可以成功登录到 Linux 主机中，如图 11-7 所示。当前 Linux 主机的主机名是 mylinux3. com，在当前目录下创建测试文件并查看该文件的信息。要退出远程登录界面，输入 exit 命令即可。

```
root@mylinux3:~
login as: root
root@192.168.181.128's password:
Activate the web console with: systemctl enable --now cockpit.socket

Last login: Tue Nov  3 14:32:21 2020
[root@mylinux3 ~]# hostname
mylinux3.com
[root@mylinux3 ~]# touch testx
[root@mylinux3 ~]# ll testx
-rw-r--r--. 1 root root 0 Nov  3 17:23 testx
[root@mylinux3 ~]#
```

图 11-7　远程登录到 Linux 主机

以上就是从 Windows 客户端登录到 Linux 主机的过程，无论是以哪一种方式进行远程登录，都需要主机之间相互连通。

11.5　要点巩固

网络安全一直是系统管理员需要关注的重点，这关系到系统是否处于一个安全的状态。本章有关网络安全方面的内容主要有防火墙、加密技术和远程登录，下面是本章知识的总结归纳。

1）了解安全防护的基本目标和攻击手段。

2）了解防火墙的 9 个主要区域。

3）防火墙规则的配置命令：firewall-cmd。

4）加密命令：gpg。

5）远程登录命令：ssh。

虽然我们平时在使用系统的过程中采用了不少措施防止外来入侵，但还是避免不了软件中的漏洞，系统仍然有被入侵的可能。因此，了解一些网络安全方面的技术是很有必要的。不管任何时候，只要发现系统中存在可疑的情况，都应该监视进程、内存、磁盘和网络活动，发现潜在的危害。在 Linux 系统中通过对密码加密和身份验证保证系统的安全。Linux 系统中使用的主要加密和身份验证方法有密码验证、密码加密、可插入身份验证模块以及基本身份验证和摘要身份验证。密码验证是一种使用用户名和密码的认证方式。

11.6 技术大牛访谈——iptables 的使用方法

iptables 按照规则（rules）来管理防火墙，规则其实就是网络管理员预定义的条件。规则存储在内核空间的信息包过滤表中，这些规则分别指定了源地址、目的地址、传输协议（比如 TCP、UDP、ICMP）和服务类型（比如 HTTP、FTP 和 SMTP）等。当数据包与规则匹配时，iptables 就根据规则所定义的方法来处理这些数据包。常见的规则有放行（accept）、拒绝（reject）和丢弃（drop）。配置防火墙的主要工作就是添加、修改和删除这些规则。

iptables 的结构由 tables、chains 和 rules 组成，tables 由 chains 组成，而 chains 又由 rules 组成。防火墙中的规则（rules）就是根据指定的匹配条件来尝试匹配每个流经此处的报文，一旦匹配成功，则由规则后面指定的处理动作进行处理。规则由匹配条件和处理动作组成。

匹配条件分为基本匹配条件与扩展匹配条件，源地址和目标地址都是基本匹配条件。防火墙规则采用从前到后依次执行的顺序，遇到匹配的规则就不再继续向下检查。如果遇到不匹配的规则会继续向下进行。

防火墙的处理动作分为基本动作和扩展动作，下面列出了一些常用的动作。

- ACCEPT：允许数据包通过。
- DROP：直接丢弃数据包，不给任何回应信息。
- REJECT：拒绝数据包通过，必要时会给数据发送端一个响应信息，客户端刚请求就会收到拒绝的信息。
- DNAT：目标地址转换。

iptables 和 firewalld 都是管理防火墙的工具和保障网络安全的技术手段。

第 12 章 网站部署

通常我们访问的网站服务就是 Web 网络服务，它可以允许用户通过浏览器访问互联网中的各种资源。Web 服务器会通过 HTTP 或 HTTPS 将请求的内容传输给用户。Windows 系统中默认的 Web 服务程序是 IIS（互联网信息服务），在 Linux 系统中使用 Apache 作为 Web 服务程序，它支持基于 IP、域名和端口号的虚拟主机功能。

12.1 认识 Apache

Apache Httpd 简称为 httpd 或者 Apache，是 Internet 使用最广泛的 Web 服务器之一。使用 Apache 提供的 Web 服务器是由守护进程 httpd，通过 HTTP 进行文本传输，默认使用 80 端口的明文传输方式。后来，为了保证数据的安全和可靠性，又添加了 443 的加密传输的方式（HTTPS）。Apache 可以运行在几乎所有广泛使用的计算机平台上，由于其跨平台和安全性被广泛使用，是主流的 Web 服务器端软件之一。在使用 Apache 配置网站时，需要使用 yum install httpd 命令安装 httpd 服务。

例 12-1 管理 httpd 服务

httpd 的相关操作命令如下。

```
[root@mylinux3 ~]#systemctl start httpd      //启动 httpd 服务
[root@mylinux3 ~]#systemctl status httpd     //查看 httpd 服务的状态
[root@mylinux3 ~]#systemctl enable httpd     //设置开机自启
Createdsymlink /etc/systemd/system/multi-user.target.wants/httpd.service → /usr/lib/systemd/system/httpd.service.
```

CentOS 8 的默认浏览器是 Firefox，在该浏览器的地址栏中输入 http://127.0.0.1 后按 Enter 键，可以看到提供 Web 服务的 httpd 服务程序的默认页面，如图 12-1 所示。

12.2 管理配置文件

在 Linux 系统中配置服务，不可避免地需要修改它的配置文件。httpd 服务程序的主要配置文件如表 12-1 所示。配置文件中的注释信息起到参考说明的作用，在查看配置文件时主要看配置生效的字段。

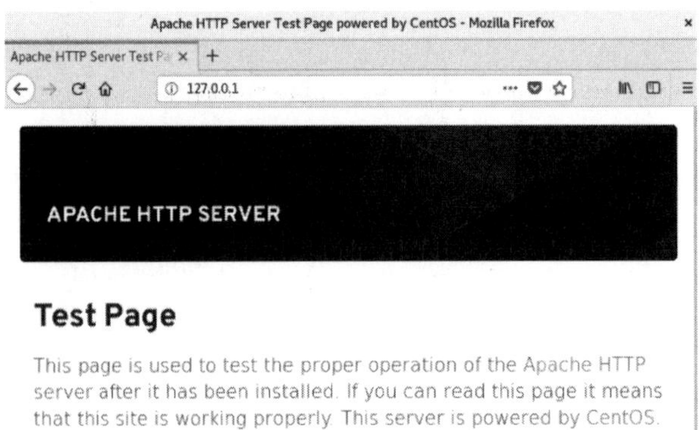

图 12-1　httpd 默认页面

表 12-1　主要配置文件

配 置 文 件	说　明
/etc/httpd/conf/httpd. conf	主配置文件
/var/log/httpd/access_log	访问日志
/var/log/httpd/error_log	错误日志

另外，在 Linux 系统中配置服务还有两个重要的目录，即/etc/httpd（服务目录）和/var/www/html（网站数据目录）。

12. 2. 1　配置首页文件

httpd 服务程序的主配置文件中有很多注释行，不需要逐一了解这些信息。主配置文件中主要包含注释信息、全局配置和区域配置信息，本小节我们主要了解全局配置和区域配置信息。全局配置作用于所有的子站点，保证站点的正常访问。区域配置针对的是单独的子站点。使用 vim 编辑器查看主配置文件/etc/httpd/conf/httpd. conf，以#开头的行是注释信息。没有定义在 < > 中的字段是全局配置，比如 ServerRoot 行的配置，在 <Directory / > 和 </Directory > 中的信息就是区域配置。

例 12-2　查看 httpd 服务的主配置文件

查看 httpd 服务主配置文件的相关内容如下。

```
[root@mylinux ~]# vim /etc/httpd/conf/httpd.conf   //查看配置文件
//注释信息
# This is the main Apache HTTP server configuration file.  It contains the
# configuration directives that give the server its instructions.
......(中间省略)......
ServerRoot "/etc/httpd"        //全局配置
......(中间省略)......
#Listen 12.34.56.78:80
Listen 80                      //全局配置
......(中间省略)......
# Deny access to the entirety of your server'sfilesystem. You must
```

```
# explicitly permit access to web content directories in other
# <Directory> blocks below.
#
<Directory />                    //区域配置
AllowOverride none
    Require all denied
</Directory>
......(以下省略)......
```

在主配置文件中有一些比较常见的参数，如表 12-2 所示。

表 12-2　常见参数

参　　数	说　　明
ServerRoot	配置服务目录
Listen	监听的 IP 地址和端口号
User	运行服务的用户
Group	运行服务的用户组
ServerAdmin	管理员邮箱
ServerName	网站服务器域名
DocumentRoot	网站数据目录
DirectoryIndex	默认的索引页面
ErrorLog	错误日志文件
CustomLog	访问日志文件

DocumentRoot 参数指定的默认路径是/var/www/html，我们可以在/var/www/html 目录中新建一个名为 index. html 的文件作为 httpd 服务程序的默认首页。

例 12-3　编辑网站首页

```
[root@mylinux html]# vim index.html          //编辑网站首页
<html>
<head>
        <title>fist</title>
        <meta charset="utf-8"/>
</head>
<body>
        <h1>欢迎来到我的第一个页面！ </h1>
</body>
</html>
```

启动浏览器，再次输入 http：//127. 0. 0. 1 可以看到 httpd 服务程序的默认首页内容已经发生了变化，如图 12-2 所示。

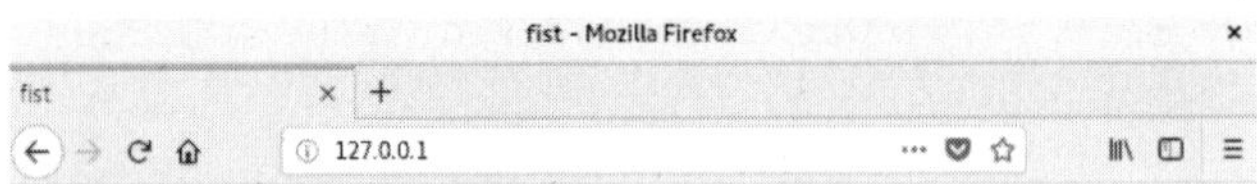

图 12-2　默认页面被修改

12.2.2　SELinux 设置

默认情况下数据保存在/var/www/html 目录中，如果想保存在其他目录中并正常访问，就需要对 SELinux 进行设置。SELinux（Security-Enhanced Linux）是美国国家安全局（NSA）开发的用于实现强制访问控制的安全子系统，可以监听系统中服务的行为。

例 12-4　作为 SELinux 安全测试的访问网页

在/home 目录中新建一个子目录 wwwroot 作为存储网站首页的目录，然后在 wwwroot 中新建一个 index. html 文件作为新的访问对象，具体如下。

```
v[root@mylinux home]# mkdir wwwroot            //创建存储网站首页的目录
[root@mylinux wwwroot]# vim index.html      //编辑网站首页
<html>
<head>
        <title>fist</title>
        <meta charset="utf-8"/>
</head>
<body>
        <h1>欢迎来到我的第一个页面!</h1>
        <h1>Welcome to my first page</h1>
</body>
</html>
```

例 12-5　在配置文件中修改路径

配置完首页之后，还需要在主配置文件/etc/httpd/conf/httpd. conf 中将 DocumentRoot 和 Directory 参数中的路径修改为/home/wwwroot，配置完成后可以保存并退出。之后执行 systemctl restart httpd 命令重启 httpd 服务使配置生效，具体如下。

```
[root@mylinux wwwroot]# vim /etc/httpd/conf/httpd.conf
# Note that from this point forward you must specifically allow
# particular features to be enabled - so if something's not working as
......(中间省略)......
DocumentRoot "/home/wwwroot"        //修改路径
#
# Relax access to content within /var/www.
#
<Directory "/home/wwwroot">      //修改路径
    AllowOverride None
```

```
    # Allow open access:
    Require all granted
  </Directory>
...... (以下省略)......
[root@ mylinux wwwroot]# systemctl restart httpd     //重启服务
```

再次在浏览器中输入 http://127.0.0.1 访问网站首页时，显示 Forbidden 的提示字样，如图 12-3 所示。出现这种现象就是 SELinux 对服务的限制。

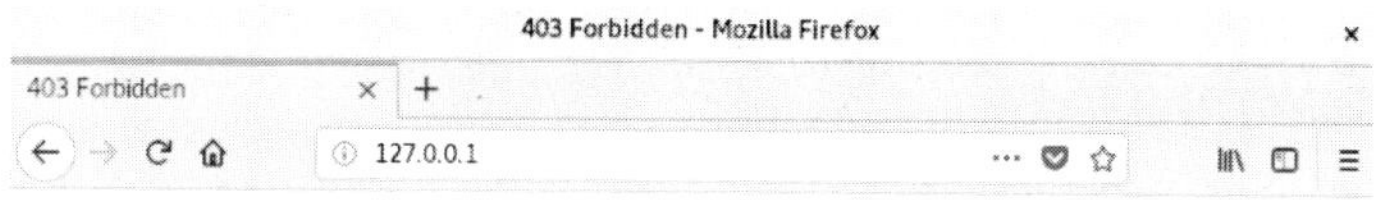

Forbidden

You don't have permission to access /index.html on this server.

图 12-3　显示 Forbidden 的提示字样

默认情况下 SELinux 定义的模式是 enforcing，下面是 SELinux 服务的三种配置模式。

- enforcing：强制启用安全策略，拦截服务的不合法请求。
- permissive：服务有越权行为时，只发出警告而不强制拦截。
- disabled：对于服务的越权行为，不发出警告也不进行拦截。

例 12-6　查看 SELinux 模式

使用 getenforce 命令可以查看 SELinux 当前的模式，默认情况下是 lenforcing 模式。在 SELinux 的配置文件/etc/selinux/config 中记录了 SELinux 的模式和其他设置项，具体如下。

```
[root@ mylinux wwwroot]# getenforce     //查看 SELinux 的模式
Enforcing
[root@ mylinux wwwroot]# vim /etc/selinux/config
# This file controls the state ofSELinux on the system.
# SELINUX = can take one of these three values:
#    enforcing -SELinux security policy is enforced.
#    permissive -SELinux prints warnings instead of enforcing.
#    disabled - NoSELinux policy is loaded.
SELINUX = enforcing          //查看当前模式
# SELINUXTYPE = can take one of these three values:
#    targeted - Targeted processes are protected,
#      minimum - Modification of targeted policy. Only selected processes are pro-
tected.
#    mls - Multi Level Security protection.
SELINUXTYPE = targeted
```

例 12-7　修改 SELinux 模式

在配置文件中修改 SELinux 的模式不会立即生效（需要重启系统），使用 setenforce 命令修改 SELinux 的模式会立即生效，具体如下。不过，这种设置只是临时的，系统重启后就会失效。

```
[root@mylinux wwwroot]# setenforce 0      //修改 SELinux 的模式
[root@mylinux wwwroot]# getenforce
Permissive
```

0 表示禁用 SELinux 的限制，即 permissive 模式；1 表示启用 SELinux 的限制，是 enforcing 模式。之后再次在浏览器中访问 http：//127. 0. 0. 1 就可以成功看到/home/wwwroot 目录中的网站内容了，如图 12-4 所示。

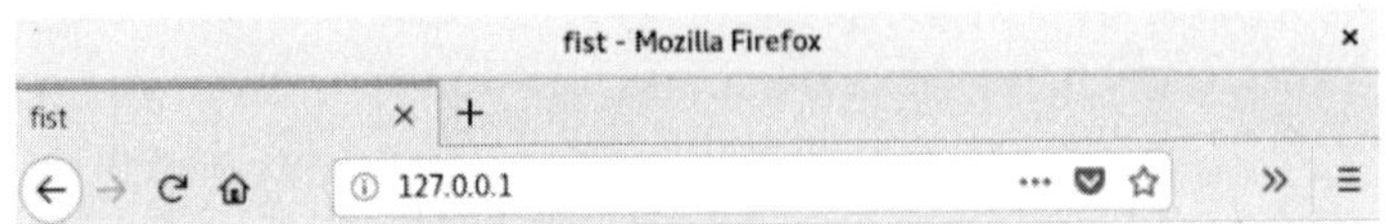

图 12-4　成功访问到网页

例 12-8　查看目录的安全上下文

由于我们禁用了 SELinux 的限制，因此这种访问方式并不安全。要想在 SELinux 的 enforcing 模式下成功访问到网站页面，还需要设置 SELinux 的策略。使用 ls 命令的-Z 选项可以查看文件的安全上下文，搭配-d 选项可以看到/var/www/html 和/home/wwwroot 这两个目录有关 SELinux 的安全信息，具体如下。

```
[root@mylinux wwwroot]# ls -Zd /var/www/html /home/wwwroot      //查看目录的安全上下文
unconfined_u:object_r:user_home_dir_t:s0 /home/wwwroot
system_u:object_r:httpd_sys_content_t:s0 /var/www/html
```

下面将对主要字段的含义进行解释。

- system_u：用户段信息，表示系统进程的身份。
- object_r：角色段信息，表示文件目录的角色。
- httpd_sys_content_t：类型段信息，表示网站服务的系统文件。

我们需要做的就是将当前网站目录/home/wwwroot 的 SELinux 安全上下文修改为和/var/www/html 目录一样的设置就可以了。semanage 命令可以用来查询和修改 SELinux 默认目录的安全上下文，即管理 SELinux 的策略。

语法：

```
semanage [选项] [文件]
```

选项说明：

- -l：查询安全上下文。
- -a：添加安全上下文。
- -m：修改安全上下文。
- -d：删除安全上下文。

例 12-9　设置 SELinux 策略

为/home/wwwroot 目录以及该目录下的文件添加安全上下文，使网站可以在 enforcing 模式下成功被访问。设置好 SELinux 策略后，还需要执行 restorecon 命令使设置立即生效，具体如下。

```
[root@ mylinux ~]# semanage fcontext -a -t httpd_sys_content_t /home/wwwroot
[root@ mylinux ~]# semanage fcontext -a -t httpd_sys_content_t /home/wwwroot/*
[root@ mylinux ~]# restorecon -Rv /home/wwwroot/
Relabeled /home/wwwroot from unconfined_u:object_r:user_home_dir_t:s0 to unconfined_u:object_r:httpd_sys_content_t:s0
Relabeled /home/wwwroot/index.html from unconfined_u:object_r:user_home_t:s0 to unconfined_u:object_r:httpd_sys_content_t:s0
```

完成上述操作后，刷新浏览器就可以在 SELinux 的 enforcing 模式下成功访问网站了。

大牛成长之路：SELinux 机制

SELinux 提供了一种灵活的强制访问控制系统，嵌于内核中，它定义了系统中每个用户、进程、文件等访问和转变的权限。SELinux 使用一个安全策略来控制这些实体（用户、进程、应用和文件）之间的交互。

12.3　虚拟主机网站

为了充分利用服务器资源，可以使用虚拟主机功能。该功能可以将一台处于运行状态的物理服务器分成多个虚拟服务器。Apache 的虚拟主机功能可以基于 IP 地址、主机域名或端口号实现多个网站同时为外部提供访问服务的技术。

12.3.1　【实战案例】基于 IP 地址的访问

一台服务器上设置多个 IP 地址，并且每一个 IP 地址对应一个单独的网站。当用户访问不同的 IP 地址时，就能浏览到不同网站上的资源。这种方式要求每一个网站都有一个独立的 IP 地址。虚拟主机默认有一个网卡，我们还需要在虚拟主机关机的状态下再添加一个网卡。默认添加的网卡是未激活的状态，还需要使用 nmcli device connect 命令指定网卡的名称，使网卡处于连接状态。

扫码观看教学视频

例 12-10　查看 IP 地址

使用 ip addr 命令可以看到 ens33 的 IP 地址为 192.168.181.128，ens36 的 IP 地址为 192.168.181.131，具体如下。

```
[root@ mylinux wwwroot]# ip addr      //查看 IP 地址
......(以上省略)......
```

```
2: ens33: <BROADCAST,MULTICAST,UP,LOWER_UP> mtu 1500 qdisc fq_codel state UP group
default qlen 1000
    link/ether 00:0c:29:b2:75:f7 brd ff:ff:ff:ff:ff:ff
    inet    192.168.181.128/24    brd    192.168.181.255    scope    global    dynamic
noprefixroute ens33
       valid_lft 1051sec preferred_lft 1051sec
    inet6 fe80::9352:a50:7a2d:b1c4/64 scope link noprefixroute
       valid_lft forever preferred_lft forever
3: ens36: <BROADCAST,MULTICAST,UP,LOWER_UP> mtu 1500 qdisc fq_codel state UP group
default qlen 1000
    link/ether 00:0c:29:b2:75:01 brd ff:ff:ff:ff:ff:ff
    inet    192.168.181.131/24    brd    192.168.181.255    scope    global    dynamic
noprefixroute ens36
       valid_lft 1725sec preferred_lft 1725sec
    inet6 fe80::96af:e4d5:187c:1238/64 scope link noprefixroute
       valid_lft forever preferred_lft forever
    ......(以下省略)......
```

例 12-11　编辑 Page1 和 Page2

在/home/wwwroot 目录下新建两个子目录 page1 和 page2，然后分别在这两个子目录中新建一个 index.html 文件。两个路径下的网页分别是 Page1 和 Page2，具体如下。

```
[root@mylinux ~]# vim /home/wwwroot/page1/index.html      //编辑 Page1
<html>
<head>
        <title>Page1</title>
        <meta charset="utf-8"/>
</head>
<body>
        <h1>欢迎来到 Page1 的页面！</h1>
        <h1>这是基于 IP 地址的访问方式。</h1>
</body>
</html>
[root@mylinux ~]# vim /home/wwwroot/page2/index.html      //编辑 Page2
<html>
<head>
        <title>Page2</title>
        <meta charset="utf-8"/>
</head>
<body>
        <h1>欢迎来到 Page2 页面！</h1>
        <h1>基于 IP 地址的方式访问 Page2。</h1>
```

```
</body>
</html>
```

例 12-12　在配置文件中设置网页 Page1 和 Page2 的参数

在 httpd 服务的主配置文件/etc/httpd/conf/httpd.conf 中添加两个基于 IP 地址的虚拟网站的相关参数，每一个 IP 地址对应着不同的网页路径，具体如下。

```
[root@mylinux ~]# vim /etc/httpd/conf/httpd.conf
......(以上省略)......
# The directives in this section set up the values used by the 'main'
# server, which responds to any requests that aren't handled by a
# <VirtualHost> definition.  These values also provide defaults for
# any <VirtualHost> containers you may define later in the file.
#
<VirtualHost 192.168.181.128>              //配置 Page1 网页
DocumentRoot "/home/wwwroot/page1"
ServerName www.mylinux.com
<Directory "/home/wwwroot/page1">
    AllowOverride None
    Require all granted
</Directory>
</VirtualHost>
<VirtualHost 192.168.181.131>              //配置 Page2 网页
DocumentRoot "/home/wwwroot/page2"
ServerName www.mylinux2.com
<Directory "/home/wwwroot/page2">
    AllowOverride None
    Require all granted
</Directory>
</VirtualHost>
......(以下省略)......
```

例 12-13　重启 httpd 服务并设置 SELinux 策略

保存退出后，重启 httpd 服务使配置生效。接下来还要设置 SELinux 安全上下文策略，否则无法访问网站数据。最后使用 restorecon 命令使 SELinux 配置生效，具体如下。

```
[root@mylinux wwwroot]# systemctl restart httpd
[root@mylinux ~]# semanage fcontext -a -t httpd_sys_content_t /home/wwwroot
[root@mylinux ~]# semanage fcontext -a -t httpd_sys_content_t /home/wwwroot/
page1
[root@mylinux ~]# semanage fcontext -a -t httpd_sys_content_t /home/wwwroot/
page1/*
```

```
[root@mylinux ~]# semanage fcontext -a -t httpd_sys_content_t /home/wwwroot/page2
[root@mylinux ~]# semanage fcontext -a -t httpd_sys_content_t /home/wwwroot/page2/*
[root@mylinux ~]# restorecon -Rv /home/wwwroot
```

这时在浏览器中输入 http：//192. 168. 181. 128 就可以访问到 Page1 页面中的内容了，如图 12-5 所示。

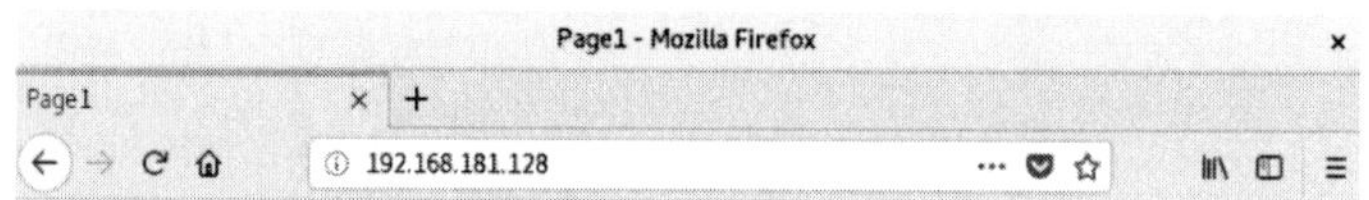

欢迎来到Page1的页面！

这是基于IP地址的访问方式。

图 12-5　访问 Page1 页面

接着再输入 http：//192. 168. 181. 131 访问 Page2 页面，如图 12-6 所示。

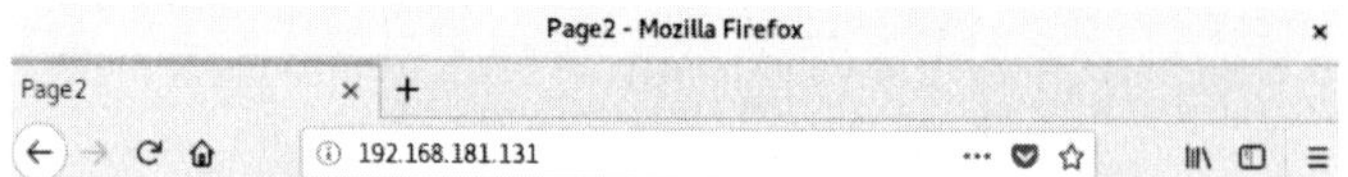

欢迎来到Page2页面！

基于IP地址的方式访问Page2。

图 12-6　访问 Page2 页面

两个 IP 地址分别对应了两个不同的虚拟主机网站，以这种方式提供虚拟网站主机功能受到了很多人的喜欢。

12. 3. 2　【实战案例】基于主机域名的访问

当服务器无法为每一个网站分配单独的 IP 地址时，可以使用基于主机域名的访问方式来浏览不同网站中的网页资源。在基于 IP 地址的访问配置上修改相关的参数会更加简单和快捷。在不设置 DNS 解析服务的情况下，要想让 IP 地址和主机域名对应，就需要在文件/etc/hosts 中写入对应的关系。

扫码观看教学视频

例 12-14　写入 IP 和域名的对应关系

在/etc/hosts 文件中写入使一个 IP 地址对应多个主机域名的记录。比如 IP 地址 192. 168. 181. 128 对应了两个主机域名，分别是 www. mylinux. com 和 www. mylinux2. com，具体如下。

```
[root@mylinux ~]# vim /etc/hosts        //写入 IP 和域名的对应关系
127.0.0.1   localhostlocalhost.localdomain localhost4 localhost4.localdomain4
```

```
::1        localhostlocalhost.localdomain localhost6 localhost6.localdomain6
192.168.181.128 www.mylinux.com www.mylinux2.com     //写入的记录
```

例 12-15　修改网页显示内容

保存并退出后，可以使用 ping 命令测试域名和 IP 地址之间是否已经可以成功解析。在/home/wwwroot 目录下准备两个用于存放网站数据的目录，这里在基于 IP 地址的访问方式配置上修改参数。分别修改/home/wwwroot/page1/index.html 网页文件和/home/wwwroot/page2/index.html 网页文件中的显示内容，具体如下。

```
[root@mylinux ~]# vim /home/wwwroot/page1/index.html     //编辑 Page1 页面
<html>
<head>
        <title>Page1</title>
        <meta charset="utf-8"/>
</head>
<body>
        <h1>欢迎来到 Page1 的页面! </h1>
        <h1>这是基于主机域名的访问方:www.mylinux.com。</h1>
</body>
</html>
[root@mylinux ~]# vim /home/wwwroot/page2/index.html     //编辑 Page2 页面
<html>
<head>
        <title>Page2</title>
        <meta charset="utf-8"/>
</head>
<body>
        <h1>欢迎来到 Page2 页面! </h1>
        <h1>基于主机域名的方式访问 Page2。</h1>
</body>
</html>
```

例 12-16　修改 IP 和域名的相关参数

接着就是在 httpd 服务的主配置文件中修改相关的参数，这里只使用一个 IP 地址 192.168.181.128 对应两个域名，并分别指定它们的路径，具体如下。

```
[root@mylinux ~]# vim /etc/httpd/conf/httpd.conf     //修改 IP 和域名的相关参数
......(以上省略)......
<VirtualHost 192.168.181.128>             //IP 地址
DocumentRoot "/home/wwwroot/page1"        //对应的路径
ServerName "www.mylinux.com"              //第 1 个域名
<Directory "/home/wwwroot/page1">
   AllowOverride None
```

```
    Require all granted
  </Directory>
  </VirtualHost>
  <VirtualHost 192.168.181.128>
DocumentRoot "/home/wwwroot/page2"
ServerName "www.mylinux2.com"          //第 2 个域名
  <Directory "/home/wwwroot/page2">
    AllowOverride None
    Require all granted
  </Directory>
  </VirtualHost>
......(以下省略)......
```

例 12-17　重启 httpd 服务并设置 SELinux 策略使之生效

设置好主配置文件后，一定要重启 httpd 服务使设置生效。之后就是配置 SELinux 安全上下文策略并使之立即生效。如果是在基于 IP 地址的访问方式上修改的，这一步可以省略，因为已经设置过安全上下文了。

```
[root@mylinux wwwroot]# systemctl restart httpd      //重启 httpd 服务
[root@mylinux ~]# semanage fcontext -a -t httpd_sys_content_t /home/wwwroot
[root@mylinux ~]# semanage fcontext -a -t httpd_sys_content_t /home/wwwroot/page1
[root@mylinux ~]# semanage fcontext -a -t httpd_sys_content_t /home/wwwroot/page1/*
[root@mylinux ~]# semanage fcontext -a -t httpd_sys_content_t /home/wwwroot/page2
[root@mylinux ~]# semanage fcontext -a -t httpd_sys_content_t /home/wwwroot/page2/*
[root@mylinux ~]# restorecon -Rv /home/wwwroot
```

接下来就可以通过域名访问对应网站的页面了。在浏览器中输入 http://www.mylinux.com 可以访问到 Page1 的页面，如图 12-7 所示。

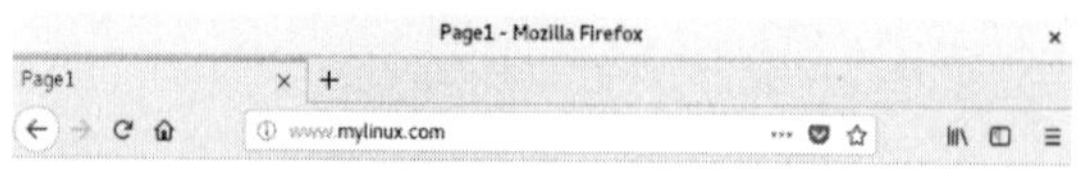

欢迎来到Page1的页面！

这是基于主机域名的访问方:www.mylinux.com。

图 12-7　通过域名访问 Page1 页面

使用同样的方法，在浏览器中输入 http://www.mylinux2.com 可以访问到 Page2 页面，如图 12-8 所示。

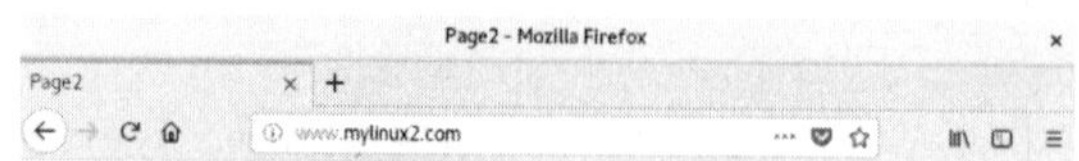

欢迎来到Page2页面！

基于主机域名的方式访问Page2。

图 12-8　通过域名访问 Page2 页面

小白逆袭：网页设计

编写网页文件时使用的是 HTML 超文本标记语言，这是一种用于创建网页的标准标记语言。如果想让网页实现更多的功能，需要进行网页设计，比如使用 CSS 层叠样式表对网页进行美化设计。

12.4　要点巩固

本章主要介绍了在 Apache 平台上部署网站的方法，以及访问网站的不同方式。httpd 服务的主配置文件很重要，一般需要在 < Directory >中写入相关的设置参数。

1）httpd 服务的主配置文件：/etc/httpd/conf/httpd. conf。

2）掌握简单的网页文件编写。

3）SELinux 的配置文件：/etc/selinux/config。

4）管理 SELinux 策略的命令：semanage。

5）虚拟主机网站的访问方式：基于 IP 地址的访问、基于主机域名的访问、基于端口号的访问。

Apache 只是服务器平台，如果用户想要丰富自己的网站页面，还需要了解 HTML、CSS 等网页设计的语法。

12.5　技术大牛访谈——基于端口号访问网站

除了前面介绍的基于 IP 地址和基于主机域名访问网站，我们还可以基于端口号访问服务器上的网站资源。使用这种方式访问网站时，除了要设置 httpd 的主配置文件之外，还需要考虑 SELinux 对端口的监控。一般情况下，使用 80、8080 等端口号访问网站，如果指定了其他端口号就会受到 SELinux 的限制。

例 12-18　编辑基于端口号访问的网页

在/home/wwwroot 目录中新建两个子目录（Page1 和 Page2），用于存放不同网站的网页 index. html。我们可以使用 vim 编辑器分别编辑这两个网页文件。

```
[root@mylinux ~]# vim /home/wwwroot/page1/index.html      //端口号 5361 访问的页面
<html>
<head>
        <title>Page1</title>
        <meta charset="utf-8"/>
</head>
<body>
        <h1>欢迎来到 Page1 的页面！</h1>
        <h1>使用端口号 5361 访问页面 </h1>
```

```
</body>
</html>
[root@mylinux ~]# vim /home/wwwroot/page2/index.html      //端口号 7121 访问的页面
<html>
<head>
        <title>Page2</title>
        <meta charset="utf-8"/>
</head>
<body>
        <h1>欢迎来到 Page2 页面！</h1>
        <h1>使用端口号 7121 访问页面！</h1>
</body>
</html>
```

例 12-19　在主配置文件中添加端口号

使用端口号访问网站时，需要在 httpd 服务的主配置文件中将所需的端口号添加进去。在 Listen 80 字段后面新添加两行监听记录，之后在 <VirtualHost> 字段添加这两个端口号，具体如下。

```
[root@mylinux ~]# vim /etc/httpd/conf/httpd.conf      //修改主配置文件
......(以上省略)......
#Listen 12.34.56.78:80
Listen 80
Listen 5361        //监听端口 5361 端口
Listen 7121        //监听端口 7121 端口
......(中间省略)......
<VirtualHost 192.168.181.128:5361>      //添加端口号 5361
DocumentRoot "/home/wwwroot/page1"
ServerName www.mylinux.com
<Directory "/home/wwwroot/page1">
    AllowOverride None
    Require all granted
</Directory>
</VirtualHost>
<VirtualHost 192.168.181.128:7121>    //添加端口号 7121
DocumentRoot "/home/wwwroot/page2"
ServerName www.mylinux2.com
<Directory "/home/wwwroot/page2">
    AllowOverride None
    Require all granted
</Directory>
</VirtualHost>
```

例 12-20 设置 SELinux 安全上下文

保存并退出后，执行 systemctl restart httpd 命令重启 httpd 服务会出错，这就涉及了 SELinux 对端口号的限制操作。此时可以配置 SELinux 安全上下文并使之立即生效。

```
[root@mylinux ~]# semanage fcontext -a -t httpd_sys_content_t /home/wwwroot
[root@mylinux ~]# semanage fcontext -a -t httpd_sys_content_t /home/wwwroot/
page1
[root@mylinux ~]# semanage fcontext -a -t httpd_sys_content_t /home/wwwroot/
page1/*
[root@mylinux ~]# semanage fcontext -a -t httpd_sys_content_t /home/wwwroot/
page2
[root@mylinux ~]# semanage fcontext -a -t httpd_sys_content_t /home/wwwroot/
page2/*
[root@mylinux ~]# restorecon -Rv /home/wwwroot
```

例 12-21 添加 SELinux 允许访问的端口

使用 semanage 命令查看 SELinux 服务允许访问 http 服务的端口号，即 http_port_t 字段后面的端口号，比如 80、81、443 等。我们需要将 5361 和 7121 这两个端口号添加进去，这样就可以使用端口号访问网站资源了，具体如下。

```
[root@mylinux ~]# semanage port -l |grep http
http_cache_port_t          tcp      8080, 8118, 8123, 10001-10010
http_cache_port_t          udp      3130
http_port_t                tcp      80, 81, 443, 488, 8008, 8009, 8443, 9000
pegasus_http_port_t        tcp      5988
pegasus_https_port_t       tcp      5989
[root@mylinux ~]# semanage port -a -t http_port_t -p tcp 5361
[root@mylinux ~]# semanage port -a -t http_port_t -p tcp 7121
[root@mylinux ~]# semanage port -l |grep http
http_cache_port_t          tcp      8080, 8118, 8123, 10001-10010
http_cache_port_t          udp      3130
http_port_t                 tcp      7121, 5361, 80, 81, 443, 488, 8008, 8009,
8443, 9000
pegasus_http_port_t        tcp      5988
pegasus_https_port_t       tcp      5989
[root@mylinux ~]# systemctl restart httpd     //重启 httpd 服务
```

此时重启 httpd 服务就不会出现错误提示了。打开浏览器并输入 http://192.168.181.128:5361，可以成功访问到 Page1 页面，如图 12-9 所示。

接着输入 http://192.168.181.128:7121，可以成功访问 Page2 页面，如图 12-10 所示。

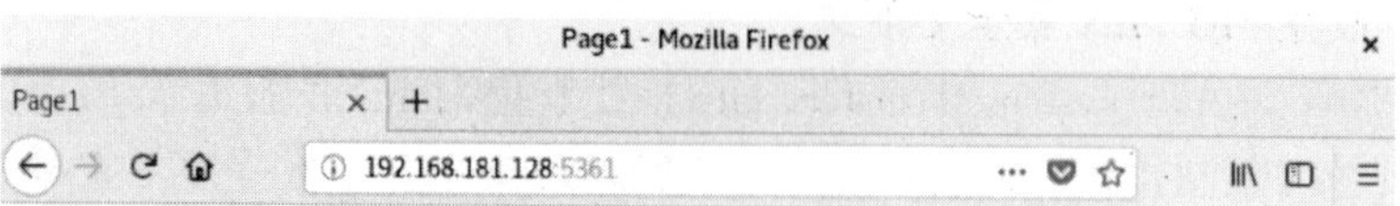

图 12-9　使用 5361 端口访问 Page1 页面

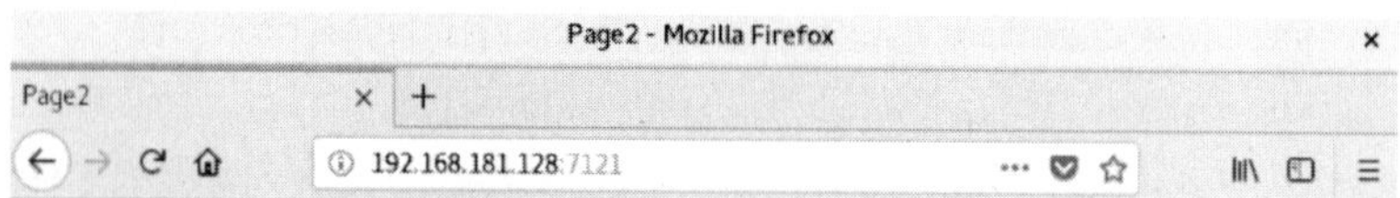

图 12-10　使用 7121 端口访问 Page2 页面